软件研发项目
度量通识

吴龙昌　谢晶晶　陈爱明◎著

图书在版编目（CIP）数据

软件研发项目度量通识/吴龙昌，谢晶晶，陈爱明著．—北京：经济管理出版社，2023.8
ISBN 978-7-5096-9176-2

Ⅰ.①软…　Ⅱ.①吴…②谢…③陈…　Ⅲ.①软件开发—成本—度量—中国　Ⅳ.①TP311.52

中国国家版本馆 CIP 数据核字（2023）第 156212 号

组稿编辑：丁慧敏
责任编辑：董杉珊
责任印制：张莉琼
责任校对：蔡晓臻

出版发行：经济管理出版社
　　　　　（北京市海淀区北蜂窝 8 号中雅大厦 A 座 11 层　100038）
网　　址：www. E-mp. com. cn
电　　话：（010）51915602
印　　刷：北京晨旭印刷厂
经　　销：新华书店
开　　本：720mm×1000mm/16
印　　张：21.5
字　　数：350 千字
版　　次：2023 年 8 月第 1 版　　2023 年 8 月第 1 次印刷
书　　号：ISBN 978-7-5096-9176-2
定　　价：98.00 元

前　言

在数字化浪潮下，越来越多的组织开展"数字化"转型，将数据作为生产经营活动中的驱动要素。数字化关注业务如何精准、实时地响应用户需求，以提升客户体验和提高运营效率。与信息化相比，数字化的范围更广、程度更深、问题更复杂，数字化更强调破除"部门墙"、沟通端到端全价值流数据，融合现有的信息化系统、引入数字化技术，把数据价值挖掘工作做深、做细，指导和优化公司的运营，最终提升企业价值。

在数字化转型过程中，度量是非常关键的一环。有了度量，数据才能转换为信息，支撑组织的决策与改进活动。当然，光有度量还不够，关键是度量什么，以及解决什么问题，这些由度量所处的具体场景以及度量背后的管理理论——全面质量管理、集成产品开发（Integrated Product Development，IPD）、精益管理、敏捷管理、DevOps 理念等——所决定。总而言之，度量活动也是一种管理行为，是管理理念的延伸，不同的管理价值观和原则会塑造出迥异的度量体系。

众所周知，软件行业并不存在"银弹"，没有任何一种管理理念或方法论可以"包治百病"。由于项目、团队、组织的内外部环境在不断变化，需要因地制宜地借鉴不同的理论与技术，才能"逢山开道，遇水搭桥"。同样地，软件研发项目度量领域也不存在"银弹"，不可能有适合所有软件产品的度量体系。管理是一门实践性很强的学科，仅有丰富的理论知识是远远不够的，即便是学识渊博的管理学教授，也不一定能成为优秀的管理者。"没有调查，就没有发言权"，"脱实向虚"的后果就是出现了一些脱离现实的观点，例如："如果一些农民仍然需要在农村种地，他可以在需要的时候开车过去种地，平时可以长期住在县城"；"解决低收入群体的收入问题，可以私家车用于拉活、闲置的房子租出去，都是获得收入的一种方式，收入不一定低"；"谁家没有 50 万元呢？家庭平均资产 300 万元很正常，中国人没这么穷。中国的股票投资者，有几个人没有 50 万元"。软件研发项目度量作为项目管理的一种手段，如果脱离实际研发场景，仅基于理论知识"幻想"出的度量体系与模型，不但无法取得预期的效果，还极可能适得其反。此外，部分读者喜欢将业界专家的言论和做法当作"灵丹妙药"，大加模仿，却因缺少足够的判断能力，导致盲目跟随、断章取义，使度量体系脱离了现实。

那么，如何能够快速了解和掌握软件研发项目度量工作呢？

在当今的乌卡时代（VUCA①），知识技术更新迭代速度快，诞生了许多年轻的行业，过往经验的"贬值"速度在加快，因此在一个不成熟的领域里盲目深耕是非常危险的，如 P2P 金融、元宇宙、无人货架、虚拟货币、社区团购等。目前国内的许多高科技行业本质上仍是劳动密集型产业，其中大部分公司都在从事低水平的重复工作，新技术也停留在浅层的应用水平，软件外包团队"大行其道"，"CRUD 工程师""调参侠""CV 工程师""表哥表姐"等名词层出不穷。在这样的时代背景下，建议初学者首先应该搭建起软件研发项目度量领域的知识框架，而不是通过零散的文章获取碎片化的知识；然后根据工作目标开展实践活动，在"战斗"中"练兵"，这样比直接深入学习特定的管理理念、度量技术或方法论更为有效。良好的知识框架意味着了解业内主要理论派系并知晓核心方法论的内在逻辑，形成相对开阔的视野，不容易钻牛角尖、走极端，避免在低价值的知识/技能上投入过多的时间与精力，尤其是在当前"新词"泛滥的环境中，这样才能够有自己的判断力，去伪存真，不被"忽悠"。例如，"极限存储"其实就是拉链表，"不仅告诉用户'What'和'Why'，更重要的是推荐'How'，甚至推演'What If'"，讲的不过就是数据分析领域的基本常识，即描述性分析、预测性分析和规范性分析。此外，随着 AI 能力起来越强，普通人急需的不再是生产内容的能力，而是判断内容是否正确的能力，完善的框架正好能够快速提升这种能力。

内容简介

本书通篇介绍的都是软件研发项目度量中基础的、主流的价值观、原则和方

---

① VUCA 指 Volatile（不稳定）、Uncertain（不确定）、Complex（复杂）和 Ambiguous（模糊），用于反映当前商业环境的复杂性和模糊性。

法论。书中提及的管理理论，是为了帮助读者了解软件度量策略背后的管理理念，"知其然"也能"知其所以然"。随着各类管理理论的发展，各理论相互借鉴、融合的现象愈加常见，已呈现"你中有我，我中有你"的状态，更有甚者已彼此融合，例如，精益理念与六西格玛管理具有很强的互补性，已融合为精益六西格玛理论。

读者在日常工作中构建度量体系，大可不必纠结体系遵循的是哪套管理理论。"不管白猫黑猫，抓住老鼠就是好猫。""咬文嚼字"是学术研究的工作，实际管理中无需花费精力去区分，只要明白其中的管理逻辑即可。事实上，任何一家业务流程成熟的企业，都不会完全遵循某个特定的管理理念或管理框架，而是根据组织特点、环境要求以及实践经验，综合诸多管理理论，历经多次调整，才形成当前的流程及度量体系，并在未来会持续不断地调整。以 IPD 流程为例，华为当前的 IPD 流程与 2002 年前后 IBM 协助华为构建的 IPD 流程相比，二者已存在非常大的差异。

本书共计 13 章，其中第 1 章介绍了软件项目管理及其度量理论的发展沿革；第 2～5 章介绍了对软件研发项目管理和度量活动有巨大影响的管理理念；第 6 章介绍软件研发项目度量的困境、原则和反模式；第 7～10 章分别从项目范围、成本、质量、进度和价值维度来介绍度量方法与指标；第 11 章介绍了常用的度量建模方法和框架、数据分析层次与思路以及可视化方法论；第 12 章简要阐述了研发效能度量的定义、方法论以及度量体系；第 13 章提供了度量案例以供读者参考。

本书定位

本书是项目管理领域的入门级读物，聚焦软件研发项目的度量与分析，帮助读者快速了解该领域的知识框架。由于软件研发项目度量涉及面甚广，如精益、敏捷、DevOps、项目管理知识体系（Project Management Body of Knowledge, PM-BOK）、软件研发成本度量、数据治理、度量架构搭建、数据分析、团队建设、组织变革，上述任何一个领域都有着庞大的知识体系。为了保证内容的广度，本书在内容深度方面极为克制，不作过多的阐述。但是，本书对引用的重要概念和观点都提供了文献出处，读者若有兴趣，可进一步研读这些文献，想必能有更多的收获。

致谢

感谢技术专家章乐焱的宝贵意见，对本书的撰写提供了诸多灵感与思路；感谢质量专家周金、姚远对全书内容的斧正，提出了大量专业的修改建议，使书中内容更加完善和严谨。

读者对象

- 软件产品/研发部门经理
- 软件项目经理
- 软件产品架构师
- 软件产品质量经理
- 软件研发/测试组长

限于作者水平，书中难免有纰漏之处，恳请读者批评指正，可发送邮件至邮箱 w7197u@163.com，期待您的建议与反馈。

目　录

第 1 章

软件项目管理与度量概论

If you can't explain it simply, you don't understand it well enough.

——Albert Einstein

第 1 节　软件项目管理概论

1. 软件项目的定义

软件开发的难点在于软件的复杂性、不可见性、易变性、服从性和非连续性，为了克服上述困难，"软件工程"概念于 1968 年被首次提出，人们期望通过借鉴系统化的工程管理理念，运用生命周期管理、项目化管理和结构化工程等方法，以交付"足够好"的软件。其中的"项目"一般是指为创造独特的产品、服务或结果而开展的临时性工作，它的临时性表明项目工作有开始也会有结束[1]。

Paul Grace 认为，"当今社会，一切都是项目，一切也将成为项目"。通常，只要有目标和过程的事情，就可以称其为一个项目。软件项目是指在限定时间段内，研发出符合用户要求的软件，凭借流程在预计时间内交付"足够好"的软件，并且能够证明软件是可持续维护的临时性工作[2]。软件项目可以在软件产品生命周期的任何时间点启动，以创建或增强特定组件、职能或功能，如图 1-1 所示。本书讨论的软件项目既包括通过招投标、签订合同获取的软件研发项目，也泛指软件产品在特定时间段内为了实现特定目标而开展的研发工作，例如，集成产品开发（Integrated Product Development，IPD）流程下，可将某软件的产品路标规划（Roadmap Planning，RP）的工作视作一个项目①。

2. 软件项目管理知识体系

软件项目管理是指对软件项目各方面的规划、组织、监视、控制和报告，并激励所有参与者实现项目目标。软件项目管理的知识体系不仅包括专门的项目管理知识，还包括软件业务领域的知识、标准和规定，软件项目环境知识（项目所

---

①　应注意项目和项目导向的区别，项目是在目标和条件约束下的一系列活动集合，项目导向则是一种产品管理理念，指的是研发团队根据特定用户裁剪需求，交付独特的成果，其核心能力是人才与管理。产品导向指研发团队交付标准化成果，核心能力是研发与营销。这两种产品管理理念都可以通过项目的形式来实现，二者其他区别可查看本书第 10 章第 1 节。

在行业趋势、市场周期、政策要求等），通用的管理知识和技能（人力资源管理、流程管理、产品管理等），以及人际关系"软技能"（领导力、沟通技能、谈判能力等）（具体如图1-2所示）。值得注意的是，这些知识与技能不是完全独立的，而是"你中有我，我中有你"。随着各类管理理论的持续发展与进化，这种现象愈加明显。例如，华为在IPD框架中引入了敏捷开发流程以应对软件开发的不确定性，CMMI 2.0在实践域层面为敏捷方法提供了直接支持，PMBOK第七版引入了敏捷开发和DevOps。

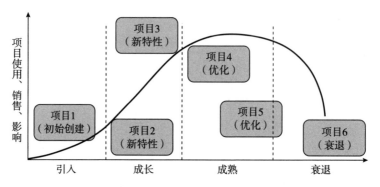

图1-1　软件产品生命周期内的软件项目示例

资料来源：（美国）项目管理协会（PMI）．项目管理知识体系指南（PMBOK指南）（第七版）[M]．电子工业出版社，2022.

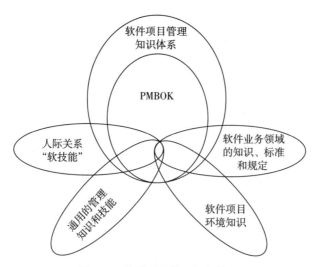

图1-2　软件项目管理知识体系

资料来源：谭志彬，柳纯录．信息系统项目管理师教程（第三版）[M]．清华大学出版社，2017.

3. 软件项目管理理念发展沿革

随着商业环境的巨变和技术的革新，项目的主要特征也在变迁，其主要变化如表 1-1 所示。

表 1-1　项目特征的主要变化

传统项目特征	当前项目特征
项目管理是一条职业道路	项目管理是一项战略或核心能力的需要，对公司的成长和生存至关重要
项目经理只开展项目执行活动	项目经理将参与战略规划、项目组合的项目选择，以及产能规划活动
业务策略和项目执行是各自独立的活动	项目经理的部分工作是架起战略与执行之间的桥梁
项目经理只做基于项目的决策	项目经理同时做出项目和业务决策
时间为 6~18 个月	持续时间可以是几年
项目假设在项目推进过程中不会发生改变	项目假设在项目推进过程中会发生改变
技术是已知的，不会随着项目的持续时间而改变	技术肯定会改变
开启这个项目的人将一直坚守到完成	到项目结束时，项目批复人及部分项目治理人员早已离职
工作说明书比较完善，尽量减少项目范围变更	工作说明书定义不清，而且项目执行过程中会有许多的范围变更
目标是静止的	目标可能在变化
相关方很少	众多且多样化的相关方
只有很少的度量指标	大量且多维度的度量指标

资料来源：Harold Kerzner. 项目绩效管理：项目考核与监控指标的设计和量化（第 3 版）［M］. 电子工业出版社，2020.

项目环境的变化，不但催生了新的管理理论，也促进了原有管理理论的进化与调整。虽然有些管理理念①不是专为软件项目管理而生，但因其符合软件研发管理诉求，进而被借鉴与发展，成为指导实践的理论或范式。图 1-3 概要性地展示了软件项目管理重要理念的发展历程。

---

① 管理理念是管理价值观和管理原则的集合体，决定了管理实践的方向与形式。

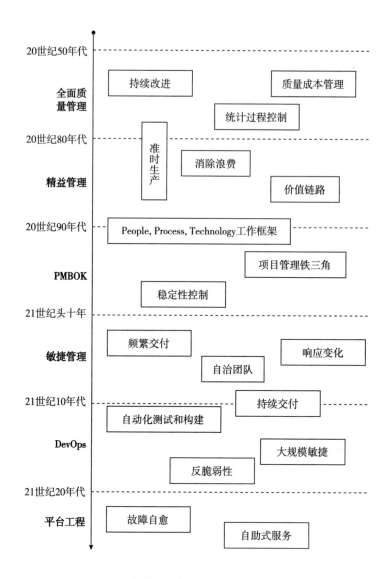

图1-3 软件项目管理重要理念的发展历程

软件研发项目管理过程中主要借鉴的理论包括但不限于项目管理知识体系（Project Management Body of Knowledge，PMBOK）、软件能力成熟度模型（Capability Maturity Model Integration for Software，CMMI）、集成产品开发（Integrated Product Development，IPD）、全面质量管理（Total Quality Management，TQM）、精益管理（Lean Management，LM）、敏捷管理（Agile Management，AM）、DevOps

（Development & Operations）等，其中 PMBOK 提供了一种预测型项目管理框架，CMMI 侧重开发过程，IPD 侧重产品管理，TQM 侧重质量管理，LM 侧重价值交付，AM 提供了一种适应型项目管理框架，DevOps 侧重组织模型的变革[3]。每种管理理论都有其适用范围，软件业没有"银弹"，不存在"一招鲜，吃遍天"。例如，敏捷开发流程不适合变化不大、客户和市场对产品交付质量要求很高的场景，在这种场景下敏捷流程反而会给团队增加多余的负担。

第 2 节　软件项目度量概论

现代管理学之父彼得·德鲁克认为，"没有度量，就没有管理"。笔者认为，度量是管理理念的延伸，是众多的管理手段之一。应当是"先有管理，再有度量"，管理理念决定了度量的方向、目标、策略和形式。度量作为实现软件项目量化管理的基石，规模越大的项目、管理层级越高的人员，对软件项目度量的诉求越大。

1. 软件度量发展沿革

20 世纪 60 年代末，软件度量学的基础研究工作才刚刚开始，对软件度量学的进一步研究工作主要是在 80 年代和 90 年代。最早的软件度量是对代码行数的测量，之后陆续出现了对软件的复杂度估算、成本估计等度量技术，但这个阶段以度量软件产品的质量为主。随着软件工程的思想和方法被广泛认可和应用，软件过程度量逐渐成为软件度量的研究重点，过程度量的技术与方法都得到了显著的发展，并在 20 世纪 90 年代达到了鼎盛时期，成为软件工程领域的研究热点。目前，已经有许多国家对软件度量技术进行了深入的研究，尤其是欧美国家取得了较大的研究成果，并在软件研发过程中成功地应用了软件度量技术。

近十年来，随着容器化技术和云服务的成熟，软件研发工程能力有了明显的提升，对软件研发效能（Engineering Productivity）的度量与提升越来越"火热"。从 2020 年开始，国内也掀起了研发效能度量与提升的热潮。研发效能在被作为明确的研究领域提出来之前，行业内已经有了一些自发的实践，从开发工具到敏捷运动，实践虽多，但仍尚未形成明朗的体系。随着 DevOps 理念以及大量实践的落地，在狭义上确定了研发效能工程的基本框架，包含了敏捷看板、持续集成、持续部署、持续交付、技术运维等，形成了比较完整的体系。DevOps 工程化的概念催生了效能指标的诞生，最有名的是谷歌云 DevOps 研究与评估（DO-RA）团队提出的 DevOps 四大核心指标，即部署频率（Deployment Frequency）、变更前置时间（Lead Time for Changes）、平均恢复时长（Mean Time to Recovery）和变更失败率（Change Failure Rate），这些指标是团队工程能力的集中体现。

2. 软件项目度量知识体系

软件项目度量知识体系以软件度量知识与技能为核心，还包括软件项目管理知识[①]、数据治理知识、数据分析知识与技能，它们的关系如图 1-4 所示。

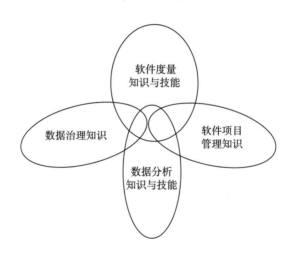

图 1-4　软件项目度量知识体系

软件度量知识与技能包括软件度量价值观和原则、软件项目度量理论、软件过程度量理论、软件技术度量理论、度量方法与工具、软件度量建模理论等；数据分析知识与技能包括统计学和概率论、数据统计分析工具技能（数据库、Excel、SPSS、SAS、Python、R 语言等）、可视化能力等；数据治理作为软件度量

---

① 软件项目管理知识体系见图 1-2。

数据质量的保障，涵盖了庞大的知识域，具体如图 1-5 所示。

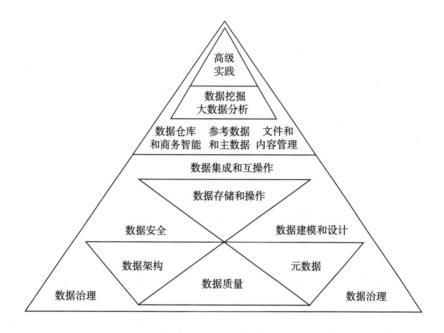

图 1-5　DAMA 数据治理知识体系

资料来源：DAMA 国际 . DAMA 数据管理知识体系指南［M］. 机械工业出版社，2020.

3. 软件项目度量工作类别

软件项目度量工作①整体上大致分为三类，分别是项目度量、过程度量和技术度量[4]。其中，项目度量具有战术性目的，是对软件研发项目的特征进行度量，包括进度度量、质量控制、生产率度量、成本度量等；过程度量具有战略性目的，是对软件研发环境或研发过程的特征进行度量，有助于研发流程改进，例如，各类软件能力成熟度模型就是典型的过程度量；技术度量是评估技术工作产品的质量，以便在项目中进行决策，如项目技术复杂性、软件架构耦合度、软件产品可靠性等。

在日常工作中，由于软件项目干系人众多，各方的关注点不一样，因此对上

---

① 本书提及的软件项目主要指软件研发项目。

述三类度量工作的侧重程度不尽相同。也就是说，针对特定软件研发项目的度量工作，通常不会局限于项目本身的情况，还会关注该项目产出软件的质量以及整个项目在研发流程上的特性[①]。当前流行的研发效能度量在试点项目上开展时，一般会同时涵盖项目度量、过程度量和技术度量这三类工作。

4. 软件项目度量目标

软件项目度量的目标通常可粗略分为如下六类：

（1）提高项目透明度，取得包括管理层在内各方干系人的理解与信任，争取管理层做出对项目有利的干预，提升干系人满意度。[②]

（2）发现软件质量问题，提供相关原因，作为质量改进的依据。

（3）发现研发流程瓶颈或浪费，制定提升方案与措施，形成最佳实践。

（4）提供风险信息，帮助团队获取更多资源或做出更好的决策，例如，团队可通过度量数据了解进度风险，拟订资源平滑或资源平衡策略，以较低风险、达成项目目标或管理层期望。

（5）作为项目绩效的信息来源之一，辅助管理者对团队的表现进行评估。

（6）度量数据作为未来评估和预测的基础和依据，如估算项目工期以及相关的资源配置、设定管理层对进度和质量的期望、为项目获取更多的资源。

5. 软件项目度量过程

纵观整个软件项目度量过程，度量需求来源于管理诉求/目标，这些需求是制定度量目标的依据。为了实现度量目标，需要准备度量资源与工具、实施度量工作以及开展分析工作。度量分析结果一方面指导改进措施，另一方面还可形成知识积淀，指导未来的度量工作，具体过程如图1-6所示。此处值得注意的是，管理诉求和改进措施是度量活动的上下游，彼此衔接形成闭环，缺失任何一个环节都将导致度量工作的价值大打折扣。

---

① 本书探讨的软件研发项目度量，不局限于项目度量，还包括过程度量与技术度量，是广义的"项目度量"。

② 需要注意的是，无论项目度量体系有多好，都无法保证相关方之间能建立起互动，它不应被视作有效项目沟通的替代品，而应是促进沟通、提升沟通效果的支持性工具。

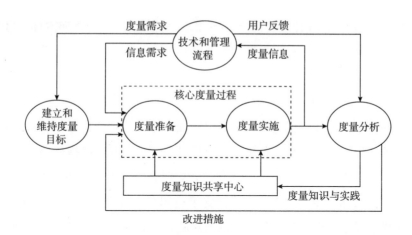

图 1-6　度量流程

资料来源：ISO/IEC/IEEE 15939：2017 "Systems and Software Engineering—Measurement Process".

6. 软件项目度量指标类别

度量指标的分类方法有许多种，每种方法的视角是不同的。下面介绍软件研发项目度量活动中普遍用到的九种分类方法，这些分类方法中，部分方法是可以组合使用的。通常在构建指标模型时，读者可结合实际需要，选择一至三种方法，对模型中的指标进行分类，增强整个模型的逻辑性，便于使用者理解和应用模型。

第一种分类方法，将度量指标分为结果性指标和过程性指标。结果性指标度量的是价值流末端的情况，反映最终的结果，主要用于评价成果，如年度营收、客户满意度、客户净推荐值，通常北极星指标[①]都是结果性指标。这些指标能够反映现状，但往往无法直接指导改进。过程性指标度量的是价值流中间环节的情况，反映过程执行情况，主要用于指导改进活动，如任务及时完成率、需求评审率、测试覆盖率。

第二种分类方法，将度量指标分为时期指标与时点指标。时期指标的数值是

---

① 北极星指标是指在当前阶段高于一切、须集中全部注意力的指标，所有活动都是为了让该指标达到目标数值。

连续登记的，反映某个时间段的总成果，指标数值大小与所登记时期长短有直接关系，并且具有累加性。时点指标的数值是在某个时间点上间断计数取得的，反映某个时间点上的成果，指标数值大小与所登记时期的长短没有关系，不具有累加性。

第三种分类方法，将度量指标分为引领性指标和滞后性指标。引领性指标对目标有引领性作用，一般具有预见性，执行者是可以影响这些指标的，通常用于改进活动[5]，一次测试通过率、单元测试分支覆盖率、代码评审率等是软件质量方面的引领性指标。滞后性指标，是指为了达到我们设定的目标而跟踪的指标，通常用于描述过去，指明问题所在，逃逸缺陷率、软件故障数量、平均恢复时长是软件质量方面的滞后性指标。

第四种分类方法，将度量指标分为可观测性指标和可行动性指标。可观测性指标是指可以被客观监测到但无法通过行动来直接改变的指标[5]。例如，研发团队无法通过某项行为直接改变逃逸缺陷率的数值，只能通过各类质量保证活动来影响该指标。可行动性指标，是指在能力可触达范围内，通过团队努力，可以设法改变的指标，例如，团队可以通过优化代码直接改变代码圈复杂度的数值。

第五种分类方法，将度量指标分为定性指标与定量指标。定性指标通常是非结构化的、经验性的、揭示性的、难以归类的指标，此类指标以主观判断为主，如软件质量评价中的易安装性、易操作性、适应性；定量指标涉及很多数值和统计数据，提供可靠的量化结果，但缺乏直观性，如软件质量的代码圈复杂度、代码重复率、缺陷密度。

第六种分类方法，主要用于数据仓库、数据中台或指标中台的建设，将度量指标分为原子指标、衍生指标和复合指标。其中原子指标是对事实表中的属性字段、维度字段进行计数，或者求和、求均值等聚合类操作后得到的指标，如需求数量、功能点数、缺陷数量。衍生指标是原子指标经过修饰词限定后得到的指标，即"衍生指标=原子指标+时间周期+修饰词"，如张三在2023年2月完成的任务数量。复合指标是多个衍生指标计算得到的聚合性指标，如张三在2023年2月的缺陷密度=张三在2023年2月产生的缺陷数量/张三在2023年2月完成的软件规模。

第七种分类方法，主要用于判断指标的价值，将度量指标分为虚荣指标与可付诸行动的指标。虚荣指标是指使用者无法根据它的数值高低、质量好坏来采取行动的指标，此类指标毫无意义，唯一的作用是让人自我膨胀[6]，如活跃用户数、GMV、点击量、日均流水线运行频率。可付诸行动的指标是能够指导改进的指标，它虽然无法直接告诉使用者应该采取什么行动，但指明了改进的方向，如活跃用户占比、函数圈复杂度、流水线执行成功率。

第八种分类方法，将度量指标分为探索性指标和报告性指标。其中，探索性指标是推测性的，提供原本不为所知的洞见，如研发效能专题分析报告中，发现30%的需求存在返工，修复缺陷所投入工时占总工时的40%。报告性指标则使日常运营情况、管理性活动时刻保持信息透明，如周期性的月度汇报中所使用的完成软件规模、投入工作量、新增缺陷数量。

第九种分类方法，可用于指导使用者的看数与分析，将度量指标分为相关性指标和因果性指标。相关性指标代表两个或多个指标之间存在相关性，使用者可通过这种相关性预测未来趋势。因果性指标代表某些指标之间是因果关系，基于这种关系，决策者可以影响未来趋势。

第 2 章

预测型项目管理理念

方向可以大致正确，组织必须充满活力。

——任正非

第 1 节　预测型项目管理理念概述

预测型项目管理理念，泛指 20 世纪流行的强计划驱动和强过程管控的管理思想与理论体系。此类理论期望通过对未来事项的范围、时间、质量、资源、风险、成本的预测，制订详细、周密的计划，并在执行过程中密切监视与控制，尽量避免变更的发生，期望项目能够全程按照既定的路径与计划来实现。这些理论不但包括专用于项目管理的三大项目管理体系，即项目管理知识体系（Project Management Body of Knowledge，PMBOK）、受控环境下的项目管理（PRoject IN Controlled Environment，PRINCE2）和国际项目管理资质标准（International Competence Baseline，ICB），还包括诞生于其他管理领域但也被深度应用于项目管理的理论/实践体系，其中的代表包括但不限于 TQM、CMMI、IPD，它们的价值观、原则或方法论对项目管理过程有着重要的指导意义。

1. PMBOK

PMBOK（Project Management Body of Knowledge）是美国项目管理协会（Project Management Institute，PMI）对项目管理所需的知识、技能和工具的概括性描述。它的第 1 版是由项目管理协会组织了 200 多名世界各地的项目管理专家，历经四年才完成的，可谓集全球项目管理精英之大成，避免了一家之言的片面性。而更为科学的是，每隔数年，来自世界各地的项目管理精英会重新审查、更新 PMBOK 的内容，使它始终保持权威的地位，目前 PMBOK 最新版是第 7 版。

为了指导人们应对变化越来越快的市场和企业环境，第 7 版 PMBOK 已经从预测型管理逐渐向适应型管理靠近，将敏捷交付实践纳入其中，逐渐有了"敏捷"意识。该版本的 PMBOK 提出了项目管理的 12 条原则和八大绩效域。这 12 条原则分别是成为勤勉、尊重和关心他人的管家，营造协作的项目团队环境，有效的干系人参与，聚焦于价值，识别、评估和响应系统交互，展现领导力行为，根据环境进行裁剪，将质量融入过程和可交付物中，驾驭复杂性，优化风险应对，拥抱适应性和韧性，为实现预期的未来状态而驱动变革。上述原则不但能指导项目管理行为与实践，也是项目度量的指导方针。例如，"聚焦于价值"的原则，要求项目度量重点关注项目交付的价值；再如，"拥抱适应性和韧性"的原则，意味着度量体系①不再只关注"项目变更"的大小和比率，更要关注团队适应变化的能力。

项目的绩效域代表着一组能有效地交付项目成果且至关重要的相关活动[1]。PMBOK 划分的八大绩效域分别是干系人绩效域、团队绩效域、开发方法和生命周期绩效域、规划绩效域、项目工作绩效域、交付绩效域、测量绩效域和不确定性绩效域。在 PMBOK 中，每个绩效域都有各自的检查成果（见表 2-1），这些检查成果在构建度量体系时，可以作为 GQ（I）M 或 GSM②中的 Goal（目标）。

表 2-1　交付绩效域检查成果示例

成果	检查
项目有助于实现商业目标和战略推进	商业计划、组织的战略计划以及项目授权文件表明，项目可交付物和商业目标须保持一致
项目实现了预期的成果	商业论证和基础数据表明，项目仍处于正轨，可实现预期成果
在规划的时间区间内实现了项目收益	收益实现计划、商业论证和进度表明财务指标和所规划的交付过程正在按计划实现
项目团队对需求有清楚的认识	在预测型开发中，初始需求的变更很少，这能反映出对需求的真正理解。在需求不断变化的项目中，在项目进展顺利之前，可能无法清楚地理解需求
干系人接受项目可交付物，并对项目可交付物感到满意	访谈、观察和最终用户反馈可表明干系人对可交付物的满意度，投诉和退货的数量也可用于表示满意度

资料来源：（美国）项目管理协会（PMI）. 项目管理知识体系指南（PMBOK 指南）（第七版）[M]. 电子工业出版社，2022.

2. PRINCE2

PRINCE（PRoject IN Controlled Environment）是一种项目管理方法，它包括项目的管理、控制和组织。PRINCE 最早于 1989 年由英国政府计算机和电信中心所开发，作为英国政府 IT 项目管理的标准，但很快就被应用于 IT 以外的项目环

---

① 度量体系是指相互之间有逻辑联系的度量指标所构成的整体，因此一个指标不能叫体系，把多个无关系的指标揉在一起也不能叫体系。

② GQ（I）M 和 GSM 的介绍参见本书第 11 章的内容。

境中。PRINCE2 是这种方法的第二个重要版本，并且是英国政府商务部的注册商标。PRINCE2 在 1996 年作为一种通用的项目管理方法正式出版，当前的最新版本是 2017 年出版的 PRINCE2 2017。PRINCE2 现在已发展成为通用于各个领域、各种项目的管理方法。

PRINCE2 中涉及 8 类管理要素、8 个管理过程以及 4 种管理技术。管理要素包括组织、计划、控制、项目阶段、风险管理、项目环境中的质量、配置管理以及变更控制，这些管理要素是 PRINCE2 的主要内容，贯穿 8 个管理过程。

PRINCE2 提供了从项目开始到项目结束、覆盖整个项目生命周期的基于过程的结构化项目管理方法，共包括 8 个过程，每个过程描述了项目为什么重要、项目的预期目标是什么、项目活动由谁负责以及这些活动什么时候被执行。管理过程包括项目准备、项目计划、项目活动、项目指导、阶段控制、产品交付管理、项目阶段边界管理和项目收尾，其中项目计划和项目指导过程贯穿项目始终，支持其他 6 个过程。项目管理过程中常用的 4 种管理技术主要有基于产品的计划、变化控制方法、质量评审技术以及项目文档化技术。

3. ICB

ICB（International Competence Baseline）是国际项目管理协会（International Project Management Association，IPMA）建立的知识体系，最早可追溯至 1987 年，当前最新的版本是 2017 年推出的 ICB 4.0。ICB 说明了对项目经理、大型项目计划经理、项目群经理及项目管理人员的知识与经验的要求，包括在一个成功的项目管理理论与实践中所用到的基础术语、任务、实践、技能、功能、管理过程、方法、技术与工具等，以及在具体环境中应用专业知识与经验进行恰当的、创造性的、先进的实践活动。

4. TQM

全面质量管理（Total Quality Management，TQM）产生于 20 世纪 50 年代，源于世界各国质量专家的研究和组织的成功管理实践，该理论以质量管理为中心，以全员参与为基础，目的在于通过让顾客满意，让本组织所有者、员工、供方、合作伙伴和相关方受益，来使组织实现长期成功的一套管理理论。不论是

ISO9001 系列标准、卓越绩效模式、六西格玛管理[7]，抑或其他先进质量管理方法，都是对全面质量管理的总结、发展或深化[8]。全面质量管理理论作为质量领域的通用性理论，可用于指导项目质量管理的整个过程。

该理论最基本的工作程序是 PDCA 循环（又称戴明环），即 Plan（计划）、Do（执行）、Check（检查）和 Act（处理），简称 PDCA。经过不断地演化，PDCA 循环早已不局限于质量管理领域，它被应用于日常生活和工作中的绝大多数领域，例如，软件研发项目度量流程，也可遵循"P（明确提升目标，规划度量体系）—D（获取数据，落地度量体系）—C（根据反馈，验证度量的有效性）—A（调整度量体系）"的流程。PDCA[8] 旨在解决组织发展中的全局性问题、瓶颈性问题或创新性问题，而对于已经有确定目标和方法的活动，则通过 SDCA 循环开展，SDCA 是 Standard（标准）、Do（执行）、Check（检查）和 Action（处理）的简称。通过 PDCA 循环和 SDCA 循环的交替进行，组织能够持续不断地提升产品质量，无论是在其他管理领域还是在软件度量领域，这种模式都是适用的。此外，全面质量管理过程中使用新、老七种工具收集和分析质量数据、定位质量问题、控制和改进质量水平；这些工具亦可用于软件研发项目度量活动，具体介绍请参见本章第 2 节。

除 PDCA 循环外，还有诸多问题解决方法，表 2-2 仅列出部分常用的问题解决方法，以作对比分析之用。

表 2-2 问题解决方法对比

方法	用途（目的）	风险	益处（优点）	难度等级
六西格玛 DMAIC	解决大的、长期的、涉及多职能的问题	低	高 ROI①	高：大量问题需要艰难的诊断和高水平的专业技能
朱兰突破模式	解决大的、长期的、涉及多职能的问题	低	高 ROI	高：大量问题需要艰难的诊断和高水平的专业技能
RCCA	解决偶发的日常问题	低	中 ROI	低：容易找出偶发性问题；技能容易被全体员工掌握
PDCA	解决偶发的日常问题	低	中 ROI	低：容易找出偶发性问题；技能容易被全体员工掌握

---

① ROI 指 Return on Investment，即投资回报率，ROI=年利润或年均利润/投资总额×100%。

续表

方法	用途（目的）	风险	益处（优点）	难度等级
精益问题解决	解决偶发的日常问题	中	中 ROI	低：目的是识别浪费及其原因，往往容易被理解
PDSA	解决偶发的日常问题	中	中 ROI	低：许多服务部门不使用工具来分析数据；相反，它们直接从症状中得到解决方案
放手去做	根据已知的事物开展日常决策	高	中 ROI	低：尽管不受推崇，但很容易做；除了凭直觉没有其他方法

资料来源：Joseph M. Juran，Joseph A. De Feo. 朱兰质量手册：通向卓越绩效的全面指南（第 6 版）[M]．中国人民大学出版社，2013.

5. CMMI

1984 年美国卡耐基梅隆大学软件工程研究院研发出软件领域的能力成熟度模型（Capability Maturity Model，CMM），从流程管理和过程改进的角度来指导软件开发。经过多年的研发和推广，CMM 已经成为现代软件企业普遍选用的评价和改进软件过程能力的方法。20 世纪 90 年代末，CMM 又进一步发展为 CMMI（Capability Maturity Model Integration，能力成熟度模型集成）。CMMI 主要用于软件过程的改进，促进组织软件能力成熟度的提高，为组织提供了一个度量单个过程相关能力和成熟度的标准。CMMI 2.0 将能力等级和组织成熟度划分为 0～5 级，其中第 4 级均为量化管理，即组织可以使用统计或其他量化技术了解、监测和完善现状，实现质量与过程性能目标，满足内外部利益相关方的要求。

经过数十年的发展，CMMI 当前的核心价值观大致可概括为[9]：①业务目标驱动改进；②遵循过程，实现目标；③定量数据量化性能；④固化习惯成为文化；⑤高层支持，全员参与；⑥循序渐进，持续优化。

6. IPD

集成产品开发（Integrated Product Development，IPD）是基于市场和客户需求驱动的集成产品开发体系，由市场、开发、采购、制造、服务、财务等领域的专业人员组成的跨部门团队，共同管理整个产品开发过程，覆盖客户需求、概念形成、产品开发、上市、生命周期。IPD 流程有两条主线，分别是实现客户需求和达成商业计划[10]，强调提前规划、做正确的事，使产品开发更关注客户的需求；在规划落地过程中，把事情做正确，加快市场反应速度，缩短开发周期，减少资源浪费（见图2-1）。总体来看，IPD是对业界众多最佳实践和典型案例的一种总结和集成，并且不断吸收新的实践来完成进化，例如，IPD应用于软件研发项目时，在软件开发过程引入了敏捷理念与Scrum，实现"小步快跑"、持续交付的价值交付能力。项目作为交付产品的一种途径，在施行IPD的组织当中，项目管理工作必然要遵循IPD的流程与管理理念。

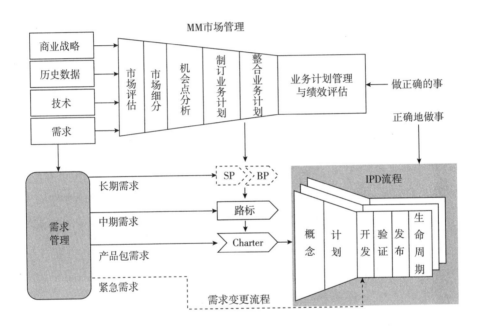

图2-1　IPD主业务流程框架

第2节　常用度量分析工具

1. 全面质量管理的"老七种"工具和"新七种"工具

全面质量管理体系中常用的分析工具共14种。其中，"老七种"工具分别是因果图、流程图、核查表、帕累托图、直方图、控制图和散点图;"新七种"工具分别是亲和图、过程决策程序图、关联图、树形图、矩阵图、优先矩阵和活动网络图。总体来看,"老七种"工具较适合具体的一线质量管理活动,"新七种"工具则更适用于中高层管理者的质量管理活动。需要注意的是,上述工具不仅可以用于质量分析,部分工具还可以用于质量分析之外的进度分析、价值分析等。各类工具的适用活动如表 2-3 所示。

表 2-3　全面质量管理体系常用分析工具的适用活动

适用活动	"老七种"工具							"新七种"工具						
	因果图	流程图	核查表	帕累托图	直方图	控制图	散点图	亲和图	过程决策程序图	关联图	树形图	矩阵图	优先矩阵	活动网络图
制定目标					√									√
理解现状		√	√	√	√	√		√		√	√	√		√
剖析原因	√			√	√	√	√	√		√	√			√
拟定策略	√							√	√	√	√		√	√
实施策略				√	√				√				√	
控制过程			√	√	√	√								

因果图

　　因果图,又称鱼骨图、石川馨图,以其创始人石川馨命名。该工具的作用是将问题陈述放在"鱼骨"的头部,作为起点,用来追溯问题根源,回推到行动的根本原因。在软件项目管理中,可以使用因果图来剖析各类质量问题、进度问题,它能够将问题陈述的原因分解为离散的分支,具有简洁、实用、直观、深入的特点,有助于识别问题的主要原因和根本原因(见图 2-2)。

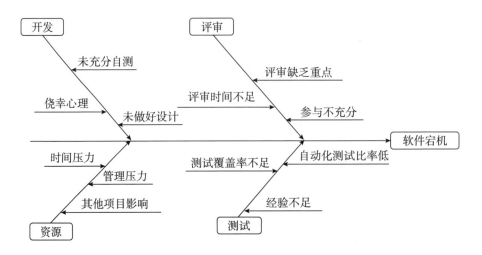

图 2-2   因果图在软件故障分析中的应用示例

流程图

流程图是使用一系列的图标与箭头，直观地展示出目标流程中所包含的所有过程，这种过程既可以是生产线上的工艺流程，也可以是完成一项任务所必需的管理过程等。在软件项目度量活动中，流程图可帮助用户理解业务流程，为价值流分析提供基础信息来源，是设计各类指标统计口径的基石（见图 2-3）。

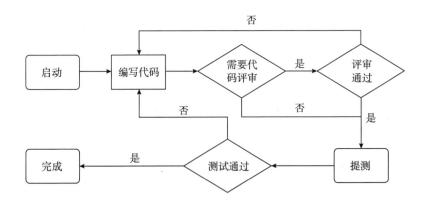

图 2-3   开发任务流程图示例

核查表

核查表是一张表格，表中罗列了需要检查的事项。在软件项目管理中，核查表可用于进度/质量的核查，反映项目的进度/质量情况（见表2-4）。

表2-4　软件项目进度核查表示例

交付物	完成情况	说明
需求规格说明书	已完成	评审发现缺陷15个，均已修复
概要设计文件	进行中	
详细设计文件	未开始	
测试方案	未开始	

帕累托图

帕累托图是一种按发生频率的高低依次绘制的直方图，因此又被称作排列图、主次图，是帕累托法则（即"二八法则"）的图形化体现，用于识别造成问题的少数重要原因。在软件项目度量分析过程中，不但可以使用帕累托图分析产生缺陷的主要原因，还可以使用该图反映分析对象的主要构成，如已发布需求实际投入工时主要集中在哪个区间、需求主要来自哪些客户、需求的主要类型是什么等（见图2-4）。

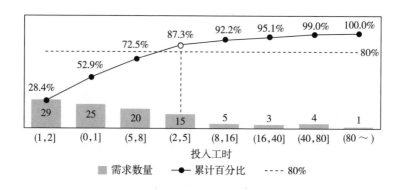

图2-4　已发布需求工时投入情况的帕累托图示例

直方图

直方图是一种特殊形式的柱状图，它用一系列宽度相等、高度不等的长方形来表示数据，其宽度代表组距、高度代表指定组距内的数据数（频数），作用是直观地显示质量特性的分布状态，对于数据分布的形状、中心位置和分散程度一目了然（见图 2-5）。此外，在直方图中，通过比较测定值与规格值，判断出不良是平均不良还是异常不良[1]，便于人们确定在何处着手质量改进。在软件项目度量分析活动中，直方图不但可以用于展示每个时间区间上的软件故障频次，还可以展示库存需求在不同积压时长上的分布。

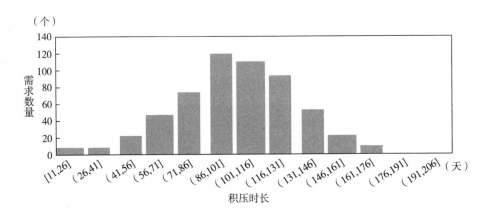

图 2-5　库存需求的积压时长分布（直方图示例）

控制图

控制图也被称作质量管理图、质量评估图。控制图在研究统计过程控制（Statistical Process Control，SPC）中起了很重要的作用，可用来确定一个过程是否稳定，或者是否具有可预测的绩效。控制图上有三条平行于横轴的直线，分别是中心线（Central Line，CL）、上控制限（Upper Control Limit，UCL）和下控制限（Lower Control Limit，LCL）。UCL、CL 和 LCL 统称为控制限（Control Limit），

---

① 平均不良通常是系统的问题，是整个过程的不良；异常不良是个别的、离散的不良，属于个别问题。

通常中心线是历史数据的平均值，上、下控制限则一般设定在均值±3 个标准差的位置（见图 2-6）。当然，UCL、CL 和 LCL 的值完全可以根据实际需要设定，可以使用其他相对值（如 85 分位数、中位数、50 分位数）或绝对值，无须拘泥于上述取值，例如，每次软件发布时遗留的优化类缺陷数量不得大于 5 个，那么 5 个优化类缺陷数就是 UCL。

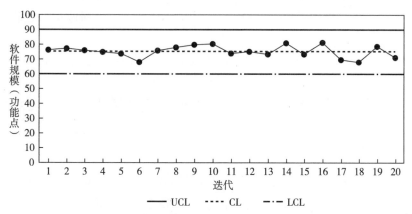

图 2-6　软件项目单次迭代完成软件规模的控制图示例

若控制图中的描点落在 UCL、LCL 之外，或在 UCL 和 LCL 之间的排列不随机（如连续 7 个点都在 CL 之上），则表明过程可能"失控"。软件项目度量分析中，控制图可以用来展示需求吞吐量、需求交付周期、软件缺陷数量等，协助管理者判断项目的质量、进度或其他方面是否"失控"。

散点图

散点图也被称为相关图，是一种分析两个变量之间相关性的工具，可用于确定两个变量之间的关联程度。在散点图中，变量之间的相关程度取决于数据点在图形上的分布情况，数据点分布越靠近某条直线，说明变量之间的相关性越高。在软件项目管理中，可使用散点图分析两个变量之间是否存在明显的相关性，如功能点和实际投入工时的关系、需求测试用例执行数量与需求规模的关系、测试阶段发现缺陷数量与测试分支覆盖率之间的关系等（见图 2-7）。

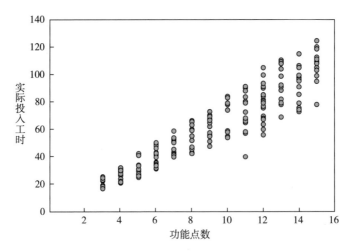

图 2-7　软件需求功能点数与实际投入工时的散点图示例

亲和图

亲和图又称 KJ 法、A 型图解法。亲和图是针对具体问题，充分收集相关经验、知识、想法和意见等资料，通过图解进行汇总，并按其相互亲和性归纳整理这些资料，帮助使用者理解现状的一种工具。在软件项目管理中，亲和图一方面可用于分析现状，另一方面可用于分解复杂的任务，有助于团队制定更为合理的工作任务（见图 2-8）。

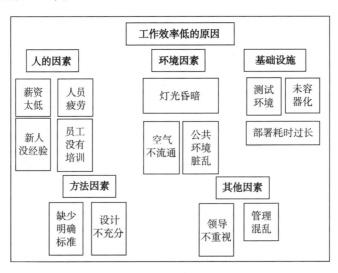

图 2-8　项目成员工作效率的亲和图示例

过程决策程序图

过程决策程序图是为了实现既定目标，在制订行动计划时，预测可能出现的障碍和结果，并相应地提出应变方案的一种方法。如此，在执行计划过程中若遇到不利情况时，团队能主动应对，实现既定目标。在软件项目管理中，过程决策程序图可用于预防重大事故的发生，形成事故预防和应对策略。示例如图 2-9 所示。

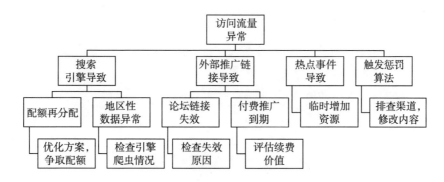

图 2-9　应对网站流量异常的过程决策程序图示例

关联图

关联图又叫关系图，是把与某个或某些问题有关系的因素串联起来的图形。该工具可以找出与问题有关系的一切要素，以便抓住重点并寻求解决对策。关联图中的元素，箭头只进不出的是问题，箭头只出不进的是主因，箭头有进有出的是中间因素，箭头出多于进的中间因素是关键中间因素。如图 2-10 所示，项目进度紧张是问题，加塞需求是主因，缺陷多是关键中间因素，任务并行、员工疲惫和人力不足是中间因素。在软件项目管理中，关联图可用于梳理需求或影响因素，从中挖掘核心要素，进而拟定应对策略。

树形图

树形图又称树图、系统图或层级图，是将事物或现象分解成树枝状，通过树形结构来展现要素之间的层级关系，这种层级关系通常是从属关系，例如，将软件项目分为自研项目和外包项目，是枚举法的一种表现方式，在形式上与思维导图类似（见图 2-11）。总体而言，树形图是从高层级信息开始，渐进地分解为较多层级的详细信息。在软件项目管理中，可以使用树形图剖析目标的内部结构，如特性需求分解、工作任务分解、组织分解、产品分解、资源分解、风险分解等，均有助于使用者理解现状或问题。

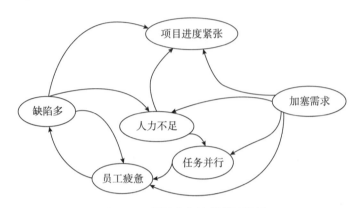

图 2-10　项目进度的关联图示例

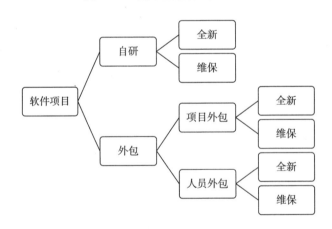

图 2-11　软件项目的树形图示例

矩阵图

矩阵图是使用矩阵结构进行分析，在行列交叉的位置展示行列对象之间关系强弱的图形，以从中直观地找到关键因素。在软件项目管理中，矩阵图可以用于分析故障现象与故障原因之间的关系，亦可展示岗位与能力要求的关系（见表 2-5）。

表 2-5　岗位与能力要求矩阵图示例

岗位	专业技能			通用能力		
	业务理解能力	编码能力	问题解决能力	决策质量	承担责任	追求结果
初级软件开发工程师	☆	☆	☆			
中级软件开发工程师	☆	☆ ☆	☆			
高级软件开发工程师	☆ ☆	☆ ☆ ☆	☆ ☆	☆	☆	
技术专家	☆ ☆ ☆	☆ ☆ ☆	☆ ☆ ☆	☆ ☆	☆ ☆ ☆	☆
高级技术专家	☆ ☆ ☆ ☆	☆ ☆ ☆	☆ ☆ ☆ ☆	☆ ☆ ☆	☆ ☆ ☆	☆ ☆ ☆
资深技术专家	☆ ☆ ☆ ☆ ☆	☆ ☆ ☆ ☆	☆ ☆ ☆ ☆ ☆	☆ ☆ ☆ ☆	☆ ☆ ☆ ☆	☆ ☆ ☆

注："☆"越多说明要求越高。

优先矩阵

优先矩阵图也被叫作矩阵数据分析法，与矩阵图类似，它能清楚地罗列出关键影响因素，用来识别关键事项和合适的备选方案，并通过一系列决策，排列出备选方案的优先顺序（见表 2-6）。先对评判标准排序并赋以加权系数，再应用于所有备选方案，计算出得分，对备选方案排序。它与矩阵图法的区别在于，矩阵图上填的是符号，而优先矩阵上填的是数据，形成一个数据矩阵，优先矩阵是一种定量分析问题的方法。

表 2-6　提升报表查询速度的优先矩阵示例

	实施成本	实施周期	实施难度	实现效果	得分	优先级
权重	7	5	6	10		
方案 1：新增 2 台服务器	2	9	10	4	159	3
方案 2：优化慢 SQL	5	3	3	6	113	5
方案 3：增加索引	8	8	10	2	217	1
方案 4：优化数仓模型	3	2	1	10	154	4
方案 5：行数据库改为列数据库	5	6	7	6	209	2

活动网络图

网络图也被称为箭头图，由作业（箭线）、事件（节点）和路线三要素组成，展现目标流程中的活动、耗时以及上下游情况（见图 2-12）。网络图在项目管理中的应用有三种：紧前关系绘图法（Precedence Diagramming Method，PDM）、关键路径法（Critical Path Method，CPM）和计划评审技术（Program Evaluation and Review Technique，PERT）。

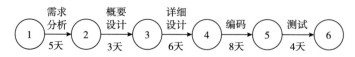

图 2-12　软件开发活动网络图示例

PERT 通过网络图的形式来表达项目中各项活动的进度和它们之间的关系，便于使用者进行网络分析和时间估计。该方法认为，项目持续时间以及整个项目完成时间长短是随机的，按照某种概率分布，可以利用活动逻辑关系和项目持续时间的加权合计，即项目持续时间的数学期望，计算项目时间。它以时间为中心，找出从开工到完工所需要时间的最长路线，并围绕关键路线进行统筹规划，合理安排以及严密控制各项工作的完成进度，以达到用最少的时间和资源来实现预定目标。PERT 示例如图 2-13 所示。

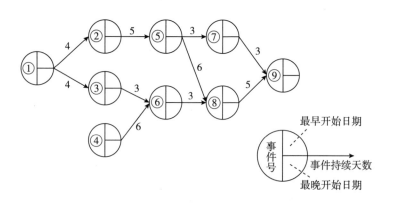

图 2-13　PERT 示例

2. 甘特图

甘特图又称为横道图、条状图，用于反映项目进度。该图的竖轴上罗列要执行的任务，横轴上罗列时间点，图中水平条的宽度显示每个活动的持续时间（见图 2-14）。此外，甘特图也显示了依赖性活动之间的关系。

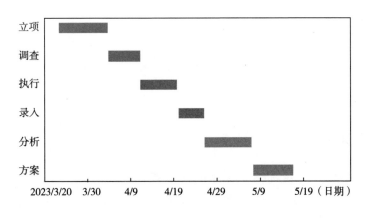

图 2-14　甘特图示例

3. 资源日历

资源日历是借助日历的形式，展现每种资源可供项目使用的情况，即项目期间特定的项目资源何时可用、可用多久。资源日历受资源变化（如生病、调离、辞职）的影响。软件项目管理过程中，人力资源是项目最核心的资源，因此资源日历通常用于展现开发人员的任务安排情况（见表 2-7），团队根据成员每日可投入情况安排工作任务。资源日历可展示每位团队成员的工作安排与实际投入情况，避免成员出现任务过度饱和或过于空闲的情况。资源日历的准确性依赖于任务安排的精细程度，若团队内部的任务颗粒度小、责任人明确，且能确定每个任务计划起止日期、计划投入工时、实际投入工时[1]，那么资源日历就相对准确，更能客观地反映现状。相对地，此时需要投入在任务规划的精力与时间也较多，因此，团队须根据项目实际需要，灵活调整任务安排的精细程度。

---

① 由于软件开发的变数众多，预测型计划安排非常容易被打破，一个任务的滞后往往牵一发而动全身，需要调整后续相关联任务的计划起止日期，这种调整工作需要投入的时间与精力也是很可观的。

表2-7 某软件开发团队资源日历示例

成员	12月1日				12月2日	
	已分派任务数	任务预估总工时	当日已投入工时	当日可分派工时	已分派任务数	略
张三	2	7	0	1	2	略
李四	4	8	0	0	1	略
王五	3	6	0	2	2	略

4. 资源直方图

资源直方图是项目在特定时间区间内（如1天、1周、1个月）须投入的人力资源数量，它仅受进度计划的影响，若项目进度不变，资源直方图不会发生改变。如图2-15所示，通过观察资源直方图，能够直观地了解人员的需求情况，将其与同期预计可用人力情况对比，即可判断是否需要调整人力或调整进度。

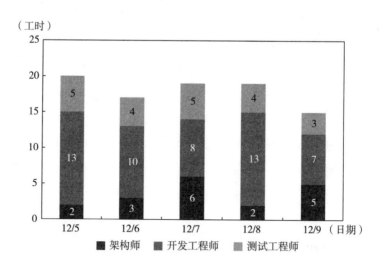

图2-15 资源直方图示例

5. 工作分解结构图

工作分解结构图（Work Breakdown Structure，WBS）是将一个项目的目标/可交付成果在既定原则的指导下逐层分解，每下降一层代表对项目工作成果更详细的定义，底层的项目可交付成果被称为工作包（见图2-16）。工作包的大小通常遵循80小时法则（80-Hour Rule）或两周法则（Two Week Rule），即任何工作包的工作量不应超过80小时或两周。

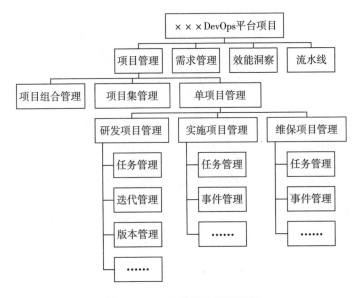

图 2-16　工作分解结构图示例

6. 挣值分析法

挣值分析法又称偏差分析法，是一种分析项目中实际进度与计划之间差异的方法。该方法的优点是以预算和费用来衡量工程的进度，能同时判断项目预算计划和进度计划的执行情况。挣值分析的三个基本参数包括计划值（Plan Value，PV）、实际成本（Actual Cost，AC）和挣值（Earned Value，EV），四个评价指标包括进度偏差（Schedule Variance，SV）、成本偏差（Cost Variance，CV）、成本绩效指数（Cost Performance Index，CPI）和进度绩效指数（Schedule Performance Index，SPI），具体如图2-17所示。

计划值又叫作计划工作的预算费用（Budgeted Cost for Work Scheduled，BCWS），指项目实施过程中某阶段计划完成工作所需的预算工时/费用；实际成本又叫作已完成工作的实际费用（Actual Cost for Work Performed，ACWP），指项目实施过程中某阶段实际完成工作所消耗的工时/费用；挣值又叫作已完成工作的预算费用（Budgeted Cost for Work Performed，BCWP），指项目实施过程中某阶段实际完成工作按预算计算出来的工时/费用。

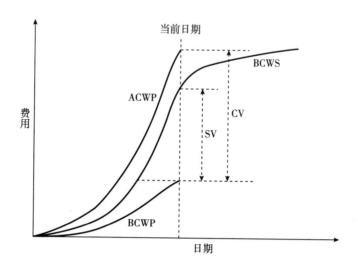

图 2-17　挣值分析法示例

SV=EV-PV：当 SV>0 时，进度超前；当 SV<0 时，进度落后。CV = EV-AC：当 CV>0 时，成本节约；当 CV<0 时，成本超支。SPI = EV/PV：当 SPI>1 时，进度超前，实际做的工作比计划做的工作更多；当 SPI<1 时，进度落后，实际做的工作比计划做的工作更少。CPI=EV/AC：当 CPI=1 时，资金使用效率正常；当 CPI>1 时，成本节约，资金使用效率高；当 CPI<1 时，成本超支，资金使用效率低。

7. 影响图

影响图是在条件不确定的情况下，把项目中的某种场景，以一系列事项和结果的相互影响关系表现出来，如风险和项目目标的相互影响关系（见图 2-18）。影响图可用于影响分析，通常不仅仅针对一个问题，而是同时分析多个问题和多个原因，这点与因果图不同，因果图一般显示多个原因与某一个问题的联系。在软件项目管理中，影响图是定量分析风险的工具，而不是质量管理的工具，这一点与因果图、流程图不同。

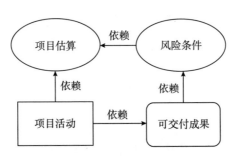

图 2-18　项目影响图示例

8. 思维导图

思维导图又被称作脑图、心智导图，是表达发散性思维的一种工具，通常用于制订计划、分解目标、梳理逻辑、寻找创造性观点等[11]，如图 2-19 所示。

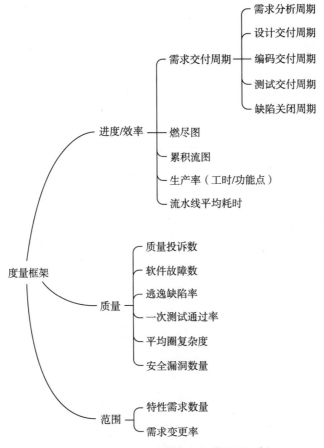

图 2-19　软件项目度量框架思维导图示例

第 3 章

精益理念

消灭浪费，创造财富。

——《精益思想》

第 1 节　精益价值观与原则

精益理念源自制造业，可追溯至 20 世纪 70 年代的丰田式生产系统。它是一套旨在减少浪费、优化流程以及准时生产的方法论，最终目的是通过持续优化价值交付流程，为客户带来最大的价值。随着该理念的发展，它已不局限于工业制造，而是被应用于各行各业，不但形成了系统化的精益思想[12]，还衍生出了精益软件开发[13]、精益创业[14]、精益数据分析[6] 等理论体系。此外，它也是敏捷管理和 DevOps 的价值观基石，它们的关系如图 3-1 所示。

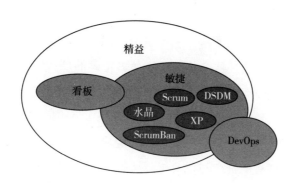

图 3-1　精益、敏捷与 DevOps 的关系

1. 精益价值观

2001 年 4 月时任丰田副总裁的张富士夫签批的丰田之道（The Toyota Way 2001），将精益价值观凝练为两个支柱，分别是持续改善和以人为本。其中，持续改善包括挑战现状、改善和现地现物，以人为本包括尊重和团队合作（见表 3-1）。

2. 精益原则

精益理念的出发点是价值，通过市场拉动需求，与客户紧密协作，及时得到客户的反馈，厘清市场价值最高的需求，按最佳顺序排列生产价值的活动，把浪费转化为价值，提高市场响应速度和需求命中率，达到准时制生产（Just in

Time，JIT）的效果。因此，Womack 和 Jones 认为精益理念有如下 5 项原则[12]：
①精确地定义特定产品的价值；②识别出产品的价值流；③使价值不间断地流
动；④让客户从生产侧拉动价值；⑤永远追求尽善尽美。

表 3-1　精益价值观（The Toyota Way 2001）

持续改善			以人为本	
挑战现状	改善	现地现物	尊重	团队合作
追求梦想的实现，树立理想，鼓足勇气去挑战	与时俱进，追求革新，坚持不懈地改善	通过现地现物，看清事物本质，迅速达成共识，早做决断，并全力付诸实践	尊重他人，待人诚恳，相互理解，各尽其责	培养人才，集合众人的力量

精确地定义特定产品的价值

软件的成功由"做正确的事"和"正确地做事"造就。为客户交付价值的
前提是生产者能够定义清楚这个价值，进而做正确的事。然而，由于本位主义①
的影响，生产者很难确切地定义价值。即便是同一套软件产品，对不同客户而
言，该软件能够为其带来的价值亦可能大相径庭。

精益理念提倡"以特定价格提供具有特定功能的产品"，因此在精确定义价
值时，应暂不考虑现有的资产与技术，而是通过与客户的密切沟通，从最终用户
的角度，思考做什么功能或提供什么服务来创造价值。在现实中，没有哪个生产
者能立即把所有这些功能/服务落地，但形成一个明确的观点，知道什么是真正
需要做的事则是必要的，否则价值的定义肯定会被曲解。这些被错误定义的价值
将带来一系列的"浪费"。

产品价值可使用精益画布、竞品画布进行分析，过程中借鉴 $APPEALS 方法
论明确分析维度[15]。项目推进过程中，度量工作应当"以终为始"，将能够反映
项目客户价值的指标作为整个度量体系的核心（甚至是北极星指标），引领软件
研发团队的努力方向，如客户满意度评分、价值达成率、需求命中率、股东财富
增长率等。

---

① 本位主义指无论何时何地，皆以自己的权益为前提，不顾整体利益，动辄以其偏私之见强调某方
面的重要性。

识别出产品的价值流

价值流是指生产者将原材料转变为成品并赋予它价值的全部活动，包括从供应商处购买原材料送到企业，企业对其进行加工后转变为成品，再交付给客户的全过程，企业内以及企业与供应商、客户之间的信息沟通形成的信息流也是价值流的一部分。精益理念将价值流中的活动分为 3 类，分别是：①直接创造价值的活动；②不直接创造价值，但暂时属于产品开发过程中所必需的活动；③不能创造价值并且当前可以终止的活动。精益理念要求生产者识别出每一个产品、服务或功能的价值流中的所有步骤，并终止那些没有创造价值的非增值活动，即②和③。因此，在精益管理过程中，价值流图是必不可少的一项工具。价值流图的介绍可参见本章第 3 节的内容。

Mik Kersten[16] 结合软件研发项目的特点，将软件价值流中的所有流动项归纳为 4 类，分别是特性、缺陷、风险和技术债务（具体如表 3-2 所示）。流动项被界定为价值流所传递的价值单元，价值流中每一项有意义的工作项都必须映射到上述 4 种流动项中的一种。这意味着在价值流度量与分析活动中，流动项是最小的元素，是业务结果的承载体，体现的是项目的外部价值。在项目管理过程中，团队往往会基于"任务"来开展工作，此时不建议在价值流中将团队实际执行的"任务"作为价值的代理项进行度量与分析，因为这样容易逐渐"迷失"在内部优化的壳中，遗忘了外部价值的交付才是核心，导致研发活动与业务结果渐渐脱钩①。

表 3-2 价值流中的 4 类流动项

流动项	交付项	拉动方	描述	具体工作内容示例
特性	新的业务价值	客户	为推动业务结果而增加的新价值，对客户可见	史诗、特性、用户故事②
缺陷	质量	客户	修复影响客户体验的质量问题	缺陷、问题、事件、变更

---

① Mik Kersten 为此提出了流框架模型，将价值流抽象为价值流网络、工件网络和工具网络三层，具体见本书第 5 章第 1 节的内容。

② 史诗：基于产品的长期战略方向被提出的，颗粒度级别最大，通常为可独立使用的一个产品模块。特性：作为某个史诗的子需求（比史诗更具象）和若干个用户故事的集合，承上启下，需要多轮迭代才能完成交付。用户故事：从用户的角度来描述用户渴望被满足的需求，颗粒度级别最小，且能在一个迭代中开发完成。

续表

流动项	交付项	拉动方	描述	具体工作内容示例
风险	安全、治理、合规	安全及审计人员	致力于解决安全、隐私和合规风险	安全漏洞、监管要求
技术债务	消除未来交付的障碍	架构师	软件架构和运维架构的改进	添加 API、重构、基础设施自动化

资料来源：Mik Kersten. 价值流动：数字化场景下软件研发效能与业务敏捷的关键〔M〕. 清华大学出版社，2022.

使价值不间断地流动

一旦定义了价值并确定了整个价值流，就需要提升价值流动效率。流动效率是指交付价值的速度，通常客户价值的整体交付周期越短、总等待时间越少，流动效率越高。经常与流动效率同时讨论的还有资源效率，资源效率是指某项资源的投入产出比。流动效率与资源效率的关系类似于产品交付速度与交付质量的关系，当二者都处于低水平时，或许可以同时提升，但它们最终是相互冲突的。何勉[17] 曾用公路和汽车进行类比：公路上的车道少、车辆多时，公路的资源效率高，但容易拥堵，导致流动效率低，最终的结果就是这条路常年堵车、行车缓慢，整体车流量小。

资源效率是从自身出发，着眼于价值流局部环节的效率；流动效率是从客户价值出发，关注的是价值流整体的效率。随着各环节资源效率的提升，相应环节的内部流程会越来越复杂，资源利用率趋于饱和，形成一个个孤立的效率竖井，跨环节的协同越来越困难，无法及时响应客户需求的变化，局部环节的在制品积压、瓶颈显现，这些都是流动效率下降的表现。以某个独立交付软件产品的特性团队①为例，张三是团队中的精英、多面手，能够解决团队所面临的绝大多数问题，他的工作特别繁忙，每天都在加班，有许多问题需要他来解决。从资源效率角度来看，团队对张三的资源使用效率是非常高的；但从流动效率来看，团队的效率是不高的，因为张三是整个团队的瓶颈，限制了整个团队的交付效率，团队无法失去张三，只要张三偷懒，团队整体产出就会显著降低。

---

① 特性团队是指长期稳定、跨职能、跨组件、持续端到端交付用户价值的团队。

相对地，流动效率强调所有环节的协同，关注整体价值流中的瓶颈环节，以保障端到端的价值交付效率。在高度动态的内外部环境下，如果团队能够持续100%按时完成研发计划，那么最大的可能是该团队维持了冗余产能，即团队规模超出完成必要工作所需的最低人数和素质，在上面张三的例子中，则是轮流安排团队成员停下手头的工作，向张三"取经"，通过暂时降低张三和这些成员的资源效率来提升团队未来的流动效率。因此，若要保障整个价值流动的畅通，按时交付价值，需要各环节储备冗余资源，以应对软件研发内外部环境的不确定性，如此必然导致局部资源效率的下降。

在讨论流动效率时，必然要提及利特尔法则（Little's Law），它有效地阐释了过度压榨 IT 工作者（即高资源效率）的灾难性后果[18]。利特尔法则认为产品的交付周期=在制品数量/产能，也就是说，若要降低交付周期，要么减少在制品，要么提升产能。然而，利特尔法则还包含了以下两项隐喻：

（1）人们若要同时完成多个任务，那么在多任务之间切换所损耗的产能将会相当可观，这种浪费会降低工作效率，使交付周期延长。

（2）关键资源是稀缺的，过多的在制品会进一步放大关键资源的稀缺性，使瓶颈更为明显，出现非稀缺资源等待的现象，导致整体交付效率下降，使交付周期变长。

上述两种情况表明，在制品数量的上升不但会直接拉长交付周期，还会降低产能，导致交付周期更长。业界也常用"湖水岩石效应"①来描述在制品数量过多时的危害：当在制品过多时，研发流程中的障碍与瓶颈都被掩盖起来，团队不容易定位问题，研发效率问题无法得到有效解决[17]。在软件研发项目度量中，可使用价值流图和累积流图进行观测与改进。具体可参见本章第 3 节的内容。

让客户从生产侧拉动价值

"拉动式"生产是指本环节只有在下一道环节有需求时才进行生产，环节之

---

① 当湖水的水面很高时，就不易观察到湖里的暗礁。但是当湖水减少、湖面降低时，一些大石块就暴露出来了。随着湖水进一步减少，中等石块和小石块也被暴露出来。

间形成紧密衔接，相互制约与平衡。"拉动式"生产是精益理念的重要实践（看板则是其核心工具），它秉承了"以终为始"的理念，强调价值流的终点是客户价值，以实现"暂缓开始，聚焦完成""不需要就不做，要做就快做"。与"拉动式"生产相对应的模式是"推动式"生产，即各环节按预先安排的计划生产，并将完成的制品推向下游，追求每个环节资源利用率的最大化。二者相比，"拉动式"生产的优势在于能够有效控制各环节在制品数量、提升流动效率、灵活应对客户需求以及推动流程改进①。若在软件研发项目中贯彻该原则，那么看板将是度量活动中必不可少的一种工具。具体可参见本章第 3 节的内容。

永远追求尽善尽美

不仅是精益理念，其他管理理念也倡导持续改善与提升。根据熵增定律，孤立的系统总是趋向熵增，也就是趋向混乱状态。在没有外界干预的情况下，只会从有序走向无序，而不会反过来。由于组织和项目的内外部环境在不断变化，在团队努力取得改进成效之后，"躺平"是无法维持当前水平的，而是不断恶化。只有持续改进，基于度量反馈不断解决新障碍和"死灰复燃"的老问题，才能将浪费持续稳定在较低的水平，为客户提供高价值的产品。

从价值流整体视角来看，一旦找出和消除当前的瓶颈，此前未关注到的瓶颈就会显现，并且过去消除瓶颈的策略有可能成为今天的瓶颈，因此改进是一个持续的、永无止境的过程。Harold Kerzner 认为，无论一个组织认为自己的项目管理体系有多好，它总会存在改进的空间，那些停止持续改进的组织与团队，很快就会成为行业的"跟随者"，而不是"领导者"[19]。软件研发项目团队需要持续借助前文所述度量分析工具，并根据需要来对其形式或内容进行调整，以提升度量信息的有效性。

3. 精益软件开发原则

Mary Poppendieck 和 Tom Poppendieck 结合精益理念与软件开发活动的特点，在《敏捷软件开发工具：精益开发方法》[20] 中总结了精益软件开发的七项基本

---

① 在制品数量的减少，让价值流中的障碍和瓶颈更容易暴露出来，便于流程改进。

原则，分别是：消除浪费、增强学习、延迟决策、尽快交付、授权团队、嵌入完整性和着眼整体。这些原则相对前文所述的精益原则更加具体，能够更直接地指导软件研发活动。

消除浪费

精益理念中最核心的一个概念就是浪费（Muda），泛指消耗了资源而不创造价值的一切人类活动，James P. Womack 和 Daniel T. Jones[12] 将其归纳为：需要纠正的错误、生产了无需求的产品及由此造成的库存和积压、不必要的工序、员工的盲目移动、货物从一地到另一地的盲目搬运、上道工序延期导致下道工序的等待、不能满足客户要求的商品和服务。消除浪费指取消所有不能增加价值的活动，包括但不限于非必要的会议、冗余的文档、低效的方法、无效的沟通。结合软件开发活动的特点，Mary Poppendieck 和 Tom Poppendieck[20] 进一步总结了该领域的浪费行为。在任何软件研发项目度量活动中，对浪费的度量、分析都是必不可少的，相关内容请详见本章第 2 节。

增强学习

《第五项修炼》① 认为，每个人都是天生的学习者，现实中遇到的各类复杂问题，可以通过学习来解决[21]。在软件开发过程中，团队需要通过持续地学习来获得新知识、新技能乃至更好地理解用户需求，从而为客户交付价值。这其中的学习契机包括日常的需求评审活动、代码评审活动、客户回访活动、代码注释、知识分享活动、专题培训、迭代复盘会等。这些活动的内容自然而然成为度量的对象，用于反映团队的学习过程或结果。度量指标包括但不限于需求评审频次、需求缺陷密度、代码评审投入工时、代码评审缺陷数量、回访客户数、回访获得商机数量、代码注释率、知识分享文章数量、知识分享获赞数量、专题培训人次、学员平均评分。

延迟决策

延迟决策的目的在于让团队尽可能做"正确的事"，即交付给客户真正有价

---

① 这五项修炼分别是自我超越、改善心智模型、建立共同愿景、团体学习和系统思考。

值的成果。在根据客户和市场反馈而调整需求的前提下，延迟决策"以慢打快"，通过反复测试，避免遗漏关键信息，尽可能地降低不确定性，再制定不可逆转的决策，从而降低风险，强化对复杂问题的管理，少做无用功，减少浪费，并使客户满意。

Boehm 和 Basili 认为，在软件交付后查找和修正软件问题的成本通常比需求分析和设计阶段高 100 倍[22]。延迟决策是将问题前移、"质量左移"的一种方法，避免在软件开发后期或交付后才发现问题。从软件研发项目度量视角来看，在该原则的指引下，一方面需要关注延迟决策的结果性指标，即需求命中率、价值达成率、客户评价得分等；另一方面关注过程性指标，即需求评审发现缺陷数、需求评审发现缺陷密度、缺陷在需求/研发/交付各阶段的分布比例等。

尽快交付

客户喜欢自己的需求尽快得到满足，这也是许多消费者在京东自营上购物的原因之一。对软件公司而言，在瞬息万变的商业环境中，快速交付意味着价值流速更快，在制品的数量更少，交付的风险更低。从延迟决策的角度来看，尽快交付原则是对它的补充，交付越快，延迟决策的时间就能更长，从而更好地践行"不需要就不做，要做就快做"。为了能够加速交付，软件研发的过程中就要尽量避免浪费，为此需要借助短迭代和持续集成来更频繁地获得反馈，需要使用KANO 模型或 MoSCoW 方法①避免过度交付，需要需求规划会、需求评审会、测试驱动开发、结对编程等实践减少缺陷带来的浪费。如上种种实践的过程和成果，都是软件研发项目度量的对象。这也是"管理先于度量，度量推动管理落地"理念的体现。

授权团队

精益价值观唯二的支柱之一是"以人为本"②，授权团队正是这一观念的体现。团队成员是软件开发过程中仅次于客户的第二重要资源，当团队对工作中所

---

① KANO 模型的介绍见第 3 章，MoSCoW 方法的介绍见第 9 章。
② 精益价值观的另一个支柱是"持续改善"，见本小节第 1 部分的内容。

需的资源没有足够的控制权，或者成员无法践行他们认为最有效的工作方式，处处受制于人，缺乏主动权、缺乏成就感时，疲惫感和厌倦感将显著提升，团队士气低迷并严重影响工作效率。有研究表明，工作自主是激励知识型工作者最重要的方式之一[23]。

为此，精益理念提倡授权和尊重团队成员，鼓励团队之间公开和定期的沟通，赋予每个团队成员责任和自我管理的能力。我们通常无法直接度量团队士气与工作倦怠水平，但可通过日常工作量、工作效率与质量以及离职率能够从侧面反映出来，可综合观察下述指标的时间变化趋势：团队加班工时、在单位时间内完成的软件规模、产生的缺陷数量和密度、逃逸缺陷数量和密度。此外，若有必要，可通过匿名问卷调查的形式，收集团队成员对如下陈述的评分[1]：①我觉得我的工作对取得总体成果做出了贡献；②我感到自己受到了赏识；③我对我的项目团队的合作方式感到满意。此外，通过调查"你向朋友推荐本团队的可能性有多高？"来得到员工净推荐值（Employee Net Promoter Score，eNPS），这也能够衡量团队士气和幸福度。

嵌入完整性

此处的完整性是指软件代码的质量，因此这个原则有时被称为"构建质量"。精益理念将软件产品的完整性分为两种，分别是感知完整性和概念完整性。其中，感知完整性是指使用者能够直接看到、感受到的软件元素，包括软件宣传、交付、安装、访问系统的方式、软件使用便利程度、软件的价格、响应速度、解决问题的能力等；概念完整性是指系统的核心概念能作为一个稳定的内聚整体共同发挥作用，这就要求组件很好地相互匹配并共同发挥作用，架构做到灵活性、可运维性、有效性和响应性之间的平衡。概念完整性是感知完整性的先决条件，概念完整性可使用软件架构健康度相关指标来衡量，包括代码圈复杂度、认知复杂度、组件循环依赖数量、组件调用链长度、类稳定性、平均故障恢复时长等；感知完整性则可通过度量客户满意度评分、客户净推荐值来反映。

着眼整体

当团队在遇到软件研发问题时，往往会对这个问题提出有针对性的解决方案，水平低的只能做到"头痛医头，脚痛医脚"，水平高一些的则对自身所在环节进行改进、提升，试图通过"局部优化"来避免问题的再次发生。而精益理念倡导的是端到端价值交付的整体效率与效果，需要运用全局性的系统思维消除浪费，避免采取局部优化、局部效率提升，却削弱整体交付效率的策略。"田忌赛马"也是这一原则的体现。因此，看板、价值流图是精益度量体系中极其重要的度量与分析工具，它为使用者提供了价值流的全局视角，避免拘泥于细节而影响整体。

第2节　精益理念中的7种浪费

浪费作为精益理念中的核心概念，通常包含两个类别：①一切不增加价值的活动；②虽然增加价值，但所用的资源超出"绝对最少"界限的活动。软件研发活动作为一种智力型活动，其浪费的外在形式与传统制造业存在一定的差异，因此《敏捷软件开发工具：精益开发方法》[20]结合软件研发活动的特点，总结归纳了7种常见的浪费，分别是部分完成的工作、多余的功能、多余的过程、任务切换、移动、等待、缺陷，它们与传统制造业中浪费活动的映射关系如表3-3所示。

表3-3　精益理念中的浪费

传统制造业领域的七大浪费	软件研发领域的七大浪费
在制品库存	部分完成的工作
过度生产	多余的功能
多余的过程	多余的过程
运输	任务切换
移动	移动
等待	等待
缺陷	缺陷

资料来源：Mary Poppendieck, Tom Poppendieck. 敏捷软件开发工具：精益开发方法 [M]. 清华大学出版社，2004.

1. 部分完成的工作

部分完成的工作，指成果无法移交给下游环节或无法交付给用户的工作。在软件功能上线并交付客户使用之前，谁也无法保证它是否能解决业务问题，因此部分完成的开发工作，只会占用资源而不带来价值。产生此类工作的原因可能有以下三点：①完成的标准（Definition of Done，DoD）模糊，上下游环节对可接收的标准的认知不一致；②并行任务过多，在有限的时间内产生的都是半成品，无法交给下游；③质量差，无法满足移交要求。

对于这种浪费，一般通过度量价值流各环节的流负载来反映，即停留在需求受理、分析、评审、编码、测试、验证、验收、发布、上线等环节中的软件规模、所需工作量，具体指标包括但不限于上述各阶段的需求数量、功能点数、故事点数、任务数量、所需工时。这些度量指标的统计口径非常依赖于各环节的DoD，它定义了每个环节的度量边界[24]，是拉动价值流动的必要条件，DoD 越模糊，技术债务就会积压得越多。因此，构建度量指标的时候，务必确保每个流动环节都有其合理、清晰的 DoD①。

2. 多余的功能

精益理念认为任何多余的功能，都是对资源的浪费。根据 KANO 模型（如图 3-2 所示），软件功能可分为必备型、期望型、魅力型、无差异型和反向型五类。其中，无差异型和反向型功能毫无疑问是无价值的额外功能，是对资源的一种浪费。而在资源极度有限的情况下，大部分期望型功能和魅力型功能也应视作产生浪费的额外功能。为了便于度量此类浪费，建议在日常管理中对需求类型进行划分或打上"标签"，从而知晓各类需求在某个时间段或某个计划发布版本内的分布情况，通常使用软件规模或工作量来反映，即需求数量、功能点数、用例数、任务数量、计划工时、已投入工时等。

---

① 对于 DoD 的建立方法和作用，可参考赵卫，王立杰 . 京东敏捷实践指南［M］. 电子工业出版社，2020.

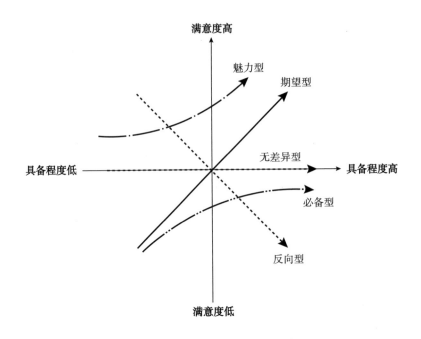

图 3-2 KANO 模型

3. 多余的过程

多余的过程是指无法增值或可以进一步提升性价比的活动，如撰写大家都不查阅的文档、编制不及时更新的文档、填写无人关注的日报、召开无目标的会议、不必要的审批等，再如重复开展的手工测试、人工挑包合包、手工准备软件环境、手动集成等，这些都是软件研发过程中无价值的活动。对于上述重复性活动，自动化功能往往比手工要完成得更好，通过手工来完成这些活动，是对宝贵人力资源的重大浪费。再者，因缺少必要的知识共享与沟通，团队成员不断重复低级错误，这也是多余的过程。最后，由于技术债（如难以理解的"屎山代码"或一团乱麻的配置信息）所带来的额外理解过程，以及维护大量客户定制化版本都会产生显著的资源浪费。

项目度量体系中，有必要对多余的过程进行跟踪与展示，指标包括但不限于文档/日报的查阅频次、文档的评分、会议的会后评价、自动化测试率、自动化集成占比、自动化集成平均耗时、单产品客户活跃分支数量、组件依赖深度、函数圈复杂度、函数级代码注释率、代码认知复杂度。值得注意的是，当度量活动无法指导改进措施，或无法实现目标甚至缺少明确目标时，度量活动也是多余的过程。

4. 任务切换

任务切换包含两层含义：①个人频繁切换任务；②单任务由多人交接完成。在日常工作中，多任务并行和任务被频繁打断会让人很快感到疲惫。人脑每切换一次任务，都是对效率的一次损耗；同时开展多个事项，将导致工作效率急剧下降。另外，人员频繁游走于多个项目，经常被调来调去，团队也无法有效磨合达到高效状态。因此，在软件研发项目度量中，团队成员的稳定性、任务专注程度都是关注对象，可使用的指标包括团队成员变化率、成员参与项目数量、成员的任务流负载、成员专注时长占比、非计划内任务数量/工时占比等。

任务①设计得合理，能够由单人完成，此时的任务效率是最高的。任务的每一次交接，都意味着信息的损失和接手方的学习成本，这些都是资源的浪费。对此，可使用单任务平均执行人次、单任务执行人次中位数、单任务执行人次帕累托图等进行追踪观测。

5. 移动

此处的移动是指软件研发过程中各类实体的移动。如果这个实体是文档，那么因缺少在线协作文档，文档需要不断往复于线下和线上，才能完成更新，这种移动是一种浪费；如果实体是人，那么开发/测试人员需要穿越楼层才能与需求方交流，这种移动是一种浪费；如果实体是代码，那么因分支策略错误，导致代码需要额外合并到多个分支，这种移动是一种浪费；如果这个实体是信息，历经冗长的审批流程，使得信息需要多次移动才能到达最终决策者，这种移动是一种浪费。上述"移动"本身是一种浪费，而因移动产生的沟通问题又会引入新的浪费。每种实体的"移动"都有其特定含义，不必要的移动所产生的浪费在度量中可以结合流程图与价值流图进行分析与定位。

---

①　在此处泛指软件研发过程中需要开展的任意活动。

6. 等待

精益理念强调端到端价值流的通畅，不必要的等待将导致资源与时间的浪费。当价值流上下游环节产生不合理的依赖与耦合关系（例如，开发人员开发好功能时不提测，而是完成本次迭代所有功能后，才一次性移交给测试人员），或各环节资源分配不合理（例如，新产品只有 1 位需求分析人员，但有 20 位开发人员）时，就会导致下游环节的等待。在度量方面，可基于价值流图开展分析，定位产生等待的障碍与瓶颈。

7. 缺陷

缺陷意味着返工和价值损失，尤其是发生在价值流下游的缺陷，它的沉没成本和危害尤甚。因此，对于缺陷，应当以预防为主、防治结合，将缺陷消灭在价值流上游，争取一次性把事情做对。此外，由于持续集成、持续部署相关技术的成熟，在缺陷出现时，尽快修复也是缓解缺陷负面影响的措施。相应地，日常度量活动中，首先，可观察发现缺陷活动的相关度量项，如需求评审类指标（需求评审缺陷密度、需求评审覆盖率、需求评审页均用时）、代码评审类指标（代码评审缺陷密度、代码评审覆盖率、每千行代码评审用时）、测试过程类指标（行覆盖率、分支覆盖率、条件覆盖率、功能覆盖率）；其次，可分析软件缺陷类指标，如缺陷在需求、设计、编码、测试、上线环节的数量分布、严重性分布以及工时投入分布；最后，缺陷平均修复时间（Mean Time to Repair，MTTR）可用于反映缺陷的修复速度。

第3节 常用度量分析工具

引入精益理念的软件研发项目，建议使用的度量分析工具包括看板、价值流图、累积流图、交付周期[①]控制图和交付周期分布图。

---

① 业界经常把交付周期称作前置时间，即"lead time"的直译。

1. 看板

将精益生产方法应用于软件开发时，看板（Kanban）是必不可少的工具。但由于工业制造和软件开发存在诸多差异，工业制造的看板不能生搬硬套至软件研发项目当中。为此，Anderson[25] 总结形成了一套适用于软件行业的看板方法。它以价值流动为核心，不断发现团队中的瓶颈工序并进行改进，使价值流动更加顺畅与快速，保障软件的持续集成并避免团队超负荷工作。从形式上看，看板是任务板/故事墙/状态墙的增强型工具；从效果上来看，它通过限制在制品数量来解决问题，并减少软件研发过程中变更所产生的浪费。使用看板的团队，通常要遵循如下原则：

（1）可视化价值流。看板应确保客户价值可视、端到端交付流动过程可视、障碍与瓶颈可视。

（2）限制在制品数量。看板中各环节大致都可分为"未开始""进行中"和"已完成"三类状态，每个环节"进行中"的在制品数量都必须有明确的上限，没有在制品数量限制的看板，不是真正的看板[26]。在制品数量的限制形成了"拉动式"生产机制，即只有下游存在余量时，才能从上游拉取工作项，由此可避免局部环节的生产过剩，并动态展示瓶颈，引导团队采取措施使价值流动更为通畅。

（3）度量和管理流动。使用工具度量看板中的诸多指标，如交付周期、积压数量、吞吐量等，及时识别阻碍和排队情况，采取措施消除或缓解这些障碍，使卡片流动更加顺畅。

（4）明确流程规则。看板须明确各环节/团队的协作规则，例如，上游在制品达到什么标准才能流入下游环节。

（5）使用模型来识别并改进机会。基于约束理论[27]、系统工程理论、浪费理论等发现机会并改进。

（6）根据机会成本进行工作项优先级排序。

（7）通过服务分类来优化价值。

（8）通过产能分配来管理风险。

（9）鼓励技术和流程创新。

（10）定量化管理。

具体示例如图 3-3 所示。

需求分析			编码			集成/系统测试			需求验收		
未开始	进行中 数量≤10	已完成	未开始	进行中 数量≤20	已完成	未开始	进行中 数量≤30	已完成	未开始	进行中 数量≤5	已完成
需求××	需求××	需求××	需求××	需求××	需求××	需求××	需求××	需求××	需求××	需求××	需求××
需求××	需求××	需求××	需求××	需求××	需求××	需求××	需求××	需求××	需求××	需求××	需求××
需求××	需求××	需求××	需求××	需求××	需求××		需求××	需求××	需求××	需求××	需求××
	需求××	需求××	需求××	需求××			需求××			需求××	
	需求××		需求××	需求××			需求××			需求××	
			需求××	需求××							
			需求××								

图 3-3　看板示例

注：由于工业制造的元件是标准化的，其背后的工作量是相对固定的，可以使用在制品数量来做限制条件。但软件需求可大可小，小的需求 1 人天完成，大的需求 5 人天都无法做完，因此通过需求数量控制在制品数量并不可靠，建议使用功能点数、故事点数等软件规模或理想人天此类预计工作量的方法来反映软件需求的在制品数量。

2. 价值流图

价值流图（Value Stream Mapping，VSM），又被称作价值流程图、价值流映射图。该图源自精益制造技术，用于分析、设计和管理产品生产过程中的物流和信息流，是识别和减少浪费的基本工具。流动效率的视角下，在瓶颈以外的任何环节进行投资都是徒劳的[16]。价值流图使端到端价值交付流程可视化，也使团队更容易识别出流程瓶颈，有助于团队理解、优化流程并节省成本，推动流程持续改进[13]。工业制造领域的价值流图有其标准符号[8]，绘制较为烦琐，但软件研发领域的价值流图则相对简单，通过方框与箭线展现价值流，客观、清晰以及有说服力即可。具体示例如图 3-4 所示。

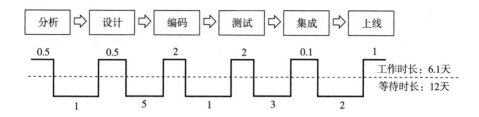

图 3-4　某软件需求的价值流图示例

执行价值流图通常遵循如下步骤：①选择需要分析的流程；②识别流程步骤、次序、信息流，绘制价值流图（即现状价值流图）；③分析价值流图，寻找瓶颈和浪费；④通过移出、减少浪费或约束等方法，给未来流程创建新价值流（即未来价值流图）；⑤改进流程，落地新价值流。

价值流分析涉及的指标包括流速、流负载、流分布、流时间和流效率。其中，流速是指特定时间区间内完成的流动项；流负载是指价值流特定环节中处于进行中的流动项；流分布是指流速或流负载中流动项的分布情况，如特性、缺陷、风险、技术债务在相对应的软件规模中的占比（见图 3-5）。

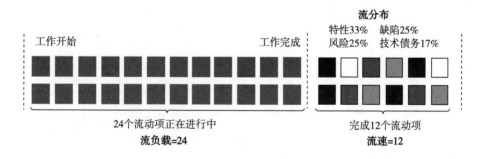

图 3-5　价值流分析中的流速、流负载和流分布示例

流时间，也称作前置时间、周期，是指流动项从开始到结束所消耗的时长，是工作时长与等待时长之和，它既可以是整个价值流链路的耗时，也可以是价值流中单/多个环节的耗时（之和）；流效率是指流时间中工作时长的占比，即工作时长/流时间（见图 3-6）。

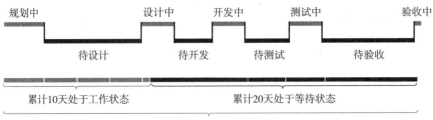

图 3-6　价值流分析中的流时间与流效率示例

3. 累积流图

累积流图（Cumulative Flow Diagram，CFD）是基于排队理论发展出来的一种工具。它是由面积图绘制，强调需求数量/规模随时间的推移而变化的程度，同时显示在制品数量（流负载）、交付周期和流速，用于跟踪和预测项目进度，识别潜在的问题和风险。累积流图的横轴代表周期，纵轴代表需求数或需求的软件规模，具体如图 3-7 所示。

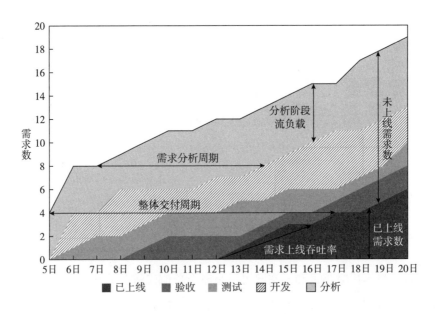

图 3-7　需求累积流图（以需求数为例）

4. 交付周期控制图

交付周期控制图是指纵轴为交付周期，以散点图形式绘制的图形，它能够直观地呈现交付周期的趋势和异常点，向使用者反馈价值流动的通畅程度[17]（见图 3-8）。研发团队应特别关注交付周期过长的异常点，分析其背后的根本原因，有效提升交付能力。

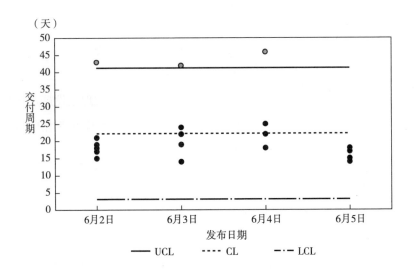

图 3-8　交付周期控制图示例

注：本图中的 CL 为交付周期均值 μ，UCL=μ+2σ，LCL=μ-2σ。

5. 交付周期分布图

交付周期分布图以柱状图的形式展现需求交付周期的分布情况，其作用与交付周期控制图类似，但能够展示样本的分布情况（见图 3-9）。该图的作用有两个[17]：①研发团队在承诺需求交付周期时，可提供客观依据；②交付周期的分布情况为研发团队的改进方向提供了客观依据。团队在交付周期上的努力成果亦可通过交付周期分布图直观地展现出来，如长交付周期的需求数量减少、需求交付周期普遍缩短、需求交付周期的波动变小等。

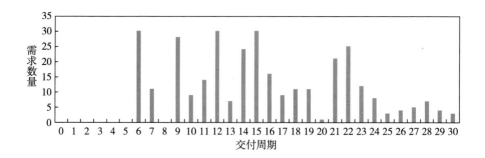

图 3-9　交付周期分布图示例

第 4 章

敏捷理念

　　敏捷开发就是承诺要拼尽全力——成为一名专业人士，并在整个软件开发行业倡导专业的行为。

　　　　　　　　　　　　　　——《敏捷整洁之道：回归本源》

第 1 节　敏捷价值观

20 世纪 80 年代，软件行业流行传统的开发方法，如"瀑布式"方法来管理软件研发项目。瀑布模式下，一个软件产品的发布上线可能需要几个月乃至数年的时间，在快节奏的商业环境中，软件产品发布时，可能它就已经过时了，为了避免这个问题，敏捷理念应运而生。由于敏捷理念契合了 BANI① 特性，所以在众多商业环境中都受到了追捧。

敏捷理念的精髓可用敏捷宣言概括，它包含 4 个价值观和 12 个原则。该理念通过促进干系人参与整个过程来帮助研发团队更好地适应变化。通过这种方式，可以更好地规划、开发和部署软件。当然，还是那句话，软件行业不存在"银弹"，敏捷理念也有它的适用领域，无法"包治百病"。业界通常将敏捷模式（快速原型、增量模式或迭代模式）与瀑布模式进行对比，发现：前者更适合前期需求不明确、中后期需求频繁变化、需要技术探索或产品需要快速面世的场景，如聊天软件、资讯类软件、CRM 系统等②；后者更适合需求明确且相对稳定、技术成熟、产品可靠性要求高的场景，如资产管理系统、资金结算系统、军用软件等。一言以蔽之，敏捷模式适合推崇快速试错的项目与企业，瀑布模式适合追求全面与细致的项目与企业（见图 4-1）。

敏捷宣言阐述了敏捷 4 个价值观[28]，即个体与互动高于流程和工具、可用的软件高于详尽的文档、客户合作高于合同谈判、响应变化高于遵循计划。特别需要注意的是，敏捷宣言并不是说右侧条目不重要，而是指左侧条目比右侧条目更重要。管理是一门艺术，需要掌握左右两极的平衡，而不是走极端。

总体而言，"敏捷"是一种价值观，是一种文化，价值驱动是敏捷理念的核心[29]，其目的是给客户交付最大化的价值。敏捷宣言没有给出具体的实践，没

---

① BANI 是 "Brittle, Anxious, Nonlinear, Incomprehensible" 的缩写，以概括当前快速变化、不稳定以及难以理解的世界。

② 敏捷模式适用性筛选器可帮助使用者判断该项目是否适合使用敏捷模式，具体可查阅：Project Management Institute. 敏捷实践指南［M］. 电子工业出版社, 2018.

有详细告知团队该做什么、什么时候做、怎么做，或者应该使用什么样的工具。它只给出了一般性的指导方针，需要团队自己思考最适合自身的方案。

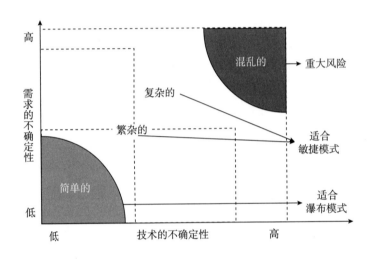

图 4-1 敏捷模式和瀑布模式的适用场景

通常来说，改变组织现有的文化和价值观是很难的，但要求组织成员遵循预先定义的步骤和过程却相对容易许多。因此，在敏捷宣言的原则的指导下，诞生了许多的敏捷方法（也称作敏捷实践体系），用以指导实践，如 Scrum、LeSS、XP 等①（具体如图 4-2 所示）；每个敏捷方法都包含多项敏捷实践，如每日站会、需求评审会、结对编程等。敏捷实践根据其适用的不同领域，可分为敏捷项目管理[30]、敏捷需求分析[31] 和敏捷开发[32]。

1. 个体与互动高于流程和工具

流程和工具，尤其对于大型组织而言，是非常重要的，它们能显著提升组织内部的沟通与协作效率，但是它们无法替换有能力的个体和高效的互动。项目最终由人来执行，范围由人来确定，成功由人来定义，因此个体的技能和彼此之间的互动才是实现价值交付的关键。团队规模越大，成员间冲突的概率就越高，大

---

① 各类敏捷方法的发展历程可参见：乔梁. 持续交付 2.0：业务引领的 DevOps 精要［M］. 人民邮电出版社，2019.

多数个体的参与感也会被削弱。为了避免"一个和尚挑水喝，两个和尚抬水喝，三个和尚没水喝"的情况，在开发产品、解决问题或改进工作方式时，要寻找改进互动和提高成员参与感的方法。在项目期间，产品管理和开发团队必须在一起工作，架构师、设计师和测试人员必须在一起工作，面对面的沟通是极其重要的，它不能被其他形式完全替代。

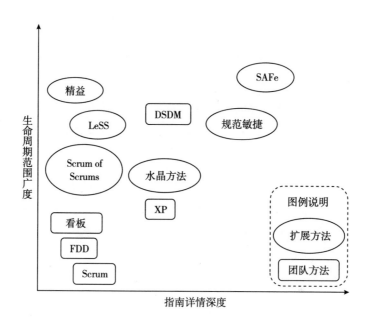

图 4-2 各类敏捷实践方法

基于该价值观，组织在构建度量体系时，不但要度量流程和工具的成熟度，更要关注个体技能和价值流的流动效率。在度量个体技能时，要分析个体掌握编码语言的数量、表征编码速率的月均代码当量、反映代码贡献度的开发影响力以及编写代码质量等；需要注意的是，个体技能不仅包括编码技术这种"硬技能"，还包括沟通、共情等"软技能"，实际工作中切勿以偏概全，仅从个别技能维度去评判个体。度量流动效率时，如在需求分析环节、设计环节、编码环节中，要度量每个环节的交付周期以及环节之间的等待周期，并计算交付周期占总周期的比率。

2. 可用的软件高于详尽的文档

详尽的文档有助于软件的技术支持与维护工作，但过度关注文档会使开发人员偏离软件项目的初衷，即交付可工作的软件。敏捷理念提倡"适当的"文档，文档不能不够，但太注重文档而未能交付可用软件，那么文档也就没有价值了。要以"小步增量"的方式构建产品，针对需求做必要的分析和设计，然后开始编码、测试和验证。如果需要传递信息给客户和维护人员，简易文档还是必要的。此外，软件架构是持续开发产品的关键，架构是设计出来的，建立一个可实现的简单架构，是开发可持续化的第一步。随着时间的推移，架构会演进，所以持续追求卓越技术和优秀设计能够增强产品开发的敏捷性。

这也就意味着已集成、已测试、准备发布的产品才是度量的关键，对它们的度量能够有效地跟踪项目进度和做出发布决策。因此，在度量方面可关注每次迭代中技术债务类需求的数量及其占比，设计类任务投入工时数量、设计与编码任务投入工时配比，静态代码分析的各类质量指标（缺陷、坏味道、圈复杂度、安全漏洞等），以及反映架构健康度的抽象度与不稳定性指标。

3. 客户合作高于合同谈判

这条价值观提醒组织在项目推进过程中，要灵活和包容，"做正确的事情"。软件项目是知识型工作[①]，其最大的特点就是高度不确定性，包括市场因素、技术因素、内部环境等，实践中无法通过一次计划就能全程指导后面的开发工作。因此，组织在按照合同或事前规划来开发产品的过程中，一旦客户改变想法或需求优先级，最好的做法是与客户合作，完成新目标，而不是用最初的约定来"对抗"。在实践中，这就意味着产品经理、市场或销售人员在软件开发期间，要经常从客户那里请求反馈并排列优先级，识别将要发生变化的事件，与客户共同"完成"确定的标准，将工作重心从没有附加价值的工作，如范围变更与否的争论，转移至价值交付的工作上。此外，产品经理和开发人员应该密切合作，加强非正式沟通，而不是"押宝"在契约或正式流程上。为此，度量体系对需求上

---

① 泛指那些需要专门知识、复杂分析、细致判断及创造性问题解决技巧才能完成的工作。

线率、高优先级需求及时上线率、客户服务满意度、客户功能满意度的度量，应优先于需求范围变更大小、变更率，更加注重对客户合作情况的评估。

4. 响应变化高于遵循计划

遵循计划是指团队根据既定的计划工作，其间可能需要采取纠正措施，确保计划能够落实；而响应变化则是通过持续反馈和随机应变，采取适应措施应对现状而非既定计划，以达到更好的结果。敏捷管理倡导团队要全程"拥抱"软件需求的变化，即便是在开发项目的后期。承认计划的不确定性是必要的，计划必须适应变化，即适应性规划方法，计划需要根据实际情况持续调整。传统项目管理理念强调前期计划的重要性，基于经验和数据对未来进行预测，尽可能降低未来的风险；而敏捷理念则认为软件项目作为知识型项目，其高度不确定性会使前期计划无法有效指导后续的工作，因此提倡频繁地调整方向和计划。

总体而言，前期制订详尽的计划，必然会导致大量资源浪费在计划环节，在需求呈现明显跳跃性和震荡性的场景中尤甚，但团队又需要投入足够资源来制订计划、评估业务需求并判断影响范围，这是一种平衡的艺术，即做足够的前期计划，减少不必要的工作和降低返工风险，但也要避免过度计划，导致团队可投入开发的资源减少，影响研发效能。因此，敏捷管理提倡滚动式计划和渐进明细的方法，平衡团队产出的可预测性和开拓未知领域的能力。实际工作中，团队在规划时将需求从史诗、特性到用户故事逐级划分，作为迭代输入，实现"小步快跑"，在迭代过程中定期回顾交付成果的重要性、特点、规模及复杂度，综合考虑干系人的反馈以及软件的运营情况，调整方向和范围，最大化地交付价值。

如图 4-3 所示，传统项目管理中，项目范围被认为是首要因素，而成本和进度是可变的；早期敏捷项目管理理念中，进度是固定的，即时间被看作固定不变的约束，范围和成本是可变的；而当前的敏捷项目管理理念中，项目"铁三角"变为价值、质量和约束（进度、范围和成本）。虽然约束仍然是重要的项目评估参数，但并非最终要实现的目标；价值才是目标，为了提升客户价值，约束条件可以随着项目的进展适时做出调整[30]。

因此，传统项目管理过程中，需求范围变更类指标被重点关注，如新增需求数、删除需求数、修改需求数、软件规模变更量、软件规模变更率等，并且范围、成本、进度与质量这四大类度量指标呈相互制衡的态势，即做得又多又快又好、成本还低的项目在现实中几乎是不存在的。在敏捷项目管理过程中，需求范围变更类指标不再占据 C 位，取而代之的是项目交付价值类指标，这就意味着项目团队需要格外关注优先级和重要性较高的需求，度量其交付价值与交付效率。

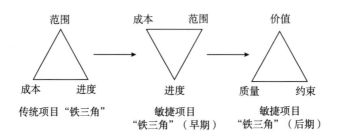

图 4-3　敏捷三角的演变路径

第 2 节　敏捷原则

为了更好地指导敏捷实践，敏捷宣言还总结了 12 项原则，下面逐一介绍这些原则的内容以及它们给度量活动带来的影响。

1. 我们的最高目标是，通过尽早且持续交付有价值的软件来满足客户的需求

这条原则是 12 条原则之首，也足以说明敏捷思想体系中持续交付价值的重要性。该原则有四个要点：第一点是满足客户需求，即团队关注的焦点应该是客户，客户满意度是衡量成果的标准，而非上级领导、质量保证工程师或项目管理办公室；第二点是尽早交付，这样可以让客户尽快接触软件，增加干系人信息，也能使团队尽早获得客户反馈，做出必要的调整，避免浪费更多的资源，这对推行"赛马机制"的企业而言尤为重要；第三点是持续交付，要求团队能够可持续性地向用户交付软件，以确保持续获得客户反馈；第四点是交付有价值的软件，而不是一味地求快而交付无法工作的产品。

因此，在该原则的引导下，度量体系首先侧重的是交付成果的价值，如需求交付后是否及时上线、A/B 测试下新需求的实际效果；其次，度量交付周期，评估团队能否做到一个月、三周甚至两周就交付一次可工作的软件；再次，度量交付的稳定性，评估团队能否持续地频繁交付；最后，度量客户对需求/功能的满意度，反映软件的价值交付水平。

2. 敏捷过程要善于利用需求变更，帮助客户获得竞争优势

在传统项目管理理念中，范围变更一般被认为是负面的，范围蔓延或既定计划的偏离，都会引起成本的增加，因此范围变更流程比较严格，尤其是大范围的变更需要层层审批，导致团队投入大量资源用于记录和管理变更工作。敏捷管理认为，若能交付更好的成果和更高优先级的功能，那么范围变更就是一件好事。若团队能够拥抱变化，使用轻便、高可视化的方法处理待办事项的变更，就可以将更多资源投入产品研发中，交付更多价值。简而言之，传统项目管理紧盯计划，而敏捷管理紧盯愿景。在度量方面，使用看板管理和追踪软件需求就变得十分有必要，需求流动的可视化使需求变更更为轻便。

3. 要经常交付可用的软件，周期从几周到几个月不等，且越短越好

错误与偏差越早被发现，浪费的资源就越少（测试左移[①]也是这个道理），为此敏捷管理倡导缩短反馈周期，增加研发人员与业务人员的沟通交流频率，让团队经常得到交付软件的反馈，变更需求优先级或调整后续需求的内容，避免在错误的道路上越走越远。这就要求度量体系关注需求交付周期和交付频率。此外，频繁的交付能够给予研发团队一定的压力，有利于团队维持较高的效率。但是，若软件交付频率明显超出团队自身能力，那么过大的压力则会"摧毁"团队。团队工作效率与压力的关系如图 4-4 所示。

---

① 测试左移是指测试人员更早且更积极地参与到软件项目前期各阶段活动中。

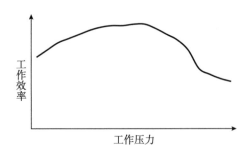

图 4-4　工作效率随着压力增大的变化趋势

资料来源：Gerald M. Weinberg. 质量·软件·管理：系统思维（第 1 卷）［M］. 清华大学出版社，2004.

4. 项目实施过程中，业务人员与开发人员必须始终通力协作

敏捷管理提倡项目相关人员共同办公，因为共享相同的工作环境，个体之间可以实现渗透式沟通，例如，人们在同一环境中，会无意中获知其他人的谈话信息，这些信息的输入通常不是事先安排的，它有助于项目问题和信息在团队内部自然地流动，提升沟通效率。此外，频繁地演示与沟通，是开发人员从业务人员处获取反馈的关键途径。通过开发团队和业务人员共同工作，直接面对面地沟通，开发人员对业务逻辑的理解速度与深度将远超需求评审会议；而业务人员也能及时了解到问题的解决方案，以及它们的优劣势，进而做出调整。这一点从度量上来看，关注点应落在业务人员与开发团队的交接周期上，顺畅和频繁的沟通机制能够在流动效率上体现出来。

在与客户沟通需求时，提倡运用黄金圈法则，该法则由三个环组成，从外到内分别是"what""how"和"why"，通过逐层递进挖掘真实的用户需求。引入该法则的效果可通过功能上线后的需求命中率、价值达成率来评价，而需求价值则通常可以从增加收入、保护收入、规避损失或降低成本等方面来衡量；在向开发团队描述需求时，可遵循 INVEST 原则[33]，它由 6 个英文单词的首字母组成，分别是 Independent（独立）、Negotiable（可协商）、Valuable（有价值）、Estimable（可估算）、Small（规模小）和 Testable（可测试），原则落地情况可通过需求评审得分和需求缺陷原因分布情况来反映。

5. 要善于激励团队成员，给予他们所需的环境和支持，并相信他们能够完成任务

构造性成本模型（COnstructive COst MOdel，COCOMO）认为，团队成员与流程工具相比，前者对项目成本的影响效应是后者的 10 倍，即团队成员是项目成功的关键因素，而非流程与工具。敏捷管理主张团队将精力放在激励个体、聚焦工作技巧和团队协作上，而非陷入甘特图任务式管理模式当中。这就意味着度量体系中，各类进度、质量和产能指标所展示的问题只是开端，团队更应关注背后的原因，来激励、支持成员克服问题，切忌在发生问题后，只会机械式地催促、命令成员。根据耶克斯-多德森定律（Yerks-Dodson Law）（见图 4-5）的观点，不同难度的任务，所需的动机强度不同，动机不足或过分强烈都会使任务效率下降。具体而言，随着任务难度的增加，动机强度的最优状态有逐渐下降的趋势，也就是说，在难度较大的任务中，较低的动机水平反而有利于任务的完成。

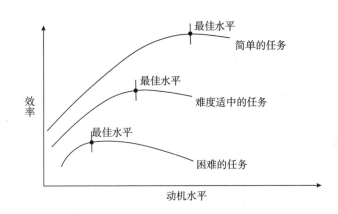

图 4-5　耶克斯-多德森定律

值得注意的是，甘特图并不适合敏捷理念。*Managing the Design Factory: A Product Developer's Toolkit* [34]认为，模型越复杂，设计者就越想追求各方面的精准，但这样就越难获得使用者的理解与信任。因此，使用一个简单、使用者能够理解的模型，远比使用复杂而难以理解的模型更好。敏捷理念推崇低科技、高接触的规划与追踪工具，通过采用这些"原始"技术，避免了与工具相关的数据

准确性预测工作，同时增加了团队成员的参与度，提升了沟通与协作的效率与效果。甘特图能够展示任务层级，反映任务的时间信息和前后顺序，同时度量成本、资源利用率等情况，正是这些技术和模型的复杂性，会使团队成员彼此疏远，降低团队协作效率；而低科技、高接触的物理看板则可以增加团队成员面对面的机会，有助于增强团队成员间的沟通与协作。

此外，敏捷理念支持团队成员根据自己的意愿和团队的需求，发展新的技能或学习新的知识，而不是局限于自己擅长的工作内容。这样一方面有助于成员获得更大的成长空间，不被"活儿"给套住；另一方面能够有效降低团队对外部资源的依赖，提升团队整体的交付能力。传统项目管理理念与之存在一定差异，它倾向于安排团队成员负责其最擅长的事情，尽量避免成员从事不在行的工作，以此来提升团队内部的工作效率。在敏捷理念的指导下，度量活动应将团队交付效率类指标的统计周期拉长，而非聚焦在短期内的效率变化。

6. 信息传达最有效的方法是面对面地交谈

梅拉宾法则（The Rule of Mehrabian）认为一个人对他人的印象约有7%取决于谈话的内容，辅助表达的方法如手势、语气等占了38%，肢体动作所占的比例则高达55%。该法则强调了面对面沟通的重要性，表明在软件开发过程中，非面对面沟通会导致大量隐含信息的丢失，因此，在交流时，敏捷管理推崇物理卡片而非电子卡片，这样可以保证面对面的交流和协商。此外，面对面沟通还能提高问题解决的速度，避免问题被搁置。研发数据度量同样存在信息丢失、片面的问题，因为它只能对系统中记录的数据进行分析，遗漏了大量线下工作中的信息。因此，度量指标与结论应作为决策的参考，而非唯一的决定性因素，数据之外还须结合实地调研以及其他渠道反馈的信息。

7. 可用的软件是衡量进度的首要标准

该原则强调了结果导向，交付可用的软件是项目目标，而文档、计划等只是支持目标实现的手段。若软件无法工作，中间过程如文档、计划、部分代码片段等都不应被认可。因此，该原则提倡度量体系要以结果性指标为主，用以反映实际进度。基于该原则，敏捷管理理念下的软件开发活动，相比"瀑布式"开发而言，用户可以更早地用上软件，即研发团队能够更早地交付价值。价值交付的前移，一方面能够丰富客户的信息，另一方面可以更早地获得反馈和暴露的问题，对整个软件项目的好处不言而喻。

　　笔者在向通信运营商提供项目管理咨询服务的时候，经常被客户提及的问题就是，采用敏捷方法是否能缩短整个软件的交付周期。要回答这个问题，即便是最粗略的答案，也要加上一些限定条件才行：如果目标软件的需求较为明确、不确定因素较少、技术方案也比较成熟，那么敏捷开发未必比"瀑布式"开发的交付周期短；如果目标软件的需求模糊、项目过程中的不确定性因素多或者使用技术比较新，那么敏捷开发的整体交付周期往往更短。现实情况是，无论采取敏捷模式还是瀑布模式，软件项目的工期通常都是固定的，相较于敏捷模式，瀑布模式通过功能妥协、降低非功能性需求的实现度来降低软件总体交付价值，也能在既定的工期内交付软件（如图 4-6 所示）。敏捷理念中的"快"，主要是指响应速度和反馈速度快，而不是指整个软件项目完工的速度快。

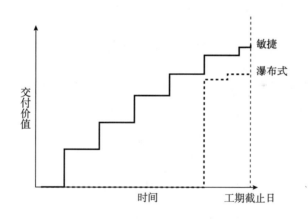

图 4-6　敏捷模式与瀑布模式在固定工期下的价值交付曲线

8. 敏捷过程提倡可持续的开发，项目发起人、开发人员和用户应该能够始终保持步调稳定

　　《最后期限》[35] 指出，延长加班时间只会降低生产效率，短期的压力和加班可能使员工集中精力，并让他们感到工作的重要性，但是如果将其作为长期策略，那么这种做法肯定是错误的。敏捷理念提倡保持稳定的交付速度，形成固定的节拍，平衡团队成员的工作与生活。高负荷工作也许能够快速实现短期目标，但随之而来的是成员的退出和突出的质量问题，从而引发软件总体研发成本攀升。此外，人们越是疲劳，主动学习的可能性和创造力水平就越低，这些也将导致软件开发与交付节奏的不可持续。大量加班往往表明团队计划非常糟糕或答应了不该答应的截止日期、承诺了不该承诺的事情，使团队成员沦落为"被操纵的劳工"。加班绝不能是常态，团队必须清醒地意识到加班的成本会远远超过节省时间的收益。

这条原则希望通过稳定的开发节奏，减轻团队压力，创造和谐的团队，进而有效地提升个体工作效率和团队协作水平。为此，度量模型可以通过对每位成员每天的投入工时进行度量，避免工作负荷过大或过小，形成可持续性的交付模式。此外，通过度量历史迭代的实际表现，可以得到团队的吞吐能力，以便更好地确定后续迭代规模的大小，更合理地规划工作内容。

9. 对技术的精益求精以及对设计的不断完善将提高敏捷性

随着软件功能的增多，某些偷懒的团队会积累下技术和架构债务，这就导致软件的开发工作量及维护难度都在上升。技术债务包含代码、技术文档、开发环境、第三方工具或开发实践方面的缺陷，增大了代码修改的难度。通过简化或优化设计来降低技术债务，可以提高生产率，从而提高速度。敏捷管理提倡随时偿还技术债务，而非集中重构[29]。如何以合理的方式偿还这笔债务，就成了日常工作的重要组成部分。毕竟"随借随还"要比"一口气还清"好得多，也较为可行。

为此，在度量方面，就需要关注每次迭代或发布版本的工作中是否包含了技术债务的偿还工作，以及这部分工作的占比是否合理。总体而言，对于已上线的软件，技术债务工作占比过低或完全没有是不合适的，占比过高则会影响新特性的交付，所以需要根据产品生命周期、干系人诉求、环境压力等影响因素确定恰当的技术债务工作占比。

10. 简洁，尽最大可能减少不必要的工作

简洁，不仅要减掉日常工作中无价值的流程和活动，而且要减掉无价值或低价值的项目和功能。据不完全统计，大部分软件有60%的功能是很少被使用或从未被使用过。笔者在2019年对某省级运营商IT系统的内部审计结果显示，该组织有1/5的IT系统在交付后3年内就被弃用，或下线，或已无任何活跃用户。删减不必要的软件功能，除了能让软件尽快上线，还可节约开发成本、降低软件的复杂度、提升软件运行稳定性并降低维护难度。复杂的软件耗时更长，失败的风险更高，因此敏捷管理提倡交付简洁的产品，不但降低了风险，还帮助团队建立了信心。从度量上来看，事前控制方面，需求分析阶段的承诺实现率、需求评审阶段的删减需求占比和修改需求占比具有一定的分析价值；从事后分析角度，通过功能埋点数据的统计分析，可以发现冗余、不必要的功能，进而删减或改造它们。

11. 最佳的架构、需求和设计源于自治团队

团队可划分为职能型、轻量型、重量型和自治团队4类。其中，职能型团队是团队成员隶属于各自的职能部门，向各自职能部门负责人汇报，职能部门负责人掌控资源分配，对这些项目成员进行绩效考评，一般适用于临时的、规模较小的项目。矩阵式结构弥补了职能式结构在横向协作上的不足，在客户价值导向的大趋势下，矩阵结构是未来公司组织结构的终极模式，它可细分为轻量型团队和重量型团队。轻量型团队与职能型团队相比，仅仅在于其多了一位项目经理，作为名义上的团队领导者，负责计划、执行和监控。重量型团队中，不同职能部门之间靠的是接力棒、串行的工作方式，但往往无法很好地满足客户高质量的要求。自治团队，顾名思义，自主性强，拥有非常大的自主决策权。各类团队的特点如表4-1所示。

以Facebook为例，为了有效地激发开发人员的积极性，不仅让员工做感兴趣的事，而且让员工拥有信息和权限，使他们更高效地研发软件[36]。敏捷理念认为人们喜欢主动寻找最佳方式来完成工作、协调关系和适应环境，并提倡团队成员持续学习，发展为"通才"，这样一方面可以降低关键资源成为瓶颈的风

险，另一方面还能降低沟通成本。对于团队内的问题，自治团队作为拥有最多上下文信息的主体，应当能够自行做出决策并开展行动，否则敏捷性将大打折扣。如果经常需要依赖团队外部人员做决策的话，那么快速地响应、敏捷地交付简直是天方夜谭。

表 4-1　不同类型团队

	职能型团队	矩阵式		自治团队
		轻量型团队	重量型团队	
适用项目类型	单职能部门内项目	临时性的、需跨部门协调资源的项目	持续时间较长、存在大量跨部门资源协调的项目	长周期、重要的或高风险项目
项目经理	无	名义，无实权	权力大	权力非常大
成员工作形式	兼职	兼职	全职	全职
成员汇报对象	职能部门经理	职能部门经理	项目经理	项目经理
工作安排/资源分配者	职能部门经理	职能部门经理	项目经理	项目经理
绩效考核权	职能部门经理	职能部门经理	项目经理	项目经理
定薪、晋级权	职能部门经理	职能部门经理	职能部门经理	项目经理

对于团队成员的持续学习，在度量方面可通过成员在知识平台共享知识点数量、贡献问答数量、获得专利数量、参与代码评审次数等指标进行反映。针对软件架构、需求和设计的度量，包括但不限于软件架构健康度（软件抽象度和不稳定性）、架构设计缺陷、需求积压情况、需求交付速度、需求分布（如优先级分布、来源分布、类型分布等）、设计评审缺陷、设计评审通过率等。

12. 团队要定期思考怎样做才更有效，并相应调整团队的行为

《爱丽丝魔镜之旅》中，红皇后说道："如果你要维持在原来的位置，你必须快跑，如果你想要突破现状，就要以两倍的速度去跑。"这就是"红皇后效应"，换言之，一个再优秀的团队，如果无法持续改进，那么它终将被淹没在平庸的浪潮当中。因此，团队在项目推进过程中需要不断回顾，例如，使用六项思考帽、5-WHYS、头脑风暴等方法对已经完成的工作进行反思并调整行为，持续改进，为剩余的工作做好准备。在 Scrum 敏捷框架中，在每个迭代结束后召开的回顾会正是此意，它的主要作用有：总结经验教训以减少缺陷和返工，提升产能；传播知识，以提升团队成员能力；挖掘导致缺陷的原因，以改进开发质量；分析价值流瓶颈，以提升流动效率。

　　回顾会议中忌讳做唯一根因分析，这将让团队陷入持续不断的争论当中。"雪崩的时候没有一片雪花是无辜的"，回顾时应系统化地分析根因，罗列可能的原因，并将目标放在如何改进上，根据重要性和紧急性制定改进措施并将任务分配到相应的成员，对这些任务的进度追踪应纳入度量的范畴。

　　回顾的效果最终将体现在项目产能、质量或价值交付等指标上。敏捷理念认为高绩效团队有如下几个特征：能够授权给合适的成员；团队成员彼此信任；具备稳定可持续的工作节奏；能够保持稳定的交付速度；会定期回顾和反思；团队领导能够移除障碍，并向团队提供指导；是自治团队；团队成员相互协作；团队内部存在建设性对抗。上述特征有一部分可以直接进行度量，如迭代节奏和交付速度，其余特征则最终反映在项目成果上。

第 3 节　常用度量分析工具

　　敏捷理念下的项目管理度量与分析工具包括燃尽图、燃起图、产品路线图、用户故事地图、影响地图、信息发射源、累积流图、需求跟踪矩阵和看板。

1. 燃尽图

　　燃尽图也叫燃烧图，横坐标为日期，纵坐标为剩余的软件规模或工作量，以折线图的形式展现剩余软件规模或工作量的变化趋势。除这条趋势线之外，燃尽图还有一条计划线和一条理想线：计划线展示的是预期剩余软件规模或工作量变化趋势；理想线则是连接起点与终点的直线，展示的是剩余软件规模或工作量匀速归零的理想趋势（见图 4-7）。

　　在燃尽图中将趋势线与计划线和理想线进行对比，可以判断团队当前工作进度是否背离计划、每日产出是否均衡、需求是否中途加塞等。在敏捷模式下，燃尽图纵轴通常是故事点或理想人天。燃尽图一般用于单个迭代或版本上，对预测团队何时完工很有价值，是敏捷管理中应用最为广泛的一种工具。此外，燃尽图也可以用于展现其他可度量项随着时间推移而变化的趋势，如需求数量燃尽图、任务数量燃尽图、风险燃尽图、技术负债燃尽图等。

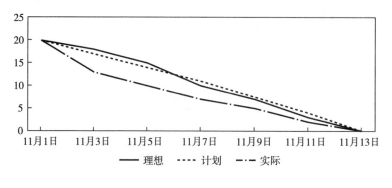

图 4-7　燃尽图示例

2. 燃起图

燃起图展现的是已完成软件规模或工作量的变化趋势，由于燃起图可以区分不同角色的工作完成情况，比燃尽图更易理解。此外，燃起图比燃尽图更适合长周期的统计，团队可以从燃起图中获得进度信息、知晓工作成果，也更易激发团队士气。示例可见图 4-8。

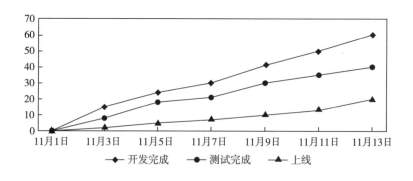

图 4-8　燃起图示例

3. 产品路线图

产品路线图是一种战略规划工具，描绘了产品研发的发展阶段和里程碑事件，宏观地展示了产品的发展方向以及开发团队何时实现目标。该图是产品需求在时间轴上的总体视图，是产品需求及其完成时间的概览。在产品研发过程中，可使用产品路线图来对需求进行分类、排定优先级，然后确定发布时间表，因此该图成为产品实现进度的追踪工具。示例可见图4-9。

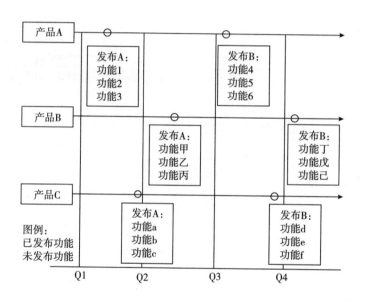

图4-9　产品路线图示例

有效的产品路线图不仅强调产品功能发布的时间表，它还是动态的文档，产品负责人要在项目进程中不断更新，因此在创建产品路线图的初期，无须对需求、工作量、优先级、完成时间进行估算，也无法精确估算，这些内容都要随着项目进程渐进明细。

4. 用户故事地图

用户故事地图[37] 将产品的待办事项从简单的列表模式变为一张二维地图，

以便产品团队更好地规划用户故事，相较于产品路线图，该图提供的信息更加详细。敏捷理念下，用户故事地图遵循渐进明细的原则，使用史诗（Epic）、特性（Feature）和故事（Story）对目标进行逐层解构，运用故事的元素进行思考和设计，可用于产品研发规划和故事实现进度追踪。示例可见图4-10。

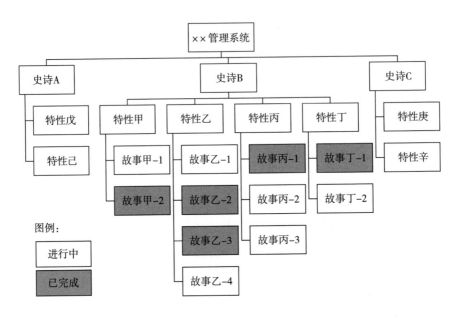

图4-10　用户故事地图示例

5. 影响地图

影响地图不仅能规划战略、定义质量，还是一种里程碑管理工具[38]。该图通过"Why—Who—How—What"逐层递进的分析方法，结构化地将业务目标（Why）和产品功能（What）建立关联，让使用者清晰地看到每一个功能对业务目标的影响路径，确保每一个产品功能都是有价值的（见图4-11）。影响地图的四个层次分别表示：

Why：目标。为什么研发这个产品？客户的需求是什么？

Who：角色。要想实现这个目标，哪些角色会影响目标的实现？是促进它还是阻碍它？谁会被它影响？

How：影响。这些角色如何对目标产生影响？是帮助还是妨碍？

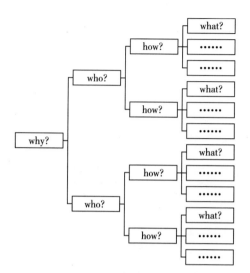

图 4-11　影响地图示例

What：什么。我们可以做什么来影响目标？可以是产品功能、活动运营、内容交付等。

影响地图通过上述分析流程，不仅提供了范围、目标和优先级信息，还沟通了两个层面的假设，即：①交付会影响角色行为的变化；②影响达成时，相应角色会对整体目标产生贡献。有了交付内容和目标之间清晰的映射，这种可视化使影响地图成为强大的里程碑管理工具。

6. 信息发射源

信息发射源是指团队工作空间中各种颜色的便笺板、任务板、图表（燃尽图、燃起图）等构成的信息源（见图 4-12）。信息发射源通常被放在大家容易看见的地方，以便向其他成员或干系人提供项目信息，及时地共享知识。信息发射源应该易于更新，并且频繁更新。信息发射源包含的信息一般包括已交付的功能和需要交付的功能数量、各成员具体从事的工作、当前迭代功能的实现进度、流动速度、缺陷情况、未解决的风险/问题等。

7. 累积流图

累积流图源自精益管理理念，具体内容请查看第 3 章第 3 节内容。

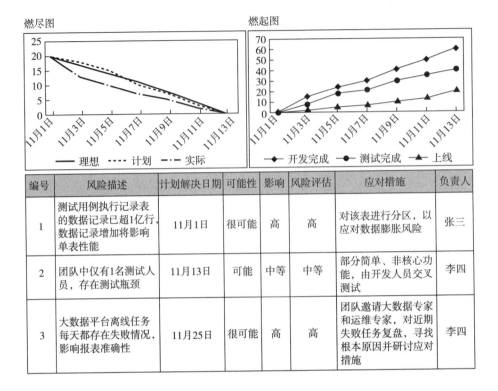

编号	风险描述	计划解决日期	可能性	影响	风险评估	应对措施	负责人
1	测试用例执行记录表的数据记录已超1亿行,数据记录增加将影响单表性能	11月1日	很可能	高	高	对该表进行分区,以应对数据膨胀风险	张三
2	团队中仅有1名测试人员,存在测试瓶颈	11月13日	可能	中等	中等	部分简单、非核心功能,由开发人员交叉测试	李四
3	大数据平台离线任务每天都存在失败情况,影响报表准确性	11月25日	很可能	高	高	团队邀请大数据专家和运维专家,对近期失败任务复盘,寻找根本原因并研讨应对措施	李四

图4-12　信息发射源示例

8. 需求跟踪矩阵

需求跟踪矩阵（Requirement Traceability Matrix，RTM）是一种需求管理和追踪的工具，是用户故事地图的进一步细化。根据实际管理需要，跟踪矩阵会记录需求内容、状态、优先级、需求之间的关系、设计工作、编码工作、测试工作、验收工作等（见表4-2、表4-3）。矩阵记录信息越详细，维护工作量越大，使用者应根据实际管理需要记录关键信息，而非盲目追求信息的全面性。

表4-2　需求跟踪矩阵示例（简化版）

	编号	优先级	类型	名称	产品名称	项目名称	子系统
功能性需求	20230125	高	通用	××报表支持××指标排序,以便质量经理快速定位质量差的开发人员	×××DevOps 平台	××××一期	效能洞察

续表

	编号	优先级	类型	名称	产品名称	项目名称	子系统
功能性需求	20230221	高	通用	新增版本维度质量统计报表，方便研发团队进行版本复盘	×××DevOps 平台	××××一期	效能洞察
	20230113	中	个性	提供×××数据表，支持××部门开展补丁数据分析	×××DevOps 平台	××××一期	效能洞察
非功能性需求	20230215	高	通用	×××报表在指定查询条件下，能够 5 秒内统计并展示出数据	×××DevOps 平台	××××一期	效能洞察
	20230111	中	通用	优化报表部门和产品过滤组件的交互逻辑，提升报表易用性	×××DevOps 平台	××××一期	效能洞察
	20230215	低	个性	将××看板由 T+1 改为实时统计，以便研发组长即时追踪项目进度	×××DevOps 平台	××××一期	效能洞察

表 4-3　需求跟踪矩阵示例（简化版）（续表）

模块	设计人	开发人	需求状态	计划开始日期	计划结束日期	计划投入工时	已投入工时
报表	张三	吴××	开发中	2023 年 2 月 7 日	2023 年 2 月 15 日	35	30
报表	李四	刘×	开发中	2023 年 2 月 6 日	2023 年 2 月 13 日	21	16
BI 系统	李四	牛××	已上线	2023 年 1 月 16 日	2023 年 1 月 18 日	10	9
数据仓库	王五	刘×	待启动	2023 年 2 月 19 日	2023 年 2 月 28 日	30	0
基础设施	王五	赵××	测试中	2023 年 1 月 16 日	2023 年 2 月 15 日	50	35
BI 系统	张三	张×	待启动	2023 年 2 月 16 日	2023 年 2 月 22 日	35	0

9. 看板

敏捷理念推崇低科技、高接触的物理看板，看板的介绍请查看第 3 章第 3 节内容。

第 5 章

DevOps

平台的核心价值就是重用，为了在更多的产品中最大化地重用，平台并不是做得越多越好，而是简单化，并可以模块化，可拆卸，可组装，有效降低成本。

——《从偶然到必然——探析华为 IPD 变革》

第 1 节　DevOps 概述

如果将"软件工程"作为软件开发活动的第一次进化,"敏捷开发"作为第二次进化,那么 DevOps(Development and Operations)就是第三次进化[5]。DevOps 是一组过程、方法与系统的统称,用于促进软件开发部门、技术运维部门和质量保障部门的相互沟通、协作与整合。DevOps 概念诞生于 2009 年,目的是弥合开发和运维之间的鸿沟(如图 5-1 所示)。近年来微服务架构和容器技术的成熟与推广,为 DevOps 的大范围落地提供了技术支撑,并衍生出 DevSecOps、NoOps、AIOps、BizDevOps 等大量 Ops 概念。Gartner 还在 2022 年提出了"平台工程"的概念,它可以为云原生时代的软件工程组织提供自助式服务功能,将开发人员完成日常任务遇到的阻力降到最小。

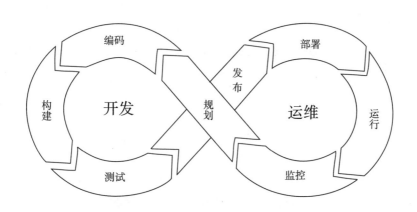

图 5-1　DevOps 弥合了开发与运维的鸿沟

1. 三步工作法

《DevOps 实践指南》[39] 认为,DevOps 的基础原则是流动原则、反馈原则和持续学习与实验原则,即三步工作法,它们是其他一切 DevOps 流程、实践的基础,所有 DevOps 模式都可以从这三个原则派生而来。

(1)流动原则:实现开发工作到运维工作的快速流动。为了最大限度地优化工作流程，需要将工作可视化，减小和缩短每批次大小和等待间隔，通过内建质量杜绝向下游传递缺陷，并持续地优化全局目标。

（2）反馈原则：应用持续、快速的工作反馈机制，缩短问题检测周期，实现快速修复。

（3）持续学习与实验原则：建立承担风险、持续实验并从错误中学习的文化，在不断的尝试中精进技能，并提高系统的韧性。组织学习过程中不能局限于单循环学习模式（Single Loop Learning），而是要采取双循环学习模式（Double Loop Learning）和再学习（Deutero Learning）[40]，才能在"动荡"的环境中持续发展。

若将"三步工作法"与精益原则对比，会发现它们极其相似。实际上，DevOps 是精益理念和敏捷理念的进一步拓展，它通过将运维纳入产品开发过程的方式，补充了敏捷管理理论。在 DevOps 框架中的研发部分，应用的仍是敏捷开发的最佳实践，例如结对编程、短迭代频繁交付、时间盒子、限制在制品等。这意味着精益理念和敏捷理念下的度量活动也大都适用于 DevOps。

2. CALMS

Jez Humble 将 DevOps 的核心思想总结为 CALMS，它是"Culture""Automation""Lean""Measurement"以及"Sharing"的首字母集合。

文化（Culture）

DevOps 文化的核心是开放、信任，旨在提高团队之间的透明度、沟通和协作，是一种强调持续学习和持续改进的组织文化转型，通过团队自主性、快速反馈、高度同理心和信任以及跨团队协作来实现。文化的影响力显著高于技术，2022 年的《DevOps 加速状态报告》发现组织的应用程序开发安全实践的最重要影响因素是文化，而不是技术：注重效能的"高信任、低责备"的文化比注重权力和规则的"低信任、高责备"的文化，应用新兴安全实践的可能性要更高。

普渡大学生物进化学家威廉·谬尔曾做过一个实验，他把鸡分为生蛋能力一般的普通鸡与生蛋能力极强的超级鸡，结果发现超级鸡群因为残酷的竞争，最后所剩无几，而普通鸡群却身形结实、羽翼丰满，鸡蛋产量持续增加。Margaret Heffeman 发现，组织运转过程中也存在这种"鸡群效应"，即由精英组成的团队并不能保证团队的成功，团队中的精英们野心勃勃，相互激烈竞争，往往会导致组织功能失调，组织资源被大量浪费[41]。DevOps 强调人们相互协作，在谈话时不再区分"你们"和"我们"，保持开放的心态，打破"信息孤岛"和监督与被监督关系，消除团队之间、成员之间的误解，通过可持续的工作实践来支撑组织发展。因此，作为管理手段的度量活动，应谨慎将度量指标作为考核之用，这将很容易破坏"高信任、低责备"的文化氛围。

自动化（Automation）

DevOps 是敏捷研发、持续集成（Continuous Integration，CI）、持续交付（Continuous Delivery，CD）的自然延伸，从开发侧向右扩展到运维侧（如图 5-2 所示）。在提升工程能力的过程中，DevOps 引入了大量工具组成工具链，构建起研发与运维工作的自动化能力，降低琐事①的占比，节约了时间，减少了人力投入和人为操作错误，加快了功能交付和故障修复的速度。同时，根据康威定律

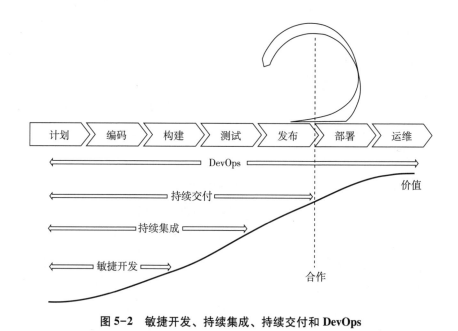

图 5-2　敏捷开发、持续集成、持续交付和 DevOps

① 《SRE Google 运维解密》认为，手动的、重复性的、可被自动化的、战术性的和没有持久价值的工作都是琐事，SRE（Site Reliability Engineer，网络可靠性工程师）的工作时间中琐事占比应低于 50%。

(Conway's Law)①，团队选择和使用工具的方式与团队自身的结构与沟通模式通常是一致的，工具会"塑造"团队行为，根据组织当前的文化与发展方向推动组织转型，因此工具也是文化的"加速器"[41]。若组织当前文化或变革目标是错误的，那么新工具的引入将加速企业的失败。

自动化程度的提高，对代码分支策略的合理性也提出更高的要求。使用 Git 管理版本的方式非常灵活，并不存在标准工作流程，但根据以往的实践，Git 有以下四种模式较为普遍[42]：集中式工作流、功能分支工作流、Git 流工作流和叉状工作流。判断哪种工作流适合本团队，通常从如下三点进行判断：①该工作流是否方便异常提交代码提交的撤回；②该工作流是否与团队规模相匹配；③该工作流是否超出了团队成员的认知水平。

为了开启软件研发流程的"黑匣子"，避免业务价值被湮没在纷繁复杂的工具链当中，Mik Kersten 提出了流框架[16]的概念，将工具与研发工作、业务结果相连接，构建出一个连接业务价值与技术交付的桥梁。该框架涵盖了工具网络、集成模型、工件网络、活动模型、价值流网络和产品模型（如图 5-3 所示）。其中，工具网络的节点是研发流程中使用的各类工具，这些工具相连所组成的工具链即是工具网络；工件网络的节点是研发流程中开展的各类工作；价值流网络的节点是四类流动项，分别是特性、缺陷、风险和技术债务。对工具网络的度量能够反映工具的使用频率、集成情况，其中工具网络的连通性指数，是指已连通工具与未连通工具的数量比例，反映的是工具网络中"数据孤岛"的情况；对工件网络的度量能够反映软件研发过程情况，例如任务类型分布、流水线执行次数、任务积压情况等，其中工件网络可追溯性指数，是指已连通工件与未连通工件的数量比例，反映的是工件网络中"数据孤岛"的情况；对价值流网络度量能够反映流分布、流负载、流时间、流效率、流速，其中价值流网络的对齐性指数，是指与价值流动项有映射关系的工件和没有映射关系的工件的数量比例，反映的是业务结果的可见性。

---

① 康威定律由 Melvin Conway 于 1965 年提出，是指设计系统的架构受制于产生这些设计的组织的沟通结构，换言之，产品必然是其（人员）组织沟通结构的缩影。

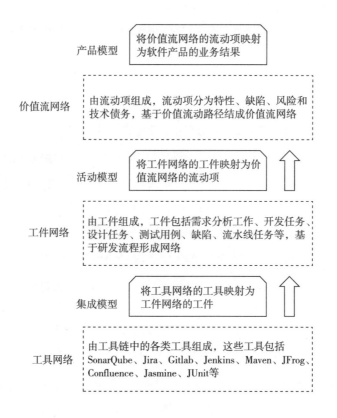

产品模型　将价值流网络的流动项映射为软件产品的业务结果

价值流网络　由流动项组成，流动项分为特性、缺陷、风险和技术债务，基于价值流动路径结成价值流网络

活动模型　将工件网络的工件映射为价值流网络的流动项

工件网络　由工件组成，工件包括需求分析工作、开发任务、设计任务、测试用例、缺陷、流水线任务等，基于研发流程形成网络

集成模型　将工具网络的工具映射为工件网络的工件

工具网络　由工具链中的各类工具组成，这些工具包括SonarQube、Jira、Gitlab、Jenkins、Maven、JFrog、Confluence、Jasmine、JUnit等

图 5-3　流框架示意图

资料来源：Mik Kersten. 价值流动：数字化场景下软件研发效能与业务敏捷的关键［M］. 清华大学出版社，2022.

为了将三层网络由下至上逐层联结，并最终反映软件产品的业务结果和价值，集成模型将工具网络的工具映射为工件网络中的工件，活动模型将工件网络的工件映射为价值流网络的流动项，产品模型则最终将流动项与产品最终业务价值关联。上述三类模型是一种抽象的概念，对于不同的软件产品和研发环境，有不同的构建形式。

精益（Lean）

DevOps 延续了精益价值观和原则，同样倡导消除浪费、增强学习、延迟决策、尽快交付、授权团队、嵌入完整性和着眼整体。因此，精益理念下的度量工具如看板、价值流图、累积流图等同样适用于 DevOps。

度量（Measurement）

由于专用的工具往往比通用的工具更好用，导致整个组织内研发、运维工具数量众多，各类工具运行过程中为度量活动提供了大量数据，此时，手工度量已几无可能，所以 DevOps 度量电子化和自动化的特征非常明显。基于数据形成的各类指标不仅可以揭示问题的所在，还能反馈改进措施的有效性，甚至能预测问题的发生[43]。此外，DevOps 工具链及其文化对持续开发、持续集成、持续测试、持续监控、持续部署、持续运维、持续反馈及持续改进的全流程支撑，使研发效能提升变得更为容易，由此研发效能度量成为 DevOps 度量工作中的"重头戏"。

分享（Sharing）

如果要提升团队整体绩效水平，那么内部成员之间的经验和最佳实践分享非常重要，这有助于打破"信息孤岛"，引导团队共同努力，不断改进、提升，这与敏捷理念是一致的。分享行为尤其需要非问责文化的"土壤"，这是由于问责文化推崇人们必须为犯错付出代价，将惩罚作为提升绩效的方法，然而大家都不想受到惩罚，这就会促使同事之间处于敌对的状态。为了避免受到指责，人们会努力推卸自己的责任，并将责任转嫁到他人身上。长此以往，无论是日常工作还是事故复盘会，组织成员彼此间都在尽力隐瞒可能对自己不利的信息，分享和相互学习必然沦为空谈。因此，团队成员在知识分享上的行为数据与结果性指标也是度量活动应该关注的对象。

第 2 节　常用度量分析工具

1. 看板

DevOps 对自动化的重视使电子看板的实现难度显著下降。物理看板的优势在于成员参与感强，认知成本低，不需要培训，内容调整灵活、便捷且易于拓

展，但需要持续手动维护、无法查看历史记录且辐射范围有限；电子看板可集成
DevOps 工具链的数据，自动更新度量项，用户触达范围广且支持远程协作。研
发团队在初期可使用物理看板，在看板度量项和使用习惯大致稳定后，再迁移到
电子看板，以减少手动维护看板的工作量。仍然需要注意的是，没有在制品数量
限制的看板不是真正的看板。

2. 其他工具

除看板以外，精益理念与敏捷理念下的度量分析工具都适用于 DevOps。此
外，DevOps 不仅增添了运维侧数据的监控（如延迟、流量、错误和饱和度四个
黄金指标[44]），而且更注重大数据、人工智能、趋势预测算法的应用[45]。

第 6 章

度量原则和反模式

If you can't measure it, you can neither control nor manage it.

——H. James Harrington

第 1 节　度量困境

虽然软件研发和工业制造本质上都是通过投入人员和设备来生产产品的，但由于软件研发项目以人力资源投入为主，属于智力型工作，因此度量工作更加困难。项目规模越大、越复杂，评估项目的难度就越大，干系人也就越依赖项目度量指标所传递的信息。随着软件研发项目规模的扩大，项目失败的风险几乎呈指数级增长，且大多数项目失败的原因之一是度量指标的不准确和度量技术的不完备[19]。总体而言，软件项目度量困难的具体原因有如下六个，其中，一部分是所有类型的度量工作都会面临的难题，另一部分则是度量智力型工作时才会面临的难题。

1. 获取和管理数据难

在整个软件研发流程中，存在数量可观、不同类型的工具，数据分散在这些工具当中。若要对软件开发过程进行度量，势必要获取这些数据，为此与工具所有方协商、报公司审批等工作必不可少。此外，随着数据类别变多、数据量变大，数据管理过程中必然要面对数据安全风险、"数据孤岛"、数据质量低劣、"黑暗数据"和数据"巴别塔"等问题[46]。其中，数据质量低劣不仅是数据本身的数值错误，还包括数据无法归集到正确的项目当中；"黑暗数据"是指被收集、清洗①但却没有任何用途的数据；数据"巴别塔"是指不同团队之间因为数据定义不清、口径不同、缺乏规范而无法互通的数据，如客户需求数量，客户服务部门认为没有被撤销的客户需求就要统计，研发团队认为需要开发的需求才要统计，实施团队认为需要在客户现场升级的需求才应统计，不同的口径导致了数据"巴别塔"的存在。为了解决上述数据获取和管理的问题，必须开展数据治理工作，需要管理层的持续支持以及人力和其他资源的持续投入，然而这在实际工作中是十分困难的。

---

① 数据清洗是指发现并纠正数据文件中可识别的错误的最后一道程序。

2. 数据分析存在困难

若要充分理解数据的含义和用途，必须了解数据背后的文化和环境，"如何"与"多少"同等重要。受背景信息和自身认知的影响，项目相关方对度量数据的解读往往不同，从而得出不一样的结论。简而言之，度量数据本身无法直接用于指导业务活动，需要通过分析与解读活动才能发挥它们的价值。内蒙古自治区白云鄂博矿，是全球唯一同时包含 17 种稀土元素的矿场。由于历史原因，白云鄂博矿的开采比较粗放，在以铁矿开采为主的模式下，铁矿石中所含的其他矿产资源都随着选矿废渣、废水进入到尾矿库里，未被有效利用。数据就如这样的矿场一样，其中埋藏了丰富的价值，而数据分析就像矿场中的采矿技术，是提炼数据价值的核心手段，决定了数据价值的利用程度。数据分析不仅需要相应的业务知识，还要具备统计学知识、逻辑分析能力与数据分析工具的使用技能。人们对度量数据的分析能力天差地别，例如，基于同一份数据，业内专家的分析与解读能够撰文发表在 SCI 一区期刊，普通硕士研究生的论文可能连北大核心期刊都发表不了。

对软件项目度量数据的分析同样存在这种情况，即分析人员的水平直接决定了数据的价值。很多时候，客观、公正地解读数据是非常困难的，原因有二：①没有足够的知识和能力对数据进行解读，无意间误读了数据；②为了达成自己的目的，有意对数据进行曲解，数据分析人员在分析过程中，一般不会选择不利于自己的方法来分析，就像撰稿人在描述赞助商的产品时，不会使用"易碎、廉价"等贬义词，而会使用"轻便、经济、实惠"等褒义词。

对数据错误分析的情况是普遍存在的，并且有些误解的隐蔽性比较强。以辛普森悖论为例，当人们尝试探究两种变量（如新生录取率与性别）是否具有相关性的时候，会分别对其进行分组研究。然而，在分组比较中都占优势的一方在总评中反而是失势的一方。具体如表 6-1 所示，无论是工商管理学院还是法学院，男生录取率都高于女生录取率，然而在这两个学院的总计录取数据当中，男生录取率却低于女生录取率。

在数据分析过程中，曲解数据的影响因素有很多，包括视角操纵、片面的样本、刻意挑选平均数、遗漏某些重要的数据、制造视觉错觉、滥用代理指标、混淆相关关系与因果关系[47]。下面逐一举例介绍这些方法。

表 6-1　辛普森悖论（以新生录取率与性别为例）

学院	女生申请人数	女生录取人数	女生录取率	男生申请人数	男生录取人数	男生录取率
工商管理学院	100	49	49%	20	15	75%
法学院	20	1	5%	100	10	10%
总计	120	50	42%	120	25	21%

视角操纵

数据分析者对视角的操纵，也可称作"语言的艺术"。以"屡战屡败"和"屡败屡战"为例，这两个词语描述了同一个事实，但给受众的感觉完全相反。前者以失败者的视角进行评价，属于贬义；后者以意志坚强者的视角进行评价，属于褒义。在软件研发项目度量分析过程中，这种操纵也是很普遍的。例如：不讲成本，只讲产出；不讲基数，只讲比例；不讲人均，只讲总量；等等。

片面的样本

片面的样本可能是无意间导致的，也可能是为了实现某些目的而有意为之。在数据分析中，抽取样本的作用就是希望通过样本小群体来替代整体大群体。然而，非随机地抽样或有意选择具有某种特点的样本，会导致样本统计结果无法反映整体的实际情况。最典型的例子就是在高铁上询问乘客是否买到高铁票；再如，在统计组织效能时，有意地选择精英团队的数据进行分析。

刻意挑选平均数

对于平均值的误导，读者们想必都深有体会。以国家统计局发布的 2021 年城镇非私营单位年均收入为例，北京、上海两个直辖市的人均年工资超 19 万元，其中大多数低收入群体的工资情况被相对少数的高收入群体工资给掩盖了。此时，相较于工资平均数，工资的众数、中位数或 80 分位数更能反映实际情况。在开展软件研发项目度量活动时，也需要注意这种"平均值陷阱"，尤其是离散度较高的指标，要避免使用平均值来反映整体水平。

遗漏某些重要的数据

只讲述部分事实而刻意隐去重要信息，是曲解数据的重要手段。以用户满意度评分为例，A 产品的满意度评分均值为 98 分，B 产品的满意度评分均值为 83 分，从这个数据来看，A 产品要优于 B 产品。但如果结合被隐瞒的另一组数据，给 A 产品打分的人数为 4 个，给 B 产品打分的人数为 400 个，这样还能得出前述结论吗？

制造视觉错觉

在进行数据解读时，为了让读者更容易理解我们希望传达的信息，往往会使用图表的方式进行数据诠释。在诠释的过程中，我们有意或无意间制造视觉错觉，例如，柱状图中，纵坐标不从 0 开始，或将柱子截断展示[①]；再如，用图形展示数据情况时，通过面积制造视觉误差。举例说明，2023 年 2 月张三产生的缺陷数量是 5 个，李四是 10 个，数据分析人员使用臭虫（Bug）的图形来形象表示这两名开发人员产生的缺陷情况[②]，在图 6-1 中，李四的"臭虫"高度是张三的 2 倍，但宽度也是张三的 2 倍，给读者视觉上的感觉是李四的缺陷数量是张三的 4 倍，这就是一种典型的视觉错觉。

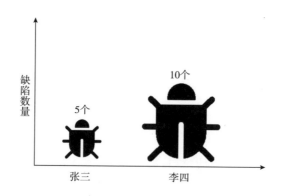

图 6-1　图形面积大小带来的视觉错觉

---

① 具体案例参见本书第 11 章第 3 节内容。
② 这种图形化展示现象经常发生在 PPT 当中。

滥用代理指标

在实际工作中，有些对象本身是极难被度量的，如团队士气、交付客户价值、内部竞争水平、成员信任度等，那么就需要通过其他可量化的指标来代替上述对象，并假设它们是相等的，这就是代理指标的由来。总体而言，需要代理指标的原因主要在于：①需要的指标难以量化，获取不到数据，只能想办法用其他指标代替，例如，To B 企业要了解需求命中率情况，通常无法获取到客户使用相应功能的埋点数据，但实施团队能够知道客户是否上线了该需求，因此使用需求上线率加以代替；②需要的指标观察周期太长，使用方等不及，只能选择其他指标观测，例如，用户月留存率需要等 1 个月之后才能发现问题或者明确某个策略收益，过长的周期促使我们必须使用一些代理指标先行观测。

分析人员应始终谨记，代理指标不是真正需要观测的对象，在很多时候是无法反映真实情况的，数据分析过程中要结合其他量化指标、背景和专业知识，从多维度来印证分析结果。以度量开发人员工作产出为例，真正需要度量的指标是开发人员实现的软件规模大小，然而软件研发是智力密集型活动，很难实现标准化[48]，所以日常度量中往往使用代码行数、任务数、需求数等代理指标来反映开发人员的工作产出。但是，编写代码行数多、完成任务数或者需求数多的开发人员，他的工作产出就真的高吗？未必。可能开发人员技术太差，只需 1 行代码实现的功能，却写了 100 行代码；也可能任务和需求颗粒度太细，导致完成数量虽多，但实现的软件规模却很小。

混淆相关关系与因果关系

有一个故事，新赫布里底群岛的土著居民发现健康的人身上总有一些跳蚤，而身体羸弱的人通常没有跳蚤，于是他们得出结论：跳蚤使人身体健康，每个人身上都应该有跳蚤。这就是将相关关系混淆为因果关系，实际情况是，这些岛上居民的身上在大多数情况下都有跳蚤，但是当人们发烧时，随着体温上升，跳蚤因不能承受高温而离开。研发度量数据的分析中，关系混淆的现象也是很常见的。例如，在没有控制其他变量的情况下，将代码质量提升的效果都归功于代码评审活动。

101

3. 度量模型推广困难

每一套度量数据的指标模型都是与业务场景、业务目标强耦合的，在团队 A 适用的度量模型，有可能在团队 B 就无法推行。原因之一是团队特点各异，例如，某特性团队 A 为了推动需求评审活动，提升需求内容的质量，为此设计了一套以需求评审相关指标为核心的度量模型，并取得了很好的效果；而特性团队 B 的产品经理能力出众，并且向架构师和开发人员交代需求时，会当面沟通确认，因此需求质量一直比较好，此时团队 B 应用这套度量模型，所得收益将极其有限。对不同类型的团队而言，因为关注点存在较大的差异，所以以度量模型的差异也较大。图 6-2 以技术开发团队、产品开发团队、技术预研团队和产品预研团队为例，展示了四类团队的度量重点。

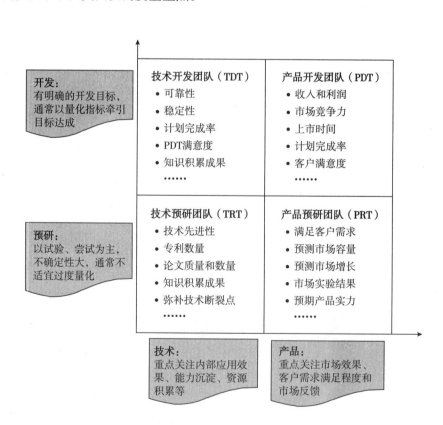

图6-2 四类不同软件团队的度量重点对比

原因之二是每个软件研发项目团队在同一时期所面临的主要问题往往不同，有的团队亟须提升代码质量，有的团队亟须提升交付速度，有的团队亟须提升工程化能力。

原因之三则是各团队研发流程的细节和使用的工具不一样，导致统计口径无法统一，度量模型很难推广到所有团队。

4. 项目产出无法准确度量

在手机行业，手机的单位是台；在半导体行业，光电器件的单位是件；在汽车制造业，汽车的单位是辆。在上述行业中，产出产品是标准化的，因此可以使用特定的单位来反映产出规模。相反地，软件研发作为智力密集型工作，其产出很难标准化[①]，导致我们无法准确度量软件研发项目的过程产出和最终产出。

度量项目进度时，我们会将项目的阶段性产出与计划的最终产出进行对比，得到项目实际进度比例；度量项目质量时，我们会将项目产出作为基数，计算一些复合型指标，如缺陷密度；度量项目价值时，我们会结合项目产出评估项目的效率，如人均产能、研发效率。由此可见，项目的过程产出和最终产出是统计项目进度、质量、价值的基础，若无法准确度量产出规模，上述领域的度量指标数值都将变得不可靠。

5. 项目进度可度量性差

软件研发项目进度可度量性差源自三个方面：①相比建筑项目、硬件项目等其他领域的项目，软件研发项目的需求不确定性大，整个项目的范围处于不稳定状态；②软件研发项目的产出无法准确度量；③软件研发作为一种智力型活动，过程进度随时可能因为"难题"而停滞。有过软件研发项目管理经验的读者可能都遇到过这种情况：当天站会上，开发人员张三表示需求 A 进度 80%，今天下班前就能提测了，然而张三下午反馈自测发现 bug，比较棘手，可能还需要两天才能提测，手头其他需求也需要延期。

---

① 目前软件业只有功能点法是标准化方法，但由于软件开发工作产出的是非标准化的产品，功能点法也只能做到对软件规模的近似估算，具体内容参见本书第 7 章。

这种情况在智力型工作中是较为常见的，并且业务知识越薄弱、开发经验越少的开发人员越容易碰到这种问题。众所周知，国内软件开发人员"年轻化"现象非常明显，根据 CSDN 发布的《2020—2021 中国开发者调查报告》，国内 30 岁以下的软件开发人员数量占总人数的 81%，再加之软件开发人员的高流动性，最终结果就是，熟悉业务知识并且开发经验丰富的开发人员在绝大多数软件研发团队中都是比较稀缺的，这就导致项目进度的可度量性差。例如，从进度趋势图看，原本再需两个工作日就能完成整个迭代，趋势线却突然"躺平"，在五个工作日后才触底（如图 6-3 所示）。

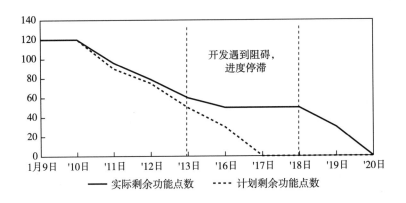

图 6-3　软件研发工作的"智力"属性，导致项目进度可度量性差

6. 度量指标被用作考核

从前，印度境内眼镜蛇泛滥。为此，政府规定，民众上交眼镜蛇就可以领取赏金。但是，当眼镜蛇数量减少后，民众为了赏金开始大量养蛇。政府意识到这种情况后，取消了奖励，养殖人无利可图，就把养的蛇都放了，导致眼镜蛇比以前更加泛滥。这种现象叫作眼镜蛇效应，即为了解决某个问题而制定的解决方案，反而使该问题更加严重了。当度量指标被用作考核时，也会发生眼镜蛇效应。例如，某软件研发团队为了提升编码质量，将千行代码缺陷率作为考核指标，那么必然会有开发人员为了获得好绩效，把心思放在增大该指标的分母数值上，因此编写了很多不必要的、复杂的代码，导致代码变得"又长又臭"，软件编码质量不增反降。

　　将度量指标作考核之用，还会让被考核者分散精力在应付考核上，无法专心本职工作。例如，考核任务及时完成率，开发人员就想方设法去拆细任务，增加无谓的任务数；考核代码圈复杂度，开发人员就研究圈复杂度统计算法，采用能够最快降低指标数值的方法，而不是可以有效提升代码质量的方法；考核客户缺陷数，团队就不断花时间和客户软磨硬泡，让客户撤回缺陷或将缺陷转为正常的需求。这些都印证了一句话，即"你度量什么就会得到什么"。此外，根据古德哈特定律（Goodhart's Law），"当一个政策变成目标，它将不再是一个好的政策"，即某些度量指标被设定为要达成的目标时，这些指标都将失效，执行者们会牺牲其他方面来提升考核指标的表现，使这些指标不再具有反映真实现状、指导改进的作用。

　　当组织使用项目成员无法掌控或外部环境主导的指标用作考核时，则会增强成员的无力感，使其士气低落，甚至选择"躺平"。例如，使用需求分析及时率来考核开发人员，但开展分析工作的最终决定权在需求分析师手中，开发人员能做的非常有限，因此这种考核行为是非常荒谬的，将严重打击开发人员的工作热情。

　　更有甚者，如果有组织把对抗性指标设为不同团队（成员）的目标，那么这些指标将开启团队（成员）之间的恶性竞争，最终会侵蚀信任、破坏创造力。例如，将开发团队产生的月均缺陷数量设定为 100 个以下，测试团队发现的月均缺陷数量设定为 200 个以上，这样不但不会提升编码质量，还会引发开发人员与测试人员之间持续不断的争吵与"战争"。

　　言归正传，根据目标的 SMART 原则①，最终所有既定目标都会被分解成可度量指标，目标实现情况决定了绩效，也就是说，度量指标与绩效评价之间存在直接联系，这种联系使度量指标被用作考核，从而削弱了度量在指导、改进方面的作用，这就是度量工作面临的困境之一。要从这种困局中挣脱，解决方案的重点不在度量本身，因为度量只是一种管理工具和手段，再好的度量体系，其价值能否彰显，完全取决于使用方。脱困的关键在于组织要建立开放和包容的企业文化与评价机制，例如，许多企业引入 OKR（Objectives and Key Results）以替代传

---

　　①　SMART 原则即目标应当是具体的（Specific）、可度量的（Measurable）、可实现的（Attainable）、相关的（Relevant）和有时间限制的（Time-bound）。

统的 KPI（Key Performance Indicators），就是挣脱此种困局的一种方式。也有业内专家建议，将度量指标考核至多分解到团队层面，不要分解到个人，不要用于个人评价[49]，这种措施确实能够缓解考核的"副作用"，但在国内，企业中的个人述职、晋级、绩效评价终究是绕不过去的坎儿，因此效果有限。

第 2 节　度量原则

1999 年心理学家 David Dunning 和 Justin Kruger 首次描述了邓宁-克鲁格效应（The Dunning-Kruger Effect，也被称作达克效应），即在某个领域无知或能力差的人容易高估自己的能力，而低估真正专家的能力水平。这种效应会发生在所有人的身上，因为每个人都有不擅长的领域，而量化的度量指标与体系则有助于帮助这类人知晓真实的自己，有助于他们找到改进的方向。许多软件研发项目的项目经理是从开发人员转型而来的，他们可能在原来的技术领域能力突出，但在项目管理方面往往能力不足，为了避免邓宁-克鲁格效应，软件项目度量应遵循一定的原则，以便度量活动发挥应有的效用。

1. 目标导向

构建度量体系与写议论文类似，都要有明确的目标。每套体系都应当围绕该目标进行完整的分析，应用紧密关联的诸多指标来讲述一个"引人入胜"的故事。缺少具体目标的牵引，度量体系内的指标就如一盘散沙，无法发挥合力，犹如一篇逻辑混乱的文章，让读者（使用者）如坠雾里，无法从中获得有用的信息。因此，清晰的目标是一套优秀度量体系的必要条件，这个目标可以是预警进度风险、揭示流程瓶颈、展现质量问题等。

然而，技术出身的人大抵有个通病，就是执着于技术，"手里拿着锤子，就想到处找钉子"。这种倾向反映在度量体系中，就是路灯效应。路灯效应喻指人们下意识地会在方便寻找的地方（如光线充足的路灯下）寻找丢失的物件，而不去遗失该物件的地方寻找；反映在软件度量活动上，就是人们喜欢使用手头现成的或自己熟悉的指标进行度量与分析，而非选择最契合目标的指标。

软件项目度量的目标通常来自项目问题和项目目标，它们要么是度量体系构建者自己发现的，要么来自项目干系人的诉求。中国信息通信研究院发布的《2022 中国软件研发效能调查报告》（以下简称《研效报告》）发现，照搬用户或管理者的度量诉求在度量活动负面影响因素中排名第二。和需求分析工作一样，干系人提出的看数诉求，需要积极倾听，但不要照着做，而是运用"黄金圈法则"，挖掘干系人的深层需求，明确他们想要看这些数据的动机，了解他们希望解决什么问题或达成什么目标。围绕真实的目标构建度量体系才可能给出优秀的度量方案。

2. 明确的使用对象

设计度量体系之前，不仅要明确目标，还要确定具体的使用对象。暂且不论开发工程师和测试工程师的度量需求天差地别，单论处于不同行政层级的使用者，他们之间的看数需求就存在较大的差异。《研效报告》发现，度量目标和指标不分层，以及高层管理者、中层管理者和一线工程师关注指标未合理划分对度量活动产生的负面影响最大。通常来讲，高层管理者从大局出发，关注结果，度量体系中的指标抽象度较高①，因此汇总型数据能够帮助高层管理者发现那些通过查看细节数据了解不到的模式[50]，它们通常以评价类、结果性指标为主构建项目红绿灯，反映项目的整体健康状态；中层管理者承上启下，既要关注结果，也要兼顾过程，度量体系中除了上述指标还要包含能够指导改进的过程性指标；使用者越靠近一线，就越需要详细的信息，基层管理者和工程师的度量体系包含大量能够指导改进的过程性指标。以运行 IPD 流程的组织为例，针对 A 项目的进度，高层管理者通常只关注特性需求的进度，中层管理者关注特性需求和系统需求的进度，基层管理者则需要关注分配需求的进度。

比较理想的做法是借鉴 OSM 方法②，先由高层管理者制定度量体系的总目标，构建出度量体系；然后，中层管理者将总目标和高层度量体系中的重要指标

---

① 指标的抽象度是指经过多次加工、综合性强、无法直接与具体事务关联的指标。例如，开发人员画像中的能力指数（＝技术评分×0.2+业务知识评分×0.2+软技能评分×0.1+问题解决能力评分×0.3+学习能力×0.2）的抽象度就很高，使用者无法将该指标直接与具体事件关联，也无法从中知晓改进方向。

② 见本书第 11 章第 1 节内容。

分解成可执行、可量化的指标，并添加相关的指标构成度量体系；最后，一线人员分解成更具体的指标体系。各个层级的人员应当只关注自己层级的指标和上一层级的目标，高层管理中不应过多、过细地关注下层指标。这样，围绕高层目标形成的整套度量体系内部实际包含了三个层级的小度量体系，结构分明、定位清晰，不同层级的度量体系分别解决对应行政层级的看数需求。

3. 持续迭代

在软件研发项目的全生命周期中，软件度量工作要和项目管理工作紧密结合，内外部环境的变化需要度量体系做出相应的调整。总体而言，持续调整度量体系的原因包括但不限于团队业务目标的调整、团队发展阶段、学习效应曲线、产品所处生命周期阶段、软件规模的膨胀，下面逐一介绍。

团队业务目标的调整

团队的业务目标需要随着内外部环境的变化而不断调整，度量指标也要同步变化。时移世易，"直尺"量不出"三维空间"，目标的变更将导致老模型失效，度量模型也需要同步重塑。例如，某团队在公司范围内推广代码评审工具，初始推广阶段，团队的目标是让公司内重点产品的研发团队都能够使用该工具，此时要度量的是工具普及率；当工具已在公司范围内推广成功，目标就从开发人员用得上变为开发人员用得好，度量指标则应转变为代码评审效果类指标，如代码静态扫描类指标、代码评审发现缺陷数量等。

团队发展阶段

根据布鲁斯·塔克曼的团队发展五阶段模型，团队有形成阶段、震荡阶段、规范阶段、执行阶段和解散阶段（如图6-4所示），团队在每个发展阶段的管理模式和发展目标都存在差异。

在形成阶段，团队成员的角色和责任尚不明确，因此团队发展目标主要是明确方向、确定职责、制定规范与标准、进行员工培训，从而形成团队的内部结构框架，并建立团队与外界的初步联系。此时推荐的团队领导风格是命令型，即"多指挥、少支持"，为此团队领导者使用的度量模型需要重点关注过程性指标，提供支撑强控制措施的信息。

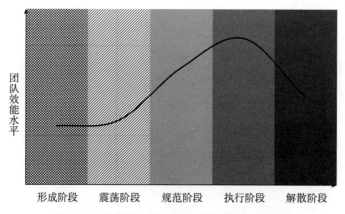

图 6-4　布鲁斯·塔克曼团队发展五阶段模型

在震荡阶段，团队获得发展信心，但同时形成了各种观念的碰撞，出现人际冲突与分化，甚至团队负责人的权威以及团队形成阶段确立的原则都会受到冲击。根据波克定理，人们只有在争辩中才可能诞生最好的主意和最好的决策，所以团队当前的发展目标是保持团队内一定程度的摩擦，但要避免过激的内部冲突，以形成有效的团队合力。此时推荐的团队领导风格是教练型，即"多指挥、多支持"，因此团队领导者使用的度量模型重心开始向结果性指标转移。

在规范阶段，团队效能提高，开始形成自己的身份识别，初步形成自治能力。此时团队的发展目标是激发成员的主观能动性，提升团队能效水平；推荐的团队领导风格是指导型，即"少指挥、多支持"。因此，团队领导者使用的度量模型中，结果性指标的比重会进一步增加。

在执行阶段，团队是自治的、被授权的，团队成员对于任务层面的工作职责有清晰的理解。此时团队的发展目标是给予每位成员自由发挥的空间；推荐的团队领导风格是授权型，即"少指挥、给予必要的支持"。因此，团队领导者使用的度量模型要以结果性指标为主，注重团队整体的产出情况。

在解散阶段，团队成员动机水平下降，各自考虑未来的出路，团队效能也有所下降。此时团队的发展目标是确保团队顺利解散，成员获得应有的奖励。因此，团队领导者的度量模型要以人员评价性指标为主，用于辅助评估每位团队成员的绩效高低。

学习效应曲线

1960 年 Bruce D. Henderson 提出了学习曲线效应，即累积产出和生产成本之间存在一致相关性，产出每翻一番，成本下降 15%（当然，这只是大致估算的结果）。软件开发作为一种生产活动，学习效应曲线同样适用（如图 6-5 所示）。度量体系也需要顺应学习效应曲线，以人才画像度量体系为例，对于进入项目组不到 3 个月的成员，其效率维度的指标权重下降，进入项目组 3 个月后恢复正常权重值。

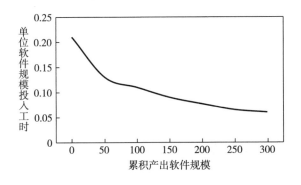

图 6-5 开发人员的学习效应曲线示例

产品所处生命周期阶段

软件产品和其他产品一样，整个产品生命周期可分为引入期、成长期、成熟期和衰退期四个时期。每个时期产品的首要目标都不一样，以某款商业软件为例，该软件引入期的目标是使市场尽快接受该产品，缩短引入期，尽快地进入成长期，此时度量体系重点关注目标客户攻克率；成长期的目标是尽快扩大市场份额，此时度量体系重点关注市场占有率；成熟期的目标是扩大产品营收和提高利润，此时度量体系重点关注年度营收与利润总额；衰退期的目标是尽量降低成本、增加利润率，此时度量体系重点关注利润率。

软件规模的膨胀

随着软件规模的不断扩大，软件的复杂度将指数级上升[51]（如图 6-6 所示），导致开发人员新增或修改一个功能的难度远超软件研发初期。此外，随着"屎山代码"的堆积，研发团队的生产率越来越低，再加之"存量代码是强大的老师"这种观念的影响，程序员会根据旧代码推测新代码的编写方式，继续制造更多的"屎山代码"。

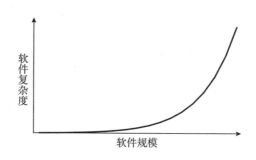

图 6-6　软件复杂度随着软件规模增大的变化趋势

资料来源：Gerald M. Weinberg. 质量·软件·管理：系统思维（第 1 卷）［M］. 清华大学出版社，2004.

随着软件规模的膨胀，度量体系的具体指标需要调整。以软件质量度量为例，当软件规模较小的时候，度量模型选取全量代码的圈复杂度和认知复杂度，目标是确保整个软件产品的代码质量不会显著下降；当软件规模很大时，代码质量问题往往积重难返，度量模型选取增量代码的圈复杂度和认知复杂度，目标是阻止代码质量进一步恶化。

4. 简洁

所有的管理理念，不论其实践形式如何，都在试图解决信息透明的问题，希望能做到部门间的左右透明、时间线上的前后透明、组织与环境间的内外透明、层级间的上下透明。度量，是实现信息透明的核心手段之一。当一套度量体系过于复杂时，会导致使用者信息过载、无法理解度量结果所传递的信息，那么这套度量体系就很难获得使用者的信任，其效用和推广范围都将受到限制。因此，度量体系的设计同样要遵循产品设计的"KISS①原则"，使用一个简单、使用者能够理解的模型远比使用复杂、难以理解的模型更好。

要使度量体系简洁，应尽量遵循如下两个原则：①度量体系的目标要聚焦，不同目标间的度量体系要解耦，与"是所有人的朋友，对谁也不是朋友"类似，求大求全的度量体系，貌似能服务所有人，实际上无法满足任何人的需求。"既要也要"会导致体系臃肿且难以理解，大而无用。②度量体系中不要掺杂无关的指标，例如，用于质量改进的度量体系就不要包含进度类指标，度量流水线工程能力的体系就不要加入开发任务的质量指标，这些无关指标不仅令人费解，也削弱了使用者对这套度量体系的信心。

5. 成本意识

不要在没有任何明确改进目标的前提下开展大规模的度量，因为度量是有成本的。首先，数据的获取、存储、管理、计算和处置，每一个环节都会带来成本，例如，将代码仓库项目、分支与软件产品、项目、版本准确对应上，就需要投入大量的人力去做数据治理；其次，构建度量体系需要消耗人力资源，因为构建者需要调研干系人和数据情况，构建活动也需要大量的精力和时间；最后，用户使用度量结果还会产生风险成本，例如，基于度量结果做出了错误的决策，进而导致损失。因此，Titus Winters 等[49] 主张在开始度量之前，需要回答如下四个问题：

（1）你预期从本次度量中获得什么结果？原因是什么？

（2）如果数据印证了你的预期，后续将会有什么行动？

（3）如果数据推翻了你的预期，后续将会有什么行动？

（4）谁负责实施上述行动？为什么应该是他/她负责？

上述问题有助于干系人评估度量所产生的价值。当然，还需要把度量收益与成本进行比较，这样才能判断是否应该开展这项度量活动。

总体而言，软件研发流程结构化程度越高，度量难度就越低。若流程缺乏结

---

① "Keep it Simple and Stupid" 的缩写。

构化，就会导致大量工作需要自由发挥、缺少约束，进而工作流程不可重复，因此度量时就需要考虑各种个性化情况，导致度量难度陡升。然而，流程过度结构化，事无巨细有要求、有模板，度量难度是降低了，却会滋生出官僚主义、形式主义，成员大部分时间精力都用于应付流程与模板，抑制了创新，影响了组织的持续发展。

此外，小项目、简单的项目要轻度度量，大项目、复杂的项目则要多度量。没有多少家公司能够承受大而全的度量活动所产生的成本[52]，不要让完美成为优秀的敌人，度量体系的设计依赖设计者的经验积淀与认知水平，包含了大量的主观判断，必然存在局限性，不可能满足所有人或所有方面的需求。因此，对于一个全新的度量工作，建议先通过人工提数，进行初始分析，寻找问题和改进点；若后续要周期性使用这部分数据，则配置定时任务自动提数；最后，若该度量工作确有价值，且适合大范围、频繁地使用，那么可以将其固化到系统当中。当然，如果组织提供了敏捷 BI 平台，探索成本将显著下降。总而言之，在没有想清楚度量的目标以及后续行动与责任人的情况下，建议谨慎开展度量，至少不要立刻在 IT 系统中固化该度量模型。

6. 基于软件研发过程定义指标的度量方式与统计口径

软件研发过程与度量活动是强耦合的，你无法度量研发过程中不存在的活动，也无法自动收集没有线上化的数据，更不应该将研发过程中无效的数据统计进来。以代码评审活动为例，当项目组从来不实施代码评审时，代码评审质量类数据也就无从获取；当项目组缺少在线代码评审工具时，那么与该活动相关的数据只能通过人工填报的方式来采集；对于已作废的代码评审任务，在计算平均代码评审周期时，是不能纳入统计的。

度量方式方面，研发过程不仅决定了目标数据能否自动采集和度量，而且会对度量频率产生影响。例如，团队 A 的发版频次为两个月一个版本，团队 B 则是两周一版，那么在统计"已发版需求数"时，度量周期应当契合团队的发版节奏，避免周期性发布对指标的影响，为此团队 A 的"已发版需求数"度量周期建议为两个月的整数倍，团队 B 的"已发版需求数"统计周期建议为两周的整数倍。

以指标"完成需求数"为例说明研发过程对统计口径的影响：项目团队 A 的需求在通过测试人员测试之后就视作完成，项目团队 B 则要求测试通过的需求在产品经理或用户验收通过后才算完成。那么，团队 A 的完成需求数统计口径是需求测试通过时间在统计周期内的需求数量；团队 B 的完成需求数统计口径是需求验收通过时间在统计周期内的需求数量。

每个组织在软件研发过程中都有其独特之处，因此本书后续介绍的指标，其统计口径大多比较模糊，在核算方法方面不会很精细，需要读者结合具体的研发过程来确定指标的落地口径。

7. 根据项目的上下文信息来解释度量的结果

数据是可以被记录和识别的符号，当数据结合具体的业务背景进行加工时，才能形成表达确切含义的信息。进一步地，知识抑或智慧的形成都离不开具体的业务背景（如图 6-7 所示）。因此，正如 Martin Klubeck 提倡的，度量活动要拥抱自己的独特性[53]，即度量活动应结合项目的上下文信息进行解读。例如，某项目团队近期开展了冲刺活动，需求吞吐量有显著提升，若分析人员知晓这个信息，就不会将提升的原因归结为流程优化、瓶颈被移除、工具增强等。

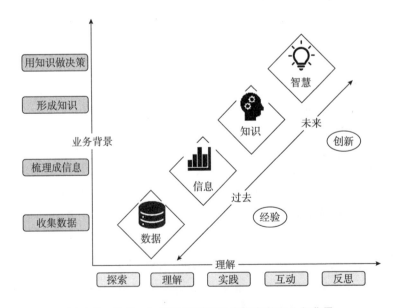

图 6-7　信息、知识和智慧的形成都离不开业务背景

8. 能够解答问题、辅助决策或引导行动

优秀的度量体系，一定要为解决问题服务，并且能够引导出正确的行为[54]。度量从来不是目标，而是实现目标的手段。度量是为目标服务的，如果度量活动对目标达成没有推动作用的话，这样的度量本质上就是一份毫无意义、毫无必要且往往有害的工作，连其从事者都无法证明其存在的合理性[55]。《毫无意义的工作》中将无意义的工作分为六类，其中一类叫作"打钩工作"，即人们在各种表格里打钩，向管理者汇报工作的时候制造虚假繁荣景象，制造毫无意义但能带来虚荣的数据，管理者不知道或假装不知道这些数字的概念与意义，然后根据这些数字做出一些与目标没有关联的决策。此类工作对实现既定目标没有任何帮助，甚至还会阻碍目标的达成。因此，无法实现目标的度量活动就是典型的"打钩工作"。

9. 给数据生产者带来好处

在实际工作中，有许多数据的使用者是管理层，而生产者是一线的工作人员，这两类角色的诉求存在差异：数据生产者普遍不关注数据对组织的价值，只关心这些数据是否会给自己带来收益或惩罚；管理者使用度量数据的目的主要是确保产品研发过程在自己的掌控当中，关注数据的可靠性[24]。

这些数据中，有些可以通过程序自动采集，有些则需要手动填报。虽然能够通过调整研发流程实现程序采集数据，例如，创建开发任务能够触发代码分支的创建，使开发任务被及时创建，实现开发任务周期类数据的自动采集。但程序自动采集的数据必然无法完全替代手动填报的数据，工作人员为了生产这部分数据，就要投入额外的精力与时间，如填报工时、记录琐碎事件、为自测发现缺陷创建记录等，这种额外的负担如果没有相应的好处，必将导致数据生产过程非常敷衍，数据可靠性大打折扣。

如果此时组织为了获得准确的数据，增加更多的规范与要求，甚至提高数据采集的侵入性，例如，要求工作人员专门在某个系统中填报信息，而这个系统是他们在正常工作流程中完全不需要使用的，那么将进一步加剧工作人员的厌恶心理，陷入恶性循环，成为提升组织生产效率的阻碍性因素。再加之很多过程数据

被生产者视作监视自己所用，反感之意更甚。若要打破这样的僵局，让数据生产者享受到度量的好处是关键，例如，采集的数据有助于改进研发流程，减少工作人员在其他方面的无谓投入。

第3节　反模式

当组织或项目组消耗了大量金钱、人力和设备开展项目度量活动，却无法将度量结果用于解决问题时，这些度量工作就是失败的。常言道，"成功总是相似，失败各有各的不同"，多看失败的案例，了解度量活动的反模式，有助于软件研发项目度量的成功。结合上节介绍的度量原则，本节介绍实际度量活动中存在的反模式。

1. 度量活动没有服务于目标

俗语有云："不忘初心，方得始终。"缺少目标的牵引，度量活动就会变成"为了度量而度量"，"颠倒"手段与目标。在开展度量的过程中，人们经常会先看看当前度量系统提供了哪些指标、业界推荐了哪些指标，并结合自己对指标的熟悉程度，选择那些容易得到的、看似符合当前诉求的指标进行度量与分析，导致整个度量体系偏离了目标。因为容易度量的往往是过程类指标、局部指标和短期指标，如测试发现缺陷数、编码工作量、代码坏味道数等，而像项目交付价值此类核心的、全局的、长期的指标通常较难度量。

对于那些盲目从业内分享材料、专家文章或者成熟度评级模型中照搬度量指标的行为，业界常用"货物崇拜"（Cargo Cults）来形容。第二次世界大战时，美军在太平洋各岛屿建立了临时基地，以空投的方式，向部队及支援部队的岛民投送了大量的生活用品及军用设备，世界大战结束后，空投便结束了。然而，这里的原住民发展出一套仪式，膜拜美军军服及货物，以期让飞机继续投放货物，这就是"货物崇拜"的由来。度量活动中的"货物崇拜"，其错误在于没有分析指标适用的目标和背景。只有在目标牵引的前提下，甄别出恰当的指标，度量活动才能推动目标的达成。

2. 提供错误的度量体系

我们通常不会将开发工程师使用的度量体系提供给测试工程师，但是，我们很可能会把基层管理者使用的度量体系提供给高层管理人员，而且这种行为比较普遍。这种错误不会被立即发现，因为高层管理人员确实从度量结果中了解到一些有用信息。然而，该层级的度量体系往往充斥了大量细节，当高层管理人员使用时，很容易信息过载，无法掌握全局情况，丢失重点。以某套项目质量度量体系为例，该体系为项目经理提供了过程质量的五个指标和线上质量的四个指标，并对每个指标提供了拆解分析。若是项目经理使用该体系，那么他只须关注自己所在项目的九个指标即可；若是高层管理者使用，意味着他要查看管理范围内所有项目的这些指标，大量的信息将使管理者无法了解全局、抓住重点，更明智的做法是从中遴选三个左右的指标，或把上述指标通过权重配比的方式聚合为一个指标。

3. 没有及时迭代

无论是组织还是项目，不同发展阶段的关注点是存在差异的，业务流程也在持续变化，度量活动如果没有与时俱进，那么无怪乎失败的下场。此处的及时迭代有两层含义：①及时清除数据仓库中无用的数据，这些数据可能在组织流程变革前发挥了重要的作用，但现如今相关功能和字段已"退役"，若不及早清理，会加大数据使用和维护的难度，特别是向用户开放了敏捷 BI 平台的组织，这一点尤其重要。②及时清理线上无效的指标和报表，或调整它们的统计口径。组织目标和流程的变化会导致部分指标与报表失去价值，例如，组织原先要求两个工作日内修复所有线上缺陷，为此诞生了"两个工作日缺陷修复率"，后来该规则取消，但指标仍然保留在了缺陷修复报表当中，部分不明缘由的使用者就会继续使用该指标。

4. 太过繁杂

"Less is more"是 Ludwig Mies Van der Rohe 在建筑领域提出的重要观点，这个观点也被广泛应用于其他领域。然而出于其他目的，指标体系往往被设计得很繁杂。一些使用者希望报表或看板中的指标越多越好，生怕在进行数据分析时缺少某个指标而影响自己的分析结论；一些设计者将度量体系设计得非常复杂，整个体系指标的数量多、层级高、宽度大，导致使用者很难理解度量结果。对于具体的度量场景而言，指标的效用是有高低之分的，选择恰当数量的、效用较好的指标是非常必要的。过多的指标一方面会使信息过载，加大使用者对度量结果的分析难度；另一方面则是加大了实现成本，通常过多的指标会显著影响查询性能，为此研发过程中要么花费大量精力优化查询逻辑，要么投入更多分布式服务器资源。

5. 资源浪费

总体而言，任何失败的度量都是对资源的浪费。但对于那些确实带来一定效果的度量活动，其中一些可以节约的成本也要关注。首先，上文提及的度量体系不宜太复杂，不要在体系中堆砌大量非必要指标，这样会徒增度量成本；其次，对于小项目、小团队来说，要严格控制度量规模，例如，团队中就五名人员，集中办公，当面沟通的信息就已经覆盖了绝大多数度量活动的效用；最后，对组织而言，不要盲目建设数据中台，因为中台建设一旦开始，就是持续性的工作，不可停歇，否则数据质量将劣化得非常快，度量活动将很快无法正常开展。

6. 错误的统计口径

如果不是专门从事度量工作的人员，往往会下意识地认为，确定指标的统计口径是件简单与轻松的事情。但实际真那么简单吗？下面以需求处理吞吐量这个指标为例，使用者通常想到的口径是"需求处理人员处理需求的数量"，然而，结合研发管理平台的需求流转过程，它实际的统计口径是：需求状态进入"已关闭"或"待分解"或"待发布"（不是从"待验证"或"测试中"进入）时，吞吐量+1；统计周期内的需求吞吐量要根据需求编号剔重计算，例如，A 需求在某时间段内进入"已关闭"状态 3 次，但吞吐量仍为 1；在统计周期截止日这天的 23：59：59，需求状态不是"新增""待处理""待审核""已审核""评审中""评审不通过""方案待发送""待确认""待处理（已确认）""待处理（待明确）""待处理（回访不通过）""待处理（商务反馈）""待处理（回复回退）""待处理（审核退回）"；需求所属产品或项目纳入统计且需求未被删除。上述口径描述中只要漏了一个状态，统计数值就是错误的。因此，度量指标的统计口径是与研发过程紧密相关的，没有人可以脱离具体过程定义出能够落地的度量指标。此外，定义指标口径时，是取统计样本均值、中位数、85 分位数还是其他分位数，也是需要特别注意的地方，避免落入"平均值陷阱"。

7. 脱离背景信息解读度量结果

举个例子，张三身高一米八，在我们通常的认知中，他属于高个子；但如果这个身高是用于篮球运动员选拔，那么他就属于矮个子。不同的背景信息，能够完全颠覆人们对同一个指标数值的分析结果；在软件研发项目度量活动中，亦是如此，项目质量度量要结合项目的目标、性质、规模和其他背景信息进行分析，例如，对于存续 10 年的软件研发项目不能用新上市软件的标准来要求其代码质量。一名合格的数据分析人员，不仅需要具备严密的逻辑思维、掌握基础的数据分析方法，还必须对业务知识和背景信息有足够的了解。解读软件研发项目度量数据的门槛并非数据分析方法的应用，而是对业务的理解，只有对业务有深刻的理解，才能将分析方法用对地方，正确地解读度量结果。

8. 无效的度量活动

度量原则中已介绍，无法解答问题、辅助决策或引导行动的度量活动是无效的。导致度量活动失效的原因除了前文提及的种种行为，还包括以下情况：

（1）手工采集数据。问题有二：一是数据非常容易被人为地加工和粉饰，例如，开发任务交付周期无法通过平台自动采集，而是通过手工填报来统计，那么周期数据将会非常契合领导与考核标准的要求；二是数据采集成本太高、时效性太差，等到数据收集归拢后，时机已过，分析工作已无意义。

（2）度量维度过于单一。维度单一会导致分析视角片面，无法正确反映现状。例如，一个项目的好坏，不仅要看它提供的价值，还要看它消耗的资源。

（3）度量指标太少。指标数量太多不行，太少也不行，即便是北极星指标只有一个，它也会分解出多个相关指标，供使用者进一步查看。

（4）在度量项目效率时，过度关注资源效率类指标。根据精益理念，度量活动要优先关注流动效率，而非资源效率，否则无法达到整体效率最优。

（5）忽视了指标的滞后性。如客户投诉数量、线上故障数等指标都是滞后的，它只能反映项目已经发生的问题，如果使用者希望防范这些问题，那么就需要挑选引领性指标，否则项目团队永远只能被动地响应问题。

（6）缺少沟通和培训。一些看板设计人员会抱有这种幻想，即看板的使用者能够无师自通，在没有额外的元数据、使用指南和培训的情况下，就能准确地领会看板的设计意图，知道何时查看、如何查看以及如何分析。

9. 忽视了工程师的感受

软件研发项目度量活动首先满足管理诉求无可厚非，但不可忽视数据生产者——在一线工作的工程师。然而，大多数组织的度量活动为了满足管理者的诉求，往往不管不顾工程师的感受，一会儿要求填报这个数据，一会儿要求执行那个规范。Titus Winters、Tom Manshreck、Hyrum Wright 认为，工程师满意度是软件研发生产力的重要影响因素[49]，它不但影响研发效率，也会影响研发质量。因此，度量活动应尽量减少对工程师正常工作的干扰，否则不但获取不到可靠的数据，也与"度量推动改进"的理念背道而驰。

10. 其他反模式表现

除了上述反模式，度量活动中还需注意缺少管理层支持、迷信量化数据和将度量用于考核等常见问题。

缺少管理层支持

无论是项目管理、数据治理还是项目度量活动，全程获得管理层，尤其是高层管理的支持是非常重要的。首先，度量活动涉及面广，管理层的支持能够确保度量活动具备足够的资源，打破团队和组织屏障，使度量活动获取到相关的数据；其次，在管理者的支持下，管理诉求更容易转变为度量目标，用于指引项目前进方向；最后，管理层的支持使度量活动敢于暴露问题，为项目健康运行护航。

迷信量化数据

培根曾说，"假若一个人以种种肯定的立论开始，他必将以各种怀疑而终止；但如果他宁愿以怀疑而发端，他终将以肯定的结论而结束"。对量化数据的迷信会导致分析视野狭隘，得出偏颇的结论。现实世界的事物复杂多变、充斥了细节，人类为了理解和处理这些复杂对象，习惯将它们分解，"把世界拆成片段"，但同时也容易失去对整体的把控[21]。

度量亦是人类为了理解度量对象所开展的分解活动，它将重要的部分拆解出来，丢掉相对不重要的部分，以减少认知负载。这就好比"盲人摸象"，整只大象被"分解"为象牙、象耳、象头、象鼻、象脚、象背、象腹和象尾，每个部位都反映了大象主要特征的一部分，但如果把这些主要特征再次拼装起来，因为缺少了那些相对不重要的部分，大概率不会"还原"成完整的大象。即使当前有精密的度量技术，若要获得完美信息，其度量成本会令人望而却步，现实迫使我们必须以经济的方式获得部分度量信息。由此，度量结果必然是片面的，只能反映部分事实。《指标陷阱》列举了大量历史事件，这些事件都反映了一个普遍规律，即过度量化会滋生欺诈和操纵，导致组织运转失效[56]。因此，使用度量指标就能预测项目成败是一种幻想，度量指标也许能够透露重要的信息，但分析人员还要结合其他信息进行综合判断，"尽信数据则不如无数据"。换言之，我们在做定量分析时，应该追求模糊的正确，而非精确的错误。

将度量用于考核

度量指标并非不能用于考核，而是不要妄图通过指标考核这种方式去激发实质性的改进。俗语有云，"上有政策，下有对策"，由于考核触碰到了被考核人员的切身利益，他们有非常强的动机去迎合考核标准，想出各种"奇思妙计"，让自己的指标值看起来很完美。在种种"张良计"的破坏下，改进的初衷会被彻底淹没其中。

第 7 章

范围域和成本域评估

知识工作者的生产效率不是（至少主要不是）产出数量的问题，数量不重要，要度量"效果"，不要度量代码行数。

——《精益软件开发管理之道》

第 1 节　软件项目范围与成本度量概述

1. 软件项目范围

项目范围是指项目工作内容的集合，它对项目成本有决定性的影响。因此，在传统项目管理理念当中，项目范围管理是重中之重，较大的项目范围变更都必须严格遵循变更流程，以避免范围蔓延和无用功，控制项目成本，提升项目交付价值。传统制造业的产出物相对清晰可见和标准化，通常可以使用"计件""立方米""吨"等标准化的规模单位定量来衡量项目范围大小，如年产新能源电动车 150 万辆、机械开挖基坑 5000 立方米、年产碳酸锂 43000 吨等。

同样地，业界使用软件规模来定量反映软件项目范围的大小，但软件研发属于知识型工作，产出物相对模糊和难以标准化，导致软件规模缺少客观的定量度量方法。Martin Fowler 曾于 2003 年撰写过一篇文章 "Cannot Measure Productivity"，他认为度量软件研发团队乃至个人产出相当困难[57]。软件规模在项目范围和项目成本之间起到承上启下的作用，在整个项目度量体系中十分重要，它不仅能定量反映项目范围的大小，而且可以进一步换算成项目成本，作为项目预算申报以及招投标金额的主要依据。此外，软件规模还是衡量部分软件质量（如缺陷密度、故障密度）、项目进度和工作效率的基准，规模的准确性直接决定了上述度量项的准确性。

因此，业界涌现出了诸多规模评估方法，试图得到较为准确的软件规模，如功能点法、故事点法、用例点法、COCOMO 模型等。遗憾的是，目前没有任何方法或模型能够非常客观、准确地度量软件规模，都只能做到近似评估，始终存在或多或少的偏差。

2. 软件成本

从软件成本度量的角度来看，软件成本可分为两种类型（见图 7-1）。第一类是产品型供需模式，即以系统、软件、硬件等作为整体购买的价值转移方式。

其中开发成本度量领域已发布 1 项国家标准，即《软件工程 软件开发成本度量规范》（GB/T36964—2018），该标准定义了软件开发成本度量的方法及过程，通过软件开发成本的构成、度量过程和应用场景给出应用指导；测试成本度量领域已发布 1 项国家标准，即《软件测试成本度量规范》（GB/T32911—2016），该标准综合考虑了软件测试过程中涉及的环境、测试工具和测试人工等成本因素，对软件测试成本的度量方法及过程进行了规范；运维成本度量领域有 1 项国家标准，即《信息技术服务 运行维护 第 7 部分：成本度量规范》（GB/T28827.7—2022），该标准规定了运维成本度量的方法及过程，包括运维成本的构成及运维成本度量过程，适用于各类组织度量信息技术服务运行维护成本。

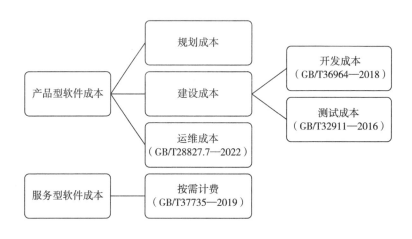

图 7-1　各类型软件的成本度量结构

第二类是服务型供需模式，即不转移信息技术能力所有权，只为用户提供使用权，按需计费[58]。该领域已发布 1 项国家标准，即《信息技术云计算 云服务计量指标》（GB/T37735—2019），该标准根据基础设施、平台和应用三种类型，规定了不同类型云服务的计量指标和计量单位，规范了各类云服务的提供、采购、审计和监管过程中的计量活动。

当前业界对软件成本度量的关注点，集中在软件项目中的开发成本度量领域，开发成本一般是指软件开发过程中的所有人力成本和非人力成本之和，但不包括数据迁移和软件维护成本。人力成本包括直接人力成本和间接人力成本，非人力成本包括直接非人力成本和间接非人力成本[59]（见图 7-2）。要想准确地将某个软件项目的开发成本度量准确，做到业财一致，所面临的挑战是巨大的。

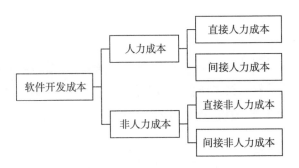

图 7-2 软件项目成本构成

直接人力成本

直接人力成本包括开发方项目组成员的工资、奖金和福利等人力资源费用。其中，项目成员包括参与该项目开发过程的所有开发或支持人员，如项目经理、需求分析人员、设计人员、开发人员、测试人员、部署人员、用户文档编写人员、质量保证人员和配置管理人员等。对于非全职投入该项目开发工作的人员，按照项目工作量所占其总工作量比例折算其人力资源费用。

间接人力成本

间接人力成本指开发方服务于开发管理整体需求的非项目组人员的人力资源费用分摊，包括开发部门经理、项目管理办公室人员、工程过程组人员、产品规划人员、组织级质量保证人员、组织级配置管理人员、商务采购人员和 IT 支持人员等的工资、奖金和福利等的分摊。

直接非人力成本

直接非人力成本是指软件项目开发过程中产生的如下六类费用：

（1）办公费，指开发方为开发此项目而产生的行政办公费用，如办公用品、通信、邮寄、印刷和会议等费用。

（2）差旅费，指开发方为开发此项目而产生的差旅费用，如交通费、住宿费和差旅补贴等。

（3）培训费，指开发方为完成此项目而安排的培训所产生的费用。

（4）业务费，指开发方为完成此项目的辅助活动所产生的费用，如招待费、评审费和验收费等。

（5）采购费，指开发方为完成此项目而采购专用资产或服务的费用，如专用设备费、专用软件费、技术协作费和专利费等。

（6）其他费用，即未在以上项目列出但开发方为开发此项目所花费的费用。

间接非人力成本

间接非人力成本是指开发方不为开发某个特定项目而是服务于整体开发活动的非人力成本分摊，包括开发方开发场地的房租、水电和物业，开发人员日常办公费用分摊，战略、市场宣传推广、品牌建设、知识产权专利等费用分摊，以及各种开发办公设备的租赁、维修和折旧分摊等。

3. 度量时机

软件范围与成本的度量时机可归纳为三类，分别是定期、定点和事件驱动。

定期的频率通常是周、月、季度、半年度和年度。如果项目管理过程中约定了定期的报告制度，如项目周报、月报等，可随项目报告的周期进行开发软件范围和成本的度量，其度量结果也会对项目报告以及后续项目计划产生影响。

定点，是指在项目重要节点开展度量工作。在软件项目前期，项目立项、招（投）标时，需要对项目的规模与工作量估算；项目实施过程中，为满足项目计划和监控的要求，应对软件的实际规模与工作量进行度量；项目结束时，为满足项目结算/决算的要求，也需要对项目的实际规模、工作量进行度量。随着项目的推进，软件需求会越来越清晰，项目范围也就越来越明确，度量工作需要定点开展，这些节点通常是需求规划完成、设计完成、编码完成、测试完成、版本发布等。在各个节点进行规模度量时，所采用的方法要与项目前期规模估算所采用的方法一致，如规模估算阶段采用功能点方法，则后续各个节点进行规模测量时也应采用功能点方法。

事件驱动，是指项目过程中出现较为重大的事件时，应对范围和工作量重新度量。需求发生变更时的度量工作就是典型的事件驱动型。除此之外，软件开发过程中突遇重大技术问题，需要投入人力加以解决时，也有必要对规模进行度量。度量结果既是变更的评估依据，也是后续项目计划调整的输入。

第 2 节　软件开发成本度量方法

对软件开发成本的度量通常遵循如下思路：

第一步：根据具体场景，选择合适的方法估算软件项目规模，选择的方法不同，表征项目规模的单位也不同。或者，跳过规模估算，直接度量项目工作量，工作量的单位一般是人天、人月、人年。

第二步：若第一步获取的信息是软件规模，则基于规模估算该项目的工作量。

第三步：基于软件工作量估算开发成本。

在上述过程中，要特别注意数量、规模和工作量的区别，切勿混淆。在日常工作中，有许多读者会下意识地将人天、人月、人年来描述软件项目规模，这种做法是将软件规模和工作量混为一谈。规模反映的是软件所包含的功能、内容的多寡（如需求、任务、程序量等），实现的软件规模是一种产出；而工作量反映的是开发软件所需的人力资源，已消耗的工作量是一种投入。二者含义并不相同，并且前者往往可作为估算后者的基础。实现相同的软件规模，高水平团队需要投入的工作量会明显少于普通水平的团队，这就是诸多企业希望提升研发效能的原因之一。

许多读者还会用需求数、任务数等来反映软件规模[1]，但需求（任务）之间的颗粒度迥异，数量大小实际上是无法有效反映软件规模的。若要使上述数量能够在一定程度上反映软件规模，就需要将需求（任务）拆细，使它们的颗粒度较"均衡"，但这样操作的难度较大。并且，若未把握好拆分的力度，把需求拆分过细，就会降低研发效能，也使进度追踪变得困难，项目管理难度增大。同

---

① 在无法有效评估软件规模时，这种做法是无奈之举。

理，由于需求（任务）颗粒度差异较大，使用需求和任务数量的完成比例表征项目进度时，同样无法反映出真实的进度情况。

下面逐一介绍各类软件开发规模/工作量/成本的度量方法，由于每种方法适用的项目阶段不同，并且有的方法只能度量软件规模，有的方法则同时适用于规模、工作量乃至成本度量，所以，在使用时应特别注意各类方法的适用场景。虽然软件从业人员前赴后继，希望将软件研发工作标准化，如同工业生产一样有统一、可靠且准确的度量衡。然而，实现标准化的路径是让工具越来越"智能"，让人越来越"愚蠢"，只要软件研发工作还需要面对大量多变的、难以分析和难以预测的需求，这个"梦想"就几无实现的可能。因此，当前所有方法得到的软件成本都存在不同程度的"估算"，是对实际成本的近似表征，均存在一定的误差。

1. 专家评议法

专家评议法一般用于项目前期，是指根据软件项目特性，挑选多名相关领域的专家形成专家小组，提供软件项目相关文档（如需求说明书、用户调研记录、合同等），然后小组成员对项目的规模、工作量、成本进行大致的事前预估（俗称"拍脑袋"），最后通过会议评议各成员的估算结果，确定相对合理的数值。在确定最终数值的过程中，既可使用单点估算法，也可使用范围估算法[①]。若使用范围估算法，通常会使用3点估算法确定最终估算值，即最终估算值=（乐观估计值+4×最可能估计值+悲观估计值）/6。该方法适用于小规模项目或因缺少历史数据无法定量估算的项目。总体而言，这种方法最普遍，但也是最为诟病的一种估算方法。

2. 宽带德尔菲法

德尔菲法是一种在各领域均适用的决策方法，宽带德尔菲法基本遵循了德尔菲法的流程，但评估人员之间会有更多的交互与沟通，适用于项目各阶段。它通

---

① 单点估算法直接得到一个最佳估算值，范围估算法则会分别估算最好情况和最差情况下的可能值，获得一个取值范围。

过多轮调查/投票的方式，整合主题专家的匿名输入，最终形成大家对目标事件的共识。它最大的特点就是"匿名"，鼓励开放，专家可自由表达观点，避免从众效应和光环效应，进而澄清问题，确定一致或不一致的领域，最终达成共识。通过德尔菲法，可以集合目标专家的意见，事前估算出目标软件项目较为合理的规模/工作量/成本。该方法的实施步骤如下：

（1）选择一位有经验且立场相对中立的引导者。

（2）确定参与的专家，组成负责估算的专家小组。这个小组的专家可以来自项目团队、客户，也可以来自组织或行业。

（3）向专家们提供需要估算的内容，这些内容应当准确而全面。

（4）第一轮搜集初步估算结果，此时估算结果之间的差异往往比较大，执行过程中务必保证匿名。

（5）第二轮开始前，评估人员针对不同需求的估算结果进行讨论，讨论内容涉及估算的前提假设和影响因素。在讨论结束后，开始第二轮估算，估算结果也要确保匿名。

（6）继续讨论和开启新轮次的估算，当估算结果收敛并达到退出标准，即可确定最终结论。

3. 故事点法

故事点法适用于项目各个阶段，是指从用户视角使用故事点作为单位，事前估算软件规模的一类方法，主要适用于敏捷、半敏捷或迭代的软件开发过程。它是一种相对估算法，即通过将目标故事与参照故事作比较，得到目标故事的相对大小。由于是相对估算法，导致估算的软件规模具有强烈的项目特异性，只能用于本项目，无法跨项目、跨团队使用，使得该方法的应用范围受限。使用故事点法获得软件规模后，基于本项目历史数据的分析，可以得到相应的工作量，乘以人工费率并加上其他费用，得到开发成本。

故事点法可以分为亲和估算法（Affinity Estimation）和计划扑克法（Planning Poker）两种方法。在项目前期，需要估算的故事很多，团队掌握的信息也不足时，亲和估算法较为合适，因为它是一种估算大规模用户故事的方法，支持团队快速度量，得到整个软件项目较为粗略的规模。项目执行过程中，在对近期开展的迭代进行估算时，则建议使用计划扑克法，团队投入较多的时间评估每个用户故事的规模，得到较为准确的软件规模。

亲和估算法

亲和估算法适用于项目前期，是一种估算大规模用户故事的方法，特点是过程快速简单、透明可见，并且营造了一种积极合作而非对抗性的氛围。步骤如下：

（1）敏捷交付团队在沉默中明确所有用户故事的相对大小。

产品经理向交付团队提供所有用户故事，交付团队基于每个用户故事需要投入的精力和时间，"悄悄地"明确每个用户故事的相对大小，不讨论技术或者特性问题，按升序排列用户故事，直到整个团队都对用户故事的排序满意为止。该步骤是"静悄悄地"执行的，以保持排序过程的快速和非对抗性。

（2）确定每个用户故事的相对大小。

交付团队对排好序的用户故事进行评估，确定每个用户故事的相对大小，在这个过程中可以和产品经理进行沟通与讨论以便明确用户故事的大小。该步骤还可以重新排列步骤（1）中确定的故事顺序。

（3）将用户故事放入"桶"中。

使用斐波那契数列[①]、T恤尺码或咖啡杯尺寸作为用户故事大小的度量尺度，每个数值被视作一类"桶"，交付团队需要将每个用户故事分别放置在相应的"桶"中。

（4）与产品经理进行讨论。

在此步骤，产品经理主动与交付团队讨论用户故事的大小，根据讨论结果，交付团队将它放置在更为合适的"桶"里。

（5）记录每个用户故事的故事点大小。

计划扑克法

计划扑克法适用于项目中后期，即需求较为明确的阶段，是一种基于共识

---

① 斐波那契数列，又称黄金分割数列，即后一个数字是前面两个数字之和，如 1，2，3，5，8，13，21，34，……

的、游戏化的估算方法，它"脱胎"于宽带德尔菲法，团队成员使用斐波那契数列和扑克牌来度量用户故事相对大小。这种方法可以避免"锚定"的认知偏差，即某位成员先给出的用户故事大小影响其他成员的判断。步骤如下：

（1）产品经理向开发团队阅读目标用户故事的内容。

（2）每位交付团队成员估算用户故事的相对大小，选择相应的扑克，盖牌结束。

（3）同时亮出所有团队成员所选的扑克牌。

（4）团队内针对该用户故事大小开展讨论，并解释设定最高估算值和最低估算值的原因。

（5）根据需要重复上述步骤，直到结果趋同为止。

4. 理想人天法

理想人天法[60]也是敏捷开发过程中使用的一种估算方法，它基于项目需求，直接对软件工作量进行事前估算，即直接评估出每个用户故事所需的理想人天，适用于项目各阶段。所谓理想人天，就是"在需求非常明确的情况下，进行编码、测试工作所需要的时间"。基于该理想人天法，可进一步计算得到软件开发成本。然而，即便是一个项目中的一个任务，受工程师能力、经验的影响，会评估出不同的理想人天。所以，在估算完理想人天之后，如何进行实际人天的换算，在日常工作过程中仍然是个大问题。

5. 类比法

类比法一般用于项目前期，适用于需求模糊的软件开发项目，它是将目标软件项目的部分属性与类似的一组基准数据进行比对，事前估算出项目工作量或成本的方法[61]。选择类比法进行估算时，应当基于软件项目的主要属性，在基准数据库中选择主要属性相同的项目进行比对。

筛选出的可比对项目数量过少，将影响比对结果的可信度。若是使用行业级基准数据库，筛选后的项目数量不少于 20 个，则具有很高的可信度；超过 7 个但不足 20 个，具备一定的可信度；不超过 7 个，可信度较低。如果根据多个属性进行筛选后，可比对项目数量不超过 7 个，则可选择单一属性分别筛选比对，之后采用平均值作为估算结果[62]。

如果是企业级基准数据库，通常筛选后项目数量超过 7 个就具有很高的可信度了；超过 2 个但不足 7 个也具备一定的可信度；不超过 2 个时，可考虑改用类推法进行估算。

6. 类推法

类推法通常用于项目前期，适用于需求模糊且可参照项目数量少的软件开发项目，它是将目标软件项目的部分属性与高度类似的一个及以上已完成项目的数据进行比对，经过适当调整后，事前估算项目工作量或成本的方法。选择类推法进行估算[61]，通常只需参照 1~2 个主属性高度类似的项目，同时根据目标项目与参照项目的差异进行适当调整即可。类推法与类比法的主要差异在于：类比法参照的项目来自行业/企业级数据库，与目标软件项目的相似度要求较低，但对项目数量的需求更大。

7. 对象点法

对象点法适用于项目各个阶段，是一种开发者视角的度量方法，使用对象点作为度量单位，针对不同的对象，赋予相应的对象点数值，通过加总所有对象点，事前估算整个软件项目的规模。这种方法将软件对象划分为三种基本类型，分别是界面、报表和组件。每种类型的复杂度又分为简单、适中和复杂三个水平，复杂度由对象中数据源的数量及来源所决定。该方法在国内的使用并不常见，具体使用方法可参见《软件成本度量标准实施指南：理论、方法与实践》[58]。

8. 用例点法

用例点法适用于项目各个阶段，仅适配使用面向对象开发方法的软件项目，是基于用户视角事前估算软件项目规模的一种方法，使用的度量单位是用例点。该方法的基本思想是利用已经识别出的用例和角色，根据他们的复杂度来计算用例点[58]。在估算出用例点之后，可以基于历史项目数据，进一步估算出目标软件项目的成本。该方法的步骤如下：

角色复杂度等级划分及计数

用例点法中，角色被划分为简单、中等、复杂三个等级：简单角色是指通过已定义的 API 或接口与系统进行交互的角色，权重为 1；中等角色是指通过某种协议（如 TCP/IP）与系统进行交互的角色，权重为 2；复杂角色是指系统的最终用户通过 GUI 或 Web 界面与系统交互的角色，权重为 3。计算未调整的用例角色（Unadjusted Actor Weight，UAW），就是指将每一个等级的用例角色数汇总，并乘以对应的等级权重，最终求和。

用例复杂度等级划分计数

同样地，基于每个用例的事务数目（不包括扩展事务），用例复杂度也被划分为简单、中等、复杂三个等级。用例事务数小于 3，用例的复杂度等级为简单，权重为 5；用例事务数在 4 和 7 之间（包含 4 和 7），用例的复杂度等级为中等，权重为 10；用例事务数大于 7，用例的复杂度等级为复杂，权重为 15。计算未调整用例数（Unadjusted Use Case Weight，UUCW），就是指将每一个等级的用例汇总，并乘以对应的等级权重，最终求和。

计算未调整用例点数

将 UAW 和 UUCW 相加得出未调整用例点（Unadjusted Use Case Point，UUCP）。

使用调整因子调整 UUCP

使用技术复杂度因子（Technical Complex Factor，TCF）和环境复杂度因子（Environment Complexity Factor，ECF）调整 UUCP，得到 UCP（Use Case Point）。根据项目的复杂度不同，可以将 TCF 和 ECF 中每项因子赋予 0~5 的任意值。任一因子被赋予的分值越高，表明该因子对项目的影响越大或关联性越强。

9. 代码行法

代码行法适用于项目各个阶段，是一种开发者视角的度量方法，基于过去类似产品的开发经验和历史数据，使用代码行作为度量单位，可事前估算出目标软件项目的规模；当然，事后也能直接得到实际产出的代码行数，用于表征软件规模。代码行数可与每千行代码成本相乘，估算出软件项目开发成本；或者根据代码行数推算工作量，再乘以人工费率，进而计算出软件项目成本。总体而言，代码行估算法是一种直观的软件规模估算方法，易于项目干系人理解，但其估算结果的信度与效度均不尽如人意，也不利于引导开发人员交付简洁易懂的代码。

由于软件编程语言众多，研发一款软件可能会使用多种编程语言，为了使不同语言的代码行数具有可比性、能够进行汇总，需要将这些编码语言的代码行数标准化。也就是说，把不同编程语言的代码行数换算成统一标准的代码行数。主要编程语言的换算系数如表 7-1 所示。

表 7-1　各编程语言折算率（以 C 语言为基准）

编程语言	折算系数
Config	0.07
Shell, XML, Make	0.12
Perl	0.16
CSS	0.18
Basic, HTML, JavaScript, json, JSP, SQL, Vue, 存储过程	0.23
PHP	0.25
Python	0.35
Go, JAVA, Lua	0.41
C++	0.42
C#	0.43
Ruby	0.5
Objective-C, Systemverilog	0.54
Flex	0.6
C, COM 批处理	1
FPL	10

注：此表仅供参考，具体系数需要根据研发项目组的实际情况来确定。

软件开发是一种智力型活动，若主要依赖编写代码行数的多少来评价工程师是否合格，将过于偏颇。以某公司基于代码行数考核工程师所引发的民事赔偿案件为例：

中某公司认为算法工程师李某某的编程能力不足，理由之一是代码写得太少。公司认为"一般工程师每天完成的代码量是 100～200 行，李某某作为公司聘用的富有经验的软件算法工程师，起码应该达到中位水平，即 150 行/天"，李某某日均写 7 行代码，未达到正常工程师的水准，最终公司将其辞退。法院对公司提供的《李某某试用期工作量及工作质量评估》评测内容不予采信，判定该公司应支付李某某离职赔偿金。（裁判文书案号：(2021) 京 02 民终 15534 号）

10. 代码当量法

代码当量是近年由思码逸提出的一种软件规模度量单位，它的计算对象是抽象语法树（Abstract Syntax Tree，AST）。代码当量法属于事后评估方法，一般用于项目实施过程中，对已编写代码的规模进行计算。相比代码行数，代码当量能反映出不同性质代码的规模，并且对简单的代码格式修改和代码块移动不敏感，相较代码行数而言，可以更客观地反映编码人员的工作产出。

代码当量的计算步骤如下：

（1）分别将修改前的代码和修改后的代码解析为抽象语法树。

（2）使用 tree diff 算法计算，将修改前的抽象语法树转换成修改后的抽象语法树的编辑脚本。编辑脚本里包括四种对树的编辑操作：插入、删除、移动、更新。

（3）对于被编辑的抽象语法树节点，根据它的节点类型和编辑操作类型，分别进行加权计算。

（4）最后，对所有被编辑的节点的加权结果进行求和，即为这次修改的代码当量。

11. COCOMO 模型法

COCOMO 是"COnstructive COst MOdel"的缩写，即构造性成本估算模型。它是一个综合了诸多因素、比较全面的经验估算模型，模型中的参数取值来自经验值，可用于事前评估软件开发项目的工作量，主要适用于项目前中期。

该模型按其详细程度可以分为三级：基本 COCOMO 模型、中间 COCOMO 模型和详细 COCOMO 模型。其中，基本 COCOMO 模型是一个静态单变量模型，它使用经验函数计算软件开发工作量，自变量为估算出来的软件规模（对象点数、功能点数、代码行数）；中间 COCOMO 模型在基本 COCOMO 模型的基础上，再用涉及产品、硬件、人员、项目等方面的影响因素调整对工作量的估算；详细 COCOMO 模型包括中间 COCOMO 模型的所有特性，还进一步考虑了软件工程中每个步骤（如分析、设计）的影响。该方法在欧盟国家应用较为广泛，我国由于没有积累足够的软件工程数据，并未大范围使用。

12. 功能点法

功能点法适用于项目各个阶段，从用户视角，使用功能点（Function Point，FP）作为度量单位，主要用于事前评估软件项目开发规模；若用于项目后评估，则要基于详细的需求规格说明材料来对软件规模开展事后评估。前文所述的度量方法均是非标准化的方法，只有功能点法是标准化的方法[63]，它的度量结果更加客观、公正和有效。该方法适用于以数据和交互处理为中心、以功能多少为主要造价制约因素的软件，如电子政务系统、银行/电信的用户和业务管理系统、办公自动化、ERP、信息管理系统；它不适用于包含大量复杂算法或创意软件或以非功能性需求为主的软件，如视频和图像处理软件、杀毒软件、网络游戏、性能优化任务、界面美化等软件项目。

功能点法在软件行业的实践应用已超 30 年，是国际上使用极为广泛且体系成熟的度量方法。具体而言，它的优点在于：

（1）易理解：从用户的角度来估算软件工作量。

（2）可通用：估算方法与开发语言无关，和系统的功能相关。

（3）客观性：基于应用软件的外部、内部特性以及软件性能的分析。

（4）可验证：与参与评估人的关联性不大，通过计算公式计算。

国际标准化组织发布了 ISO/IEC 14143 系列标准，对功能点法的使用作出了指引，具体标准如图 7-3 所示。

对于具体的功能点估算方法，国际标准化组织分别发布了 5 种标准，分别是

COSMIC、IFPUG、MkII、NESMA 和 FisMA，具体如图 7-4 所示。

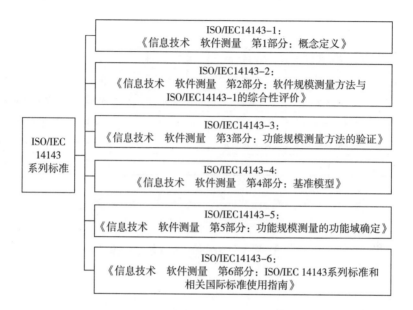

图 7-3 ISO/IEC 14143 系列标准

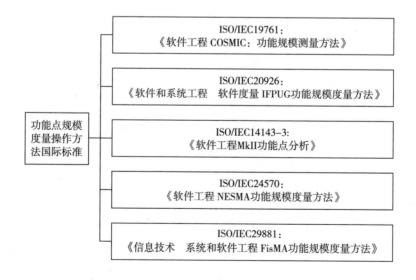

图 7-4 具体功能点估算方法的国际标准

在使用功能点方法的全球企业中，应用 IFPUG、NESMA 的企业数量占比达90%以上。各类方法的特性对比如表 7-2 所示。

表 7-2 各类功能点法的特性对比

名称	应用领域	方法易用性	用户广泛性	可靠性	综合评价
IFPUG	★★★★	★★★	★★★★★	★★★	★★★★
MkII	★★	★★	★★	★★★★★	★★
COSMIC	★★★★★	★★★★	★★★	★★	★★★
NESMA	★★★★	★★★★★	★★★★	★★★★	★★★★★
FisMA	★★★★	★	★	★★★★	★★

第3节 功能点法详述

目前已有五种功能点法发布了国际标准，它们分别是 IFPUG、COSMIC、MkII、NESMA 和 FisMA，这些方法的基本信息如表 7-3 所示。

表 7-3 各类功能点法的基本信息

名称	度量角度	基本组件	子方法	组件类型	权重	调整因子	适用领域
IFPUG	终端用户	系统组件	无	内部逻辑文件 ILF 外部接口文件 EIF 外部输入 EI 外部输出 EO 外部查询 EQ	由复杂度决定	14 个	管理信息系统
COSMIC	终端用户、开发者	功能过程	无	输入 Entry 输出 Exit 读 Read 写 Write	1 1 1 1	无	管理信息系统、实时系统、商业应用软件等
MkII	终端用户	逻辑事务	无	输入 Input 处理 Processing 输出 Output	0.58 1.66 0.26	19 个	管理信息系统、实时系统等

续表

名称	度量角度	基本组件	子方法	组件类型	权重	调整因子	适用领域
NESMA	终端用户	系统组件	指示功能点法	内部逻辑文件 ILF	35	14 个	管理信息系统、商务应用软件（如银行、财务、保险、采购等领域的信息系统）
				外部逻辑文件 ELF	15		
			估算功能点法	内部逻辑文件 ILF	10		
				外部逻辑文件 ELF	7		
				外部输入 EI	4		
				外部输出 EO	5		
				外部查询 EQ	4		
			详细功能点法	内部逻辑文件 ILF	由复杂度决定		
				外部逻辑文件 ELF			
				外部输入 EI			
				外部输出 EO			
				外部查询 EQ			
FisMA	开发者	功能模块	无	最终用户互动导航与查询服务 q	细分为 28 个子类，度量公式各不相同	无	所有类型软件
				最终用户互动输入服务 i			
				最终用户非互动输出服务 o			
				提供给其他应用的接口服务 t			
				接收其他应用的接口服务 f			
				数据存储服务 d			
				算法与操纵服务 a			

在所有软件规模评估方法中，虽然功能点法是唯一的标准化方法，但其过高的度量成本——过多的人力投入和过长的评估耗时——阻碍了该方法在企业中的大规模推广。为此，NESMA 提供了变通的解法——三种不同度量精度的子方法，其中两种子方法比其他功能点法更加方便、快捷，克服了度量成本上的不足，更适合软件项目早、中期的范围/规模/工作量/成本度量。因此，NESMA 是我国软件业协会重点推广的一种功能点法。

度量速度方面，以熟练的度量人员为例，NESMA 的度量速度为：指示功能点法 1000 功能点/人天；估算功能点法 500 功能点/人天；详细功能点法 200 功能点/人天。IFPUG 只能达到详细功能点法的估算速度。度量精度方面，NESMA 中指示功能点法的规模度量结果偏差为 50%，估算功能点法的偏差为 15%，详细功能点法的偏差在 5% 左右。

一言以蔽之，NESMA 在度量的速度与精度上，提供了更为多样化的组合，使用者可以根据需要，选择侧重度量速度还是度量精度。该功能点法适用于软件项目预算、招标、投标、项目计划、变更管理、结算、决算以及项目后评估八类场景。此外，国内也有相应的智能化软件造价工具，用于加快软件规模的度量速度，如中通服软件科技有限公司的嘉量云。下面以 NESMA 为例，详述功能点法的度量过程。

1. 基本概念

用户需求

在功能点法的视角下，用户需求可分为功能性需求与非功能性需求，功能性需求要求软件能够"做什么"，非功能性需求要求软件"怎么去做"，如质量约束（可用性、可靠性、有效性和可移植性等）和组织约束（操作位置、目标硬件和符合标准规定等）、环境约束（互用性①、安全性和保密性等）和实现约束（开发语言、交付进度等）。图 7-5 展示了用户需求的总体分类。

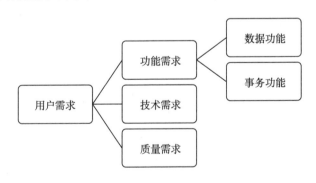

图 7-5　用户需求分类

---

① 互用性：互操作性，是指不同的计算机系统、网络、操作系统和应用程序一起工作并共享信息。

数据功能和事务功能

由前文可知，功能需求可划分为数据功能和事务功能两类。数据功能是指系统提供给用户的、满足产品内部和外部数据需求的功能，体现了软件管理或使用了哪些业务数据/业务对象，例如，人事管理系统中的人员信息、部门信息、薪资信息、岗位信息等都是数据功能。

事务功能是指软件提供给用户的处理数据的功能，体现软件如何处理和使用业务数据/业务对象。事务功能又称为基本过程，是用户可识别的、业务上的一组操作，例如，人事管理系统中的增加人员信息、修改部门信息、查询在岗人员、删除岗位等都是事务功能。

逻辑文件

在 NESMA 中，数据功能可进一步划分为内部逻辑文件（Internal Logical Files，ILF）和外部逻辑文件（External Logical Files，ELF）。这种逻辑文件是指用户能够识别的、逻辑相关的数据或控制信息，它是由用户角度而非技术角度所识别得到的，不是数据库文件，也不是物理文件，它由至少一个符合第三范式的数据模型的实体组成。逻辑文件中的"文件"不是传统数据处理意义上的文件，而是指一组用户可识别的、逻辑上相互关联的数据或者控制信息，这些文件和物理上的数据集合（如数据库表）没有必然的对应关系。用户能够识别指的是对数据组的需求的状态是被用户认可，并且用户和软件开发人员都可以理解；控制信息指的是影响被分析应用的基本处理的信息，它规定了何时、怎样对什么信息进行处理。

内部逻辑文件是指一组用户能够识别的、存在内在逻辑关联的数据或者控制信息，这些数据或信息是在软件边界之内被控制的。内部逻辑文件的主要目的是容纳一组在软件边界内、由一个或者一组基本处理来维护的数据，例如，研发管理平台的需求数据和任务数据都是内部逻辑文件。其中，基本处理，指的是对用户而言，有意义的、最小的功能活动单元；维护则是指通过基本处理对数据进行修改的能力。

外部逻辑文件是指用户可识别的、逻辑相关的数据组或控制信息组，它被软件边界内的应用所引用，但被软件边界外的应用维护，如研发管理平台使用到的 OA 系统中的员工数据。一个软件的外部逻辑文件必定是另一个软件的内部逻辑文件。

在识别逻辑文件过程中，经常会遇到模棱两可的情况，可参考"Software Engineering NESMA Functional Size Measurement Method Definitions and Counting Guidelines for the Application of Function Point Analysis"[64] 提供的识别原则与技巧，加快度量速度。

外部输入、输出和查询

NESMA 将事务功能划分为外部输入（External Input，EI）、外部输出（External Output，EO）和外部查询（External Query，EQ）三类。

外部输入是指处理来自软件边界之外的一组数据或者控制信息的基本过程，其目的是维护一个内部逻辑文件或者改变软件行为。

外部输出是指向软件边界之外发送数据或者控制信息的基本过程，其目的是向用户展示一组经过逻辑处理的（数据读取除外）数据或者控制信息。这里的逻辑处理包括至少一个数学演算或者生成衍生数据。外部输出也可能包括对内部逻辑文件的维护或者对系统行为的改变。

外部查询是指向软件边界之外发送数据或者控制信息的基本过程，其目的是向用户展示提取的数据或者控制信息。外部查询的逻辑处理里面不包含数学公式或者计算以及生成衍生数据。外部查询不维护内部逻辑文件，也不会引起系统行为的改变。

识别事务功能的原则与技巧，可参考"Software Engineering NESMA Functional Size Measurement Method Definitions and Counting Guidelines for the Application of Function Point Analysis"[64]，加快度量速度。

软件规模调整因子

在计算最终的软件规模时，可以使用规模调整因子（Change Factor，CF）乘以未调整的软件规模，对功能点数量进行调整[59]，得到调整后的功能规模。该因子不是 NESMA 要求使用的系数，可以根据需要使用。规模调整因子可以分为两类：规模变更因子和复用度调整系数。

（1）规模变更因子。

根据对项目需求变动幅度的预计变化，取值范围为 1~2。取值参考（根据实际情况进行调整）：①预算阶段取 2；②招标时取 1.5；③投标时取 1.26；④需求完全明确时取 1。

（2）复用度调整系数。

该系数在 0~1 取值，此外复用度调整系数也可取 1，当逻辑文件较少时可单独调整每个功能的复用度。取值参考（根据实际情况进行调整）：①新项目软件需重新开发时取 1；②在已有软件系统或功能模块的基础上进行优化或改造时取 2/3；③对于已有功能且无须调整的取 1/3。

工作量调整因子

为了使工作量更贴合实际，需要使用工作量调整因子乘以初始工作量，来对该工作量进行调整。工作量调整因子也不是 NESMA 要求使用的系数，可以根据需要使用[61]。工作量调整因子可分为业务领域调整因子、应用类型调整因子、质量特性调整因子、开发语言调整因子、开发团队调整因子五类①。

（1）业务领域调整因子。

软件的业务领域划分为政府、信息技术和电信行业、金融行业以及其他行业四类，各领域调整系数如表 7-4 所示。

表 7-4　业务领域调整因子

软件业务领域	调整系数
政府（含公共管理和社会组织）	0.93
信息技术和电信行业	1.02
金融行业	2.62
其他行业	1.00

---

①　在 NESMA 中，非功能性需求通常是通过各类调整因子的取值来体现的，不同干系方对各类调整因子的理解不同，导致对取值存在疑义是比较常见的事情；项目需求中存在不同应用类型模块的研发时，可以拆分模块分别估算。

（2）应用类型调整因子。

软件的应用类型分为业务处理、应用集成、科技、多媒体、智能信息、系统、通信控制、流程控制八个类别，每个类别所涵盖的具体系统及调整系数如表7-5所示。

表7-5 应用类型调整因子

软件应用类型	举例	调整系数
业务处理	OA办公系统、人事、会计、工资、销售及其他业务处理应用软件，也包括管理信息系统，如财务管理系统、人力资源管理系统、办公自动化软件、电子政务管理信息系统、政府门户网站、税务业务系统、银行业务系统、客户关系管理系统	1
应用集成	企业服务总线、应用集成软件	1.2
科技	科学计算、数据模拟等。如复杂算法实现、模型计算、模拟仿真计算等。例如：弹道算法软件、洪水/地震预测系统、航空航天飞行器模拟系统、气象模拟系统等	1.2
多媒体	图表、影像、声音等多媒体应用领域，教育和娱乐用等。如地理信息系统、流媒体播放软件、导航软件、娱乐多媒体系统等	1.3
智能信息	自然语言处理、人工智能、专家系统，如语音、语义的识别/解析/转换软件、语言翻译软件、人工智能系统、机器学习软件、专家决策支持系统（大数据）等	1.7
系统	操作系统、语言处理程序、数据库系统、CASE工具等。如操作系统软件、JAVA语言开发软件、Delphi语言开发软件、Oracle数据库软件、UML建模工具等	1.7
通信控制	通信协议、仿真、交换机软件、GPS等。只要涉及通信设备的软硬件底层开发均属于此类范畴，如程控交换机中间件系统、电信网管系统等	1.9
流程控制	生产管理、仪器控制、机器人控制、嵌入式软件等。只要涉及工业自动化与工业控制相关的软硬件集成与嵌入式软件开发均属于此类范畴，如发电生产系统、汽车组装系统、自动化工控系统、家用电器控制系统等	2

（3）质量特性调整因子。

根据软件在分布式处理、性能、可靠性、多重站点这四个维度的表现，确定相应的调整系数，得到：质量特性调整因子＝（分布式处理系数＋性能系数＋可靠性系数＋多重站点系数）×0.025＋1。各调整系数判断标准具体如表7-6所示。

（4）开发语言调整因子。

同一个功能，不同开发语言的实现速度是不同的，因此需要通过开发语言来调整因子调整工作量。各类语言的调整系数如表7-7所示。

表7-6 质量特性调整因子

调整因子		判断标准	调整系数
分布式处理	此应用能够在各组成要素之间传输数据	没有明示对分散处理的需求事项	−1
		通过网络进行客户端/服务器及网络基础应用分部处理和数据传输	0
		在多个服务器级处理器上同时相互执行应用中的处理功能	1
性能	用户对应答时间或处理率的需求水平	没有明示对性能的特别需求事项或活动，因此提供基本性能	−1
		应答时间或处理率对高峰时间或所有业务时间来说都很重要，存在对联动系统结束处理时间的限制	0
		为满足性能需求事项，要求设计阶段开始进行性能分析，或在设计—开发—实现阶段使用分析工具	1
可靠性	发生障碍时引起的影响程度	没有明示对可靠性的特别需求事项或活动，因此提供基本的可靠性	−1
		发生故障时可以轻易修复，带来稍微不便的损失	0
		发生故障时很难修复，发生经济损失或有生命危害	1
多重站点	开发能够支持不同硬件和软件环境的软件	在设计阶段只需考虑一个设置站点的需求事项，为了只在相同用途的硬件或软件环境下运行而设计	−1
		在设计阶段需要考虑一个以上设置站点的需求事项，为了用途类似的硬件或软件环境下运行而设计	0
		在设计阶段需要考虑一个以上设置站点的需求事项，为了在不同用途的硬件或软件环境下操作而设计	1

表7-7 开发语言调整因子

开发语言	影响度
C 及其他同级别语言/平台	1.5
JAVA、C++、C#及其他同级别语言/平台	1
PowerBuilder、ASP 及其他同级别语言/平台	0.6

（5）开发团队调整因子。

考虑到开发团队的经验积淀会明显影响软件工作量，例如，凭借团队丰富的经验，部分需求沟通工作会更加快速甚至被跳过，因此使用开发团队调整因子对软件工作量进行调整，调整系数如表7-8所示。

表7-8 开发团队调整因子

开发团队经验	影响度
为本行业开发过类似的项目	0.8
为其他行业开发过类似的项目，或为本行业开发过不同但相关的项目	1
没有同类项目的背景	1.2

2. 操作流程

在开始度量软件规模之前，应当根据度量目标及度量条件，选择相应的
NESMA子方法，例如，用于确定招标文件中的项目报价范围，此时软件需求往
往较为模糊，则应使用指示功能点法；再如，软件开发过程中发生了需求变更，
需要确定该变更对软件成本的影响，并且新需求已明确，此时则宜采用详细功能
点法。

确定具体的软件规模度量方法之后，需要对软件规模进行度量。具体步骤如
图7-6所示。

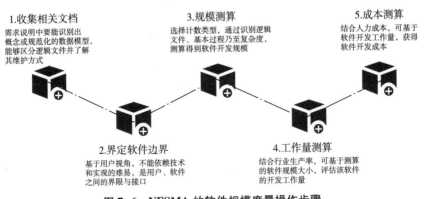

1.收集相关文档
需求说明中要能识别出
概念或规范化的数据模型，
能够区分逻辑文件并了解
其维护方式

3.规模测算
选择计数类型，通过识别逻辑
文件、基本过程乃至复杂度，
测算得到软件开发规模

5.成本测算
结合人力成本，可基于
软件开发工作量，获得
软件开发成本

2.界定软件边界
基于用户视角，不能依赖技术
和实现的难易，是用户、软件
之间的界限与接口

4.工作量测算
结合行业生产率，可基于测算
的软件规模大小，评估该软件
的开发工作量

图7-6 NESMA的软件规模度量操作步骤

收集相关文档

根据所处项目阶段不同，可获取的文档也不同。总体而言，有助于度量软件
规模的文档包括需求规格说明书、数据模型、对象模型、类图、数据流图、用
例、过程描述、调研访谈记录、各类视觉稿、报表口径文档、用户手册、用户指

南、帮助文档，以及其他有助于度量人员理解软件功能的文档。在项目早期，必然缺少内容较为细致的需求规格说明书，一般只有模糊、大概的初始需求描述，甚至这可能是软件规模度量唯一可用的文档。此时，只能对软件规模进行估算，虽然这种估算是非常粗略的，但对项目早期的计划与管理用处很大。

界定软件边界

软件边界是指软件和用户之间概念上的分界，此处的用户不仅指操作软件的人，还包括和软件有交互的其他软硬件。由于内部逻辑文件、外部逻辑文件、外部输入、外部输出和外部查询的判定直接受到软件边界的影响，因此软件边界的界定至关重要。

软件边界的界定原则有：

（1）被划定在边界内的软件应该组成一个独立的整体，最大限度地独立于其他软件运行。

（2）确定所有者和主要用户。如果存在几个不同的所有者和主要用户，通常说明此时不止存在一个软件。

（3）从用户的角度来看待软件，边界必须是用户能够理解和描述的，用户其实只能看到整个软件的一部分而已。基于此目的，可以使用那些对软件的外在表现进行描述和定义的规格说明。

（4）软件之间的边界是由用户看到的不同功能区域来划分的，而不是出于技术的考虑。例如，C/S 结构的系统，不应因其技术实现上为客户端和服务器端，就在客户端和服务器端之间划分一条边界，而应按照其所要实现的功能来划分。

（5）应用之间初始的边界不会因为功能点分析而改变。

基于上述界定原则，如下技巧有助于读者更快地划出软件边界：

√使用系统的客户需求或者获得一个系统的流程图，在系统的周围画一个"圈"，以此区别系统内部和外部。

√查看数据的维护方式。

√查看其他数据，如成本、人力资源、功能缺陷等。功能点分析中的应用范围应该和其他度量数据的应用范围是一致的。

规模测算

软件规模测算阶段可细分为选择计数类型、度量数据功能和事务功能、软件规模调整三个子阶段。

选择计数类型

根据软件规模度量目的，功能点的度量可分为三种类型，即开发项目功能点计数、升级项目功能点计数和应用软件功能点计数。计数类型直接决定了后续度量得到的功能点数要如何聚合为软件规模。

（1）开发项目功能点计数。

开发项目是开发并交付软件的第一个正式版本的项目。该类型下的度量是对软件第一个正式版本中提供给用户的功能点进行度量，最终得到开发项目的规模。由于是 0 到 1 的场景，所以开发项目规模＝全新功能的 FP。

（2）升级项目功能点计数。

升级项目是开发并交付适应维护的软件项目。适应维护是软件产品交付后为使其适应变化的环境而进行的修改。该类型下的度量是对已安装软件的规模修改（添加、修改和删除的用户功能）进行的度量，最终得到升级项目的规模。这是 1 到 N 的场景，升级项目规模＝被删除功能的 FP＋修改后新功能的 FP＋全新功能的 FP。

（3）应用软件功能点计数。

应用软件由一个或多个组件、模块、子系统组成，它可能由一个或多个项目实现。该类型下的度量是对一个软件当前提供给用户的功能点进行度量，最终得到应用的功能规模。在该场景下，应用软件规模＝软件修改前的 FP＋被删除功能的 FP＋全新功能的 FP＋修改后新功能的 FP－修改前旧功能的 FP。

度量数据功能和事务功能

首先，识别数据功能；其次，把每个数据功能分类为内部逻辑文件或外部逻辑文件；最后，若是详细功能点法，则需要进一步判断逻辑文件的复杂度。

如果采用的是估算功能点法或详细功能点法，则需要继续度量事务功能。首先，识别软件的每个基本过程；其次，复核基本过程的唯一性；再次，将基本过程分类为外部输入、外部输出、外部查询；最后，若是详细功能点法，还需要确定每个基本过程的复杂度。

软件规模调整

根据选择的计数类型，计算第二个阶段度量得到的功能点，即未调整的软件规模。对于多参数模型，调参是必需的步骤。通过未调整的软件规模×软件规模调整因子，可以得到调整后的软件规模，该数值更加贴合实际。

工作量测算

在度量得到软件规模之后，通过软件规模×基准生产率[①]得到未调整的软件工作量，再将未调整的软件工作量×工作量调整因子，可以得到最终的软件工作量。

成本测算

中国电子技术标准化研究院每年发布的《中国软件行业基准数据》提供了国内主要城市的人力成本费率，通过"计算调整后的工作量×人力费率+预估/实际的直接非人力成本"，即可得到软件成本。

直接非人力成本，可按办公费、差旅费、培训费、业务费、采购费和其他费用六类分别估算，具体如表7-9所示。

表7-9　直接非人力成本估算表

分项	金额（元）	备注	说明
办公费			开发方为研发此项目而产生的行政办公费用，如办公用品、通信、邮寄、印刷、会议等费用。 示例1：项目成员因项目加班而产生的餐费宜计入直接非人力成本中的办公费；项目成员的工作午餐费宜计入直接人力成本。 示例2：项目组因封闭式开发工作而租用会议室所产生的费用宜计入直接非人力成本中的办公费；研发部因例会而租用会议室所产生的费用宜按照间接非人力成本分摊
差旅费			开发方为研发此项目所产生的差旅费用，如交通费、住宿费、差旅补贴等

---

　① 基准生产率可查阅每年的《中国软件行业基准数据》，这是目前在实际软件成本评估工作中被使用次数最多、被广为认可的基准数据。一般取基准数据的中位数作为度量值的最可能数值。

续表

分项	金额（元）	备注	说明
培训费			开发方为研发此项目而安排的特别培训所产生的费用
业务费			开发方为完成此项目研发工作所需的辅助活动而产生的费用，如招待费、评审费、验收费等
采购费			开发方为研发此项目而需采购专用资产或服务的费用，如专用设备费、专用软件费、技术协作费、专利费等 示例：为项目采购专用测试软件的成本宜计入直接非人力成本中的采购费；日常办公用软件的成本宜计入间接费人力成本进行分摊
其他费用			未在以上项目列出但确系开发方为研发此项目所花费的费用
合计		估算责任人： 估算日期：　年　月　日	

最终结果展示

上述测算流程中度量得到的规模与成本数据，可填入如表7-10所示的样表中，以便其他专家复核并确定最终成本。

表7-10　软件开发成本度量结果示例（指示功能点法）

项目名称		×××软件
ILF 数量		6
ELF 数量		1
1. 未调整功能点数 UFP（功能点）		**225**
经过复用调整后的功能点数 US（功能点）		225
规模变更因子 CF		1
2. 调整后的功能点数 S（功能点）	S＝UFP×CF（不调整复用度）	225
	S＝US×CF（调整复用度）	**225**
基准数据（生产率）（人时/功能点）	P25	3.21
	P50	6.16
	P75	12.14
3. 未调整的工作量 UE（人时） **计算公式：UE＝PDR×S**	下限	722.25
	最有可能	**1386**
	上限	2731.5

续表

工作量调整系数	业务领域调整因子 BD	1.00
	应用类型调整因子 AT	1
	质量特性调整因子 QR	0.9
	开发语言调整因子 SL	1
	开发团队背景调整因子 DT	0.8
4. 调整后的工作量 AE（人时）计算公式： **AE＝UE×SWF×RDF；** 其中 SWF＝BD×AT×QR，RDF＝SL×DT	下限（人时）	520.02
	最有可能（人时）	**997.92**
	上限（人时）	1966.68
人月折算系数 HM（人时/人月）		176
最有可能工作量（人月）		6
平均人力成本费率（含直接人力成本和间接成本＋开发方毛利润）F（万元/人月）		2.8
直接人力成本、间接成本与毛利润之和 HRC（万元）计算公式：HRC＝（AE/HM×F）	下限（万元）	8.27
	最有可能（万元）	15.88
	上限（万元）	31.29
直接非人力成本合计 DNC（万元）		0
5. 软件研发成本 SDC（万元） **计算公式：SDC＝HRC＋DNC**	下限（万元）	8.27
	最有可能（万元）	**15.88**
	上限（万元）	31.29
6. 最终费用 T 与功能点单价 P **计算公式：P＝SDC/S**	**最终费用（万元）**	**15.88**
	功能点单价（万元/功能点）	**0.07**
估算责任人：		××××
估算日期：		202×年××月××日

第 4 节　常用范围与成本指标

软件项目范围是对项目内容的定性描述，需要通过软件规模将范围大小进行量化，如项目 A 包含 90 个需求，共计 890 个功能点，本次项目范围变更新增了 15 个用例点，在这个例子中分别使用了需求数、功能点和用例点三种软件规模的度量单位，都是对软件范围大小的定量表述。

对于软件规模的度量，前文已介绍了诸多方法，然而每一种方法得到的结果都会与实际情况存在偏差。因此，读者若要在日常工作中了解相对真实的情况，不能局限于一种方法所生成的指标，需要配合同向指标一起查看，例如，需求数、任务数、代码行数、实际投入工时通常是共同增长的。

本节主要介绍能够系统采集、可日常度量的软件范围和成本类指标。读者需要注意的是，同一个指标在不同视角、场景下，可用于反映项目中不同领域的情况，例如，软件开发生产率既可用于成本域，还可用于价值域。因此，读者需要结合实际度量场景，灵活地运用度量指标。

1. 范围类指标

计划软件规模

（1）统计口径。

基于需求说明材料，评估出统计周期内计划实现的软件规模。

（2）统计说明。

不同的软件规模度量单位需要使用对应的方法评估。对于暂时无法采集软件规模数据的组织，可用需求数、任务数做代理指标。

该指标主要是用于事前评估软件的规模，既可用作立项、招投标决策、资源安排、计划拟定的参考，也可用作软件范围变更的基线，同时还是燃尽图起点的软件规模值。当然，该指标也可用于事后评估，即开展项目复盘，根据详细设计方案评估实际软件规模，从而积累历史数据，以作未来项目规划时的参考之用。

软件范围作为计划实现的软件规模，可根据项目、需求乃至任务的来源、类型以及其他属性进行拆解分析，如 A 模块计划规模 1500 功能点、B 模块计划规模 2000 功能点；也可与其他指标组合为复合指标，如需求完成率、迭代完成进度、挣值分析中的进度偏差（SV）和进度执行指标（SPI）等。若将软件规模分解至个人或更小的团队，则可知晓他们未来的工作负荷，并可据此绘制资源日历。

（3）指标示例。

例如，计划完成功能点数、计划完成故事点数、计划完成用例点数、计划完成代码行数（慎用）。

其他规模类指标

（1）统计口径。

度量对象的规模大小。

（2）统计说明。

在软件研发项目实施过程中，还可能会度量其他对象的规模大小。度量对象不同，其规模单位也就不一样，例如：需求评审规模和设计评审规模，可能会以文档页数来反映；测试评审规模，可能以测试用例数作为代理指标；服务支持工作规模，可能以事件数作为规模的代理指标。

范围变更率

（1）统计口径。

范围变更率=（新增需求的规模×加权值+修改需求的规模×加权值+删除需求的规模×加权值）/变更前的软件规模

（2）统计说明。

针对规模的度量单位，可根据实际情况选择代码行数、用例点数、对象点数、故事点数或功能点数。不同的度量单位需要使用对应的方法评估。无法获取上述数据的可使用需求数作为代理指标。范围变化率通常要和新增规模、修改规模、删除规模以及相应的工作量变化等指标一并使用。

由于敏捷管理的核心价值观之一是应对变化高于遵循计划，因此在该管理理念下，需求变更率的重要性，相较于它在"瀑布式"项目管理的重要性更低。该指标可用于事前决策、事中追踪和事后复盘。不同软件研发项目对范围增加、替换和删除的容忍度可能不一样，可以通过加权值进行调节。

（3）类似指标。

类似的指标包括新增软件规模占比、修改需求规模占比、删除规模占比。

2. 软件成本类指标

因为核（估）算软件研发项目的所有成本比较困难，因此使用经过估算的研发人力投入来代替。下面介绍的理想人天和预计投入工时数均为预估软件成本的代理指标，实际投入工时数是实际软件成本的代理指标，都能在一定程度上反映项目的成本水平。

理想人天

（1）统计口径。

基于需求说明材料，使用理想人天法估算出理想人天数。

（2）统计说明。

该指标主要用于事前评估软件工作量，以便拟定后续资源与计划，绘制 PERT 图或甘特图；也可用于事后评估，开展项目复盘，积累数据，以作未来项目参考之用。在实际工作中，往往需要对人月、人天和工时进行转换，业界一般取 1 人月 = 21.75 人天，1 人天 = 8 人时进行换算[65]。

预计投入工时数

（1）统计口径。

基于过往经验直接估计需要投入的工时数量。

（2）统计说明。

工时又称"人时"。预计投入工时数据通常在实际执行前，由工程师填报在需求或任务信息中。若该指标是基于这些需求/任务的要求完成时间进行统计的，则其可用于反映研发人员及团队在统计周期内的工作负荷情况，以及这部分工作可能需要的工期，有利于人力资源的负载均衡。该指标也可与实际投入工时配合使用，开展挣值分析。

若将预计投入工时与需求/任务类型或者模块等其他相关属性结合，可对预计工时进行拆解分析，了解未来一段时间的工作重点（如需求分析、概要设计、详细设计、编码、测试、验收等），从而更合理地调配不同类型的人力资源。使用帕累托图展示，则更为直观。

（3）类似指标。

类似的指标还包括预计所需天数。

实际投入工时数

（1）统计口径。

统计周期内，实际投入的工时数量。

（2）统计说明。

由于软件研发的所有成本数据很难估算，该指标可作为度量软件研发成本的日常代理指标。基于需求/任务的要求完成日期统计时，该指标可与预计投入工时配合使用，评估当前项目进度；基于需求/任务的实际完成日期统计时，该指标反映的是已完成软件规模的投入工时，可用于预估后续需求所需工期；基于工时填报日期统计时，不对需求/任务是否完成作判断，直接加总实际投入工时，反映的是统计周期内团队成员实际投入的工时数量（前提是团队成员按天填报投入工时）。

若配合需求/任务类型对投入工时进行拆解分析，则可了解过去一段时间的工作重点在什么方面，使用帕累托图展示，则更为直观。统计过程中，需结合统计目的，决定统计该指标时是否纳入已作废需求/任务的工时，若从价值交付角度来看，这部分工时无须统计，其他场景下则建议纳入统计。作废工作已投入工作量，可以和修复缺陷产生的返工工作量一并统计为非必需、可避免的工作量。

（3）类似指标。

类似的指标还包括实际消耗人天。

项目预计成本

（1）统计口径。

软件研发项目的预估成本。

（2）统计说明。

该指标可使用前文介绍的评估方法进行成本估算，作为项目成本管理的基线。

项目实际成本

（1）统计口径。

软件研发项目的实际成本。

（2）统计说明。

项目实际成本宜直接用货币度量，通过财务数据计算得到，这就要求财务部门做好业财一致性工作，能够准确归集成本。将成本数据与对应已实现的软件规模数据结合，开展挣值分析；也可与时间轴结合，用于分析成本支出趋势；或者与成本项结合，用于拆解分析成本的组成结构，从中寻找可能的节约项。

成本偏差率

（1）统计口径。

成本偏差率=（项目实际成本−项目预计成本）/项目预计成本×100%

（2）统计说明。

该指标反映项目成本管控水平，若数值为负，说明项目成本得到有效控制；若数值为正，说明项目超支，绝对值越大超支越多。若无法获取成本数据，可用工作量作为代理指标。

第 8 章

质量域评估

产品质量是生产出来的，不是检验出来的。

——William Edwards Deming

第 1 节 软件项目质量概述

1. 质量的定义

根据国家标准 GB/T19000—2016《质量管理体系 基础和术语》，质量是指客体（产品、服务、人员、组织、体系、资源、过程）的一组固有特性（物理的、感官的、行为的、时间的、人因与工效学的、功能的特征）满足要求（明确或隐含）的程度。其中，项目即一种客体，属于过程的子类。软件项目的质量，广义上包括产品质量和过程质量：产品质量是指软件产品满足明确或隐含要求的能力；过程质量则是产品质量的保证，反映了项目范围内与产品质量直接相关的一系列活动及其在制品质量对产品质量的保证程度[4]。

2. 软件项目质量类别

若进一步细分，软件项目的质量可分为过程质量、内部质量、外部质量和使用质量。过程质量是指软件生命周期内任意环节、过程中的质量。内部质量是指代码、架构、组件等软件内部构成的质量，它反映的是团队是否正确地做事，即在需求正确的前提下，开发团队内部的设计、编码、测试是否达到其应有的质量，这种质量对使用软件的人来说是隐蔽的、不易感知的。提升内部质量有利于降低持续开发的成本，"技术债"描述的就是软件内部质量的不足，内部质量可通过 Sonar 扫描、Xray 扫描数据进行分析。外部质量是指软件和它的目标的匹配度，反映的是团队是否做正确的事，即软件多大程度地解决了客户的问题/满足了客户的需求。外部质量可通过功能测试来确认。使用质量是指实际用户使用后所感知到的质量，它涵盖外部质量没有考虑到的方面，或在同一个方面更高的质量要求。使用质量可通过用户满意度调查、用户软件使用行为数据分析来进行评估。

上述四类质量之间的影响路径如图 8-1 所示，改进过程质量有助于提高产品内外部质量；相应地，评价使用质量可以为改进产品内外部质量提供反馈，而评

161

价产品内外部质量则可以为改进过程提供反馈。

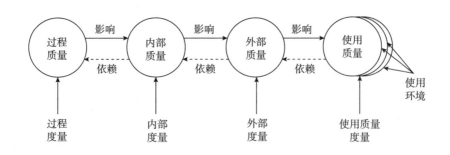

图 8-1 软件生命周期中的质量传递路径

资料来源：GB/T 25000. 10—2016《系统与软件工程 系统与软件质量要求和评价（SQuaRE）第 10 部分：系统与软件质量模型》。

3. 质量管理的原则

质量管理是通过质量计划、质量控制和质量改进实现既定质量目标的过程，质量管理是一项持续的活动，需要往复不断地执行以上过程，质量管理大师朱兰的"三步曲"很好地诠释了这些过程（如图 8-2 所示）。国家标准 GB/T 19000—2016《质量管理体系 基础和术语》总结了质量管理的七大原则，分别是以顾客为关注焦点、领导作用、全员积极参与、过程方法、持续改进、循证决策和关系管理，这些原则同样指引了软件项目质量度量工作的方向与重心。

以顾客为关注焦点

质量管理的核心是满足顾客要求并且努力超越顾客期望，无论是对组织还是项目而言，这都是成功的基础。因此在建立质量管理体系时，要识别直接顾客和间接顾客，理解他们当前的需求，将项目目标与之联系，主动管理客户关系。遵循该原则的收益有：提升顾客价值、提高顾客满意度、增进顾客忠诚度、增加重复性业务、提高声誉、拓展顾客群、增加收入和扩大市场份额。根据该原则，质量度量的重心应当是客户所感知到的质量情况，而非过程质量。

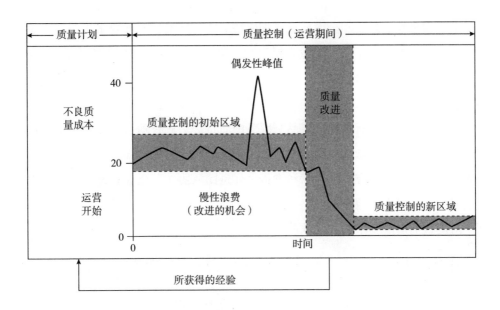

图 8-2　朱兰质量管理"三步曲"示意图

资料来源：Joseph M. Juran，Joseph A. De Feo. 朱兰质量手册：通向卓越绩效的全面指南（第 6 版）
［M］. 中国人民大学出版社，2013.

领导作用

各层级领导应该创造并保持一致的内部环境，在这个环境中，员工能够专注
于质量目标的实现。为此，各级领导应建立统一的宗旨和方向，创造全员积极参
与的氛围，提升团队效能。领导可采取的措施包括：①就项目愿景、目标、策略
和过程进行沟通，在团队内部建立并保持共同的价值观以及公平和道德的行为模
式，培育诚信和正直的组织文化；②鼓励在整个项目范围内履行对质量的承诺，
确保各级领导者成为榜样；③为员工提供履行职责所需的资源、培训和权限，激
发、鼓励和表彰员工的贡献等。因此，领导对质量度量工作的重视程度和关注方
向将直接影响度量活动。

全员积极参与

在 20 世纪，质量管理的发展依次经历了三个阶段，它们分别是质量检验阶

段、统计质量控制阶段和全面质量管理阶段。全面质量管理即要求组织以质量为中心，以全员参与为基础，通过满足客户、供应商、员工等利益相关方的需求，达到长期成功的一种管理途径。全员参与质量活动有助于形成共同的质量价值观和组织文化，提高个人主观能动性与创造力，提升员工的满意度。当然，全员参与最核心的作用还是有效提升产品与服务的质量。为此，项目团队需要增进成员对个人贡献重要性的认识。团队内部要提倡公开讨论，分享知识和经验，赞赏和表彰成员在质量提升方面的贡献和进步，促进团队协作。质量管理的全员参与需要质量信息在更大范围内传递，从而增强了项目团队对质量度量活动的依赖程度，对度量活动的要求也就水涨船高。

过程方法

"过程"是指通过资源的使用和管理，将输入转化为输出的一项或一组活动；"过程方法"则是指为了实现期望的结果，识别这些过程以及它们之间的关系，并对过程进行系统性管理。简言之，质量管理体系是由一系列活动组成的，将这些活动作为相互关联、功能连贯的过程来管理时，可以更加高效地实现预期的质量水平。

过程方法要求项目团队确定质量体系的目标和实现这些目标所需的过程，明确成员职责、权限和义务，清楚个别过程的变更对整个体系的影响，确保获得必要的信息，以运行和改进过程并监视、分析和评价整个体系的绩效，以实现对质量风险的有效管理。协调一致的过程体系能够获得相对稳定的质量结果，也能获得相关方的信任，有助于项目的成功。在项目度量体系中，过程为度量活动提供了分析脉络，过程中的各类活动都可以是度量的对象。

持续改进

改进对于组织积极应对内外部环境变化、寻求发展机会、保持高绩效水平是非常必要的。识别改进点的方法[9] 有：①度量分析；②过程评价；③标杆对比；④缺陷分析；⑤案例分析；⑥导入新标准；⑦征集改进建议；⑧裁剪分析。改进过程需要领导支持、全员参与，并通过培训为全员赋能，确保组织有能力落实改进措施。持续改进是组织永恒的话题，"逆水行舟，不进则退"，在此过程中，度量活动为改进提供了重要的监控信息，能够提升改进的效果和效率。

循证决策

决策是一个复杂的过程，并且总是包含某些不确定性因素。基于数据进行分析和评价的决策，更有可能实现期望的结果，这也是六西格玛管理理念所推崇的管理方式，即高度依赖度量数据，强调定量方法和工具的运用。为此，项目度量活动要结合决策场景，明确需要收集的数据、统计口径以及监测周期，确保决策人员能够获得完整的度量信息，并且这些信息是准确与及时的。当然，尽信"数"则不如无"数"，决策人员也需要有足够的数据甄别与分析能力，权衡数据、经验和直觉，做出合理的判断。

关系管理

项目组需要关注的不仅仅是客户，还应关注可能影响项目成功与否的干系人。这些干系人包括但不限于合作伙伴、供应商、投资人、员工和社会群众。为了项目的成功，团队需要积极管理干系人，对干系人按其重要性进行排序，建立平衡的长、短期利益的合作关系，与干系人及时共享信息、专业知识和资源。特别需要注意的是，项目组需要了解干系人所相信的关键成功要素是什么，当彼此达成广泛共识后，项目度量活动所传递的信息才能契合干系人的需求，进而赢得信任与支持，项目的成功也就更容易被定义和达成。

4. 质量成本

质量成本是指在质量管理过程中相关活动所产生的成本，可分为如下四类：预防成本、评估成本、内部失败成本和外部失败成本。其中，预防成本和评估成本是为了满足质量要求所付出的成本；内部失败成本和外部失败成本是项目成果不满足质量要求时所产生的成本[1]。在软件研发项目管理过程中，质量成本是值得度量与分析的对象。

预防成本

预防成本是为了防止产品出现缺陷和失败所产生的成本，它们与质量管理体系的设计、实施和维护活动相关，包括制定代码规范、制定制品管理规范、制订质量管理和检查计划、建立质量保证流程、开展研发培训、降低代码复杂度、建立有效的沟通对话流程与机制、开展迭代回顾会等。预防工作是为了追求适当的质量，过高的质量将显著影响软件产能、响应速度、预防成本[66]。预防成本通常较难度量，除非对这些活动建立了线上任务，相应成员如实填报工时，继而基于投入工作量估算预防成本；但该措施对原本的软件开发流程侵入性太大，会引起这些人员的反感，度量收益往往无法覆盖度量成本，应谨慎实施。

评估成本

评估成本是评估项目成果满足质量要求的程度时所产生的成本，此类成本与质量监测活动相关，包括但不限于开展需求评审、Sonar 代码质量扫描、开发人员自测活动、代码评审、测试人员手工测试活动、自动化测试、质量审计、软件外包服务商评级。对于缺少自动化度量手段或对原有软件开发流程侵入性太大的度量活动，不建议频繁开展。

内部失败成本

内部失败成本是客户收到产品之前，纠正缺陷时所产生的成本，当项目成果未达到质量要求时就会产生这些成本，如因沟通问题导致软件功能不符合需求、因代码问题导致软件功能无法正常运行、因能力不足导致软件性能太差等缺陷分析与修复活动所产生的成本。此外，若内部失败过于频繁，如开发人员提测功能的缺陷数量太多，会对团队士气、内部信任、协作水平产生负面影响，进而产生隐性成本，这也是内部失败成本要关注的方面。对缺陷的分析与修复活动所产生的成本进行度量，是内部失败成本度量的主要"阵地"，通常基于相关人员投入工时进行统计。内部失败产生的隐性成本，度量难度很高，往往无法量化，不是日常度量工作所关注的内容。

外部失败成本

外部失败成本是将软件交付给客户后，发生软件缺陷时所产生的成本，它和内部失败成本一样，与补救工作相关。该成本包括分析和修复缺陷的成本、影响公司与产品声誉的成本、处理客户投诉的成本、赔偿客户损失的成本等。从上述枚举的成本项可以看出，外部失败成本明显高于内部失败成本。图 8-3 展示了大部分软件研发过程中，缺陷的引入数量、发现数量以及失败成本在各阶段分布的情况。从图 8-3 可看出，大量的缺陷引入产生于需求分析和编码阶段，缺陷发现阶段主要集中在测试阶段，进而导致失败成本较高。因此，各类质量管理理论都在倡导软件研发质量前移、测试前移以降低失败成本。由于外部失败成本的成分较为复杂且隐匿性较高，开展量化度量的难度很大。

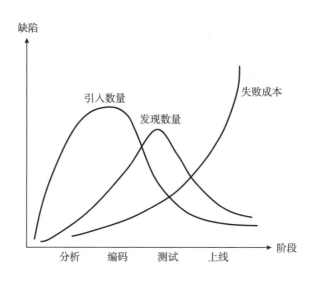

图 8-3　软件缺陷引入、发现和失败成本示意图

第 2 节　软件产品质量评估模型

上节内容提到，软件项目质量包括产品质量和过程质量，本节主要介绍软件

产品质量的评估模型，此类模型是为评价软件产品质量提供一种框架而定义的特性及其关系的集合。数十年来，软件行业诞生了大量的软件产品质量评估模型与标准，如 McCall 模型、Boehm 模型、Perry 模型、Dromey 模型、SSC 软件质量度量模型、FURPS 模型、QualOSS 模型、Glibb 模型[67] 等。这些质量模型总体可分为基于经验和基于构建两大类：基于经验的质量模型，是根据实践经验总结，使用典型的质量因素来构建多层的质量模型；基于构建的质量模型，是通过质量属性之间的关系和质量属性分析活动来构建质量模型。软件质量评估模型分类体系可参见图 8-4。

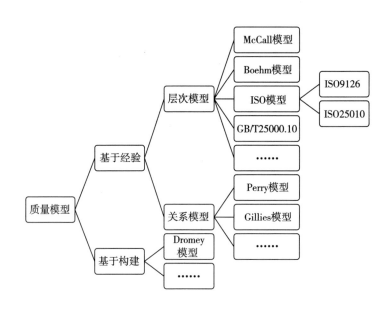

图 8-4　软件质量评估模型分类体系

　　基于经验的质量模型可进一步划分为层次模型和关系模型，其中层次模型是根据评估内容的抽象程度，将模型划分为多个层级，层级越低，度量内容越具体，关系模型则是根据质量要素之间的正向、反向及中立的关系来构建模型。若软件在质量要素 A 有较高的质量时，通常它在质量要素 B 也会有较高的质量，那么 A 和 B 有正向关系，如易维护性和易复用性；若软件在质量要素 C 有较高的质量，往往导致它在质量要素 D 会有较低的质量，那么 C 和 D 有反向关系，如易移植性与有效性；中立的关系是指质量要素之间不相互依赖或影响，如有效性和正确性。

下面介绍 5 个具有代表性的软件产品质量模型，分别是 McCall 质量模型、Boehm 质量模型、ISO/IEC 25010 质量模型、Perry 质量模型和 Dromey 质量模型。值得注意的是，这些模型均包含主观判断的指标，无法通过系统自动采集数据来实现，需要评估专家及相关干系人额外投入较多的精力参与其中，因此度量成本是比较大的，在使用前务必做好可行性评估，即便是要实施，也要根据利益相关方的目标，对模型进行剪裁，评估那些最重要的质量特性和子特性，避免资源的浪费。

1. McCall 质量模型

McCall 质量模型，也被称作 General Electrics Model，由 Jim A. McCall 在 1977 年提出。该质量模型是三层模型，从上往下分别是质量因素、质量准则和质量度量，如图 8-5 所示。质量因素是从外部用户的视角，使用从软件外部可观察到的特性来描述软件质量；由于质量要素很难被直接度量，所以引入了质量准则，即通过可度量的评价准则来间接度量软件质量要素；质量度量则是对相应质量准则的直接度量。

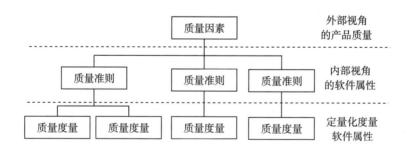

图 8-5　McCall 软件质量模型层级

资料来源：作者整理。

McCall 模型从产品修正、产品转移和产品运行三个方面对软件质量进行评估，共定义了 11 个质量要素和 23 个质量准则，具体如表 8-1 所示。需要注意的是，该模型定义的许多度量项只能进行主观的评估，无法直接定量度量。读者可以用检查表的方式来对软件的特定属性进行评分，基于 McCall 提出的评分方案从 0（低）到 10（高）给出恰当的分值[68]。

表 8-1　McCall 软件质量模型

评估维度	质量要素	质量准则
产品修正	可维护性	简单性
		简明性
		自描述性
		模块化
	可测试性	简单性
		仪表化
		自描述性
		模块化
	灵活性	自描述性
		可扩展性
		普遍性
产品转移	可移植性	自描述性
		软件系统独立性
		机器独立性
	可重用性	自描述性
		普遍性
		模块化
		软件系统独立性
		机器独立性
	互操作性	模块化
		接口一致性
		数据一致性
产品运行	正确性	可追溯性
		完整性
		一致性
	可靠性	一致性
		准确性
		错误容忍度

170

续表

评估维度	质量要素	质量准则
产品运行	效率	执行效率
		存储效率
	完整性	访问控制
		访问审计
	可用性	可操作性
		培训
		通信性

2. Boehm 质量模型

Boehm 质量模型由 Barry W. Boehm 于 1978 年提出，该模型通过一系列属性指标来量化软件质量，它比 McCall 模型新增了硬件属性方面的度量。Boehm 模型与 McCall 模型类似，采用三层级的模型结构，将质量属性划分为高层属性、中层属性和原始属性。高层属性关注 3 个要素，中层属性关注 7 个要素，原始属性关注 15 个要素，具体如图 8-6 所示。

3. ISO/IEC25010 质量模型

ISO/IEC25010：2011《系统和软件工程　系统和软件质量要求和评估（SQuaRE）系统和软件质量模型》，是评价软件质量的国际标准，取代了 ISO/IEC9126，弥补了原软件质量模型的不足。该标准提供了软件使用质量模型和软件产品模型，并建议在对软件产品的质量进行评估时，可将两套模型合并为一个特性集合同时使用。该标准将软件使用质量界定为具体用户使用软件满足其要求，以达到在指定的使用周境中的有效性、效率和满意度等指定目标。软件产品质量模型具体如表 8-2 所示。

软件使用质量模型将使用质量属性划分为五个特性：有效性、效率、满意度、抗风险和周境覆盖。每个特性都可以被映射到利益相关方的不同活动中，具体特性如表 8-3 所示。

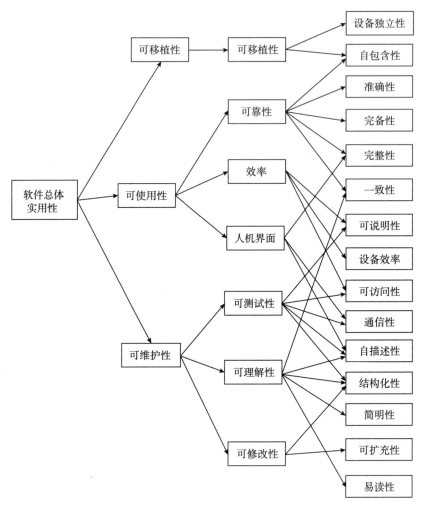

图 8-6　Boehm 软件质量模型

表 8-2　软件产品质量模型的质量特性和质量子特性

质量特性	质量子特性	度量目标
功能适合性（Functional suit-ability）：指的是在指定条件下使用时，产品或系统提供满足明确和隐含要求的功能的程度	功能完整性（Functional Com-pleteness）	软件产品实现的功能达到所有指定任务和用户目标
	功能正确性（Functional Cor-rectness）	软件产品提供具有所需精度的正确或者相符的结果
	功能适当性（Functional Ap-propriateness）	软件产品促进完成指定任务和目标

续表

质量特性	质量子特性	度量目标
安全性（Security）：用户、其他产品或系统具有与其授权类型和授权级别一致的数据访问度。信息安全性不仅适用于存储在产品或系统中的数据、通过产品或系统存储的数据，也适用于传输中的数据	真实性（Authenticity）	主体或资源的身份可以证明是所声称的身份
	责任（Accountability）	根据实体的操作能跟踪到该实体
	抗抵赖性（Non-repudistion）	软件系统能够证明已发生的行动或事件，以便日后不能否认这些事件或行动
	完整性（Integrity）	软件系统、产品或组件可防止未经授权就修改或访问计算机程序或数据
	保密性（Confidentiality）	软件原型能够确保数据只能由授权的人访问
可靠性（Reliability）：系统、产品或组件在指定条件下、指定时间内执行指定的功能	可用性（Availability）	软件系统或产品在使用时可操作、可访问
	成熟性（Maturity）	软件系统、产品或组件在正常运行下满足可靠性要求
	容错性（Faulttolerance）	尽管存在硬件或软件故障，但软件系统、产品或组件仍可按照预期运行
	易恢复性（Recoverability）	当发生中断或故障时，软件产品或系统能够恢复直接受影响的数据并重新建立系统所需状态
易使用性（Usability）：在指定的使用环境中，产品或系统在有效性、效率和满意度特性方面，指定的目标可为指定用户使用	被识别的适当性（Appropriateness Recognizability）	用户能够识别产品或系统是否满足他们的需求
	易学习性（Learnability）	软件产品或系统能够使用户在紧急情况下学习如何有效、高效地使用它
	可访问性（Accessibility）	软件产品或系统可以被具有最广泛特性和能力的人在特定使用环境中使用以实现特定目标
	用户界面美观（User Interface Aesthetics）	软件产品提供的用户界面令用户满意
	用户错误防御（User Error Protection）	软件产品或系统可使用户在使用时不会出错
	易操作性（Operability）	软件产品或系统易于操作、控制和恰当地使用

173

续表

质量特性	质量子特性	度量目标
性能效率（Performance Efficiency）：性能与在指定条件下所使用的资源量有关，而资源包含了其他软件产品、系统的软件和硬件配置，以及原材料（如打印纸和存储介质）	时间特性（Time Behavior）	软件产品或系统在运行其功能时的处理时间以及吞吐量满足要求
	容量（Capacity）	软件产品或系统的参数可最大限度地满足要求
	资源利用率（Resource Utilization）	软件产品或系统在运行其功能时所使用的资源数量和类型满足要求
可维护性（Maintainability）：性能与在指定条件下所使用的资源量有关，而资源可包含其他软件产品、系统的软件和硬件配置，以及原材料（如打印纸、存储介质）	易分析性（Analyzability）	为诊断缺陷或失效时所付出的努力
	易改变性（Changeability）	为对软件进行修改、排错等所付出的努力
	稳定性（Stability）	对软件进行修改后造成风险或无法预期结果的频率
	易测试性（Testability）	为确认软件修改是否有效所付出的努力
可移植性（Portability）：系统、产品或组件能够从一种硬件、软件或者其他运行或使用环境迁移到另一种环境的有效性和效率	适应性（Adaptability）	软件产品或系统能够有效地使用不同或不断发展的硬件、软件或其他操作（或使用环境）
	易安装性（Installability）	在指定环境中成功安装和/或写在产品或系统的有效性和高效性
	可替代性（Replaceability）	在相同环境中，产品能够替换其他相同目标的指定软件产品
兼容性（Compatibility）：产品或系统能够被预期的维护人员修改的有效性和效率，包括安装更新和安装升级	互操作性（Interoperability）	两个或多个软件系统或产品或组件可以交换信息并使用已交换信息
	共存性（Co-existence）	在与其他产品共享通用的环境和资源的条件下，产品能够有效地执行其所需的功能并且不会对其他产品造成负面影响

资料来源：ISO/IEC 25010：2011《系统和软件工程　系统和软件质量要求和评估（SQuaRE）系统和软件质量模型》。

表 8-3　ISO/IEC 25010 软件使用质量模型的质量特性和质量子特性

质量特性	质量子特性	度量目标
有效性（Effectiveness）	有效性（Effectiveness）	用户实现指定目标的准确性和完备性
效率（Efficiency）	效率（Efficiency）	与用户实现目标的准确性和完备性相关的资源消耗

质量特性	质量子特性	度量目标
满意度（Satisfaction）：产品或系统在指定的使用周境中使用时，用户的要求能够被满足	可用性（Availability）	用户对目标的实现感到满意的程度，包括使用的结果和使用后产生的后果
	可信性（Creditability）	用户或者其他利益相关方对产品或系统将如期运行有信心
	愉悦性（Cheerful）	用户因个人要求被满足而获得愉悦感
	舒适性（Comfort）	用户感到舒适
抗风险（Anti-risk）：产品或系统在经济现状、人员的生命和健康、环境方面缓解潜在风险	经济风险缓解（Economic Risk Mitigation）	在预期的使用周期中，产品或系统在经济现状、高效运行、商业财产、信誉或其他资源方面缓解了潜在的风险
	健康和安全风险缓解性（Health and Safety Risk Mitigation）	在预期的使用周境中，产品或系统缓解了人员方面的潜在风险
	环境风险缓解性（Environmental Risk Mitigation）	在预期的使用周境中，产品或系统在财产或环境方面缓解了潜在的风险
周境覆盖（Surrounding Environment Coverage）：在指定的使用周期和超出最初设定需求的周境中，产品或系统在有效性、效率、抗风险和满意度方面能够被使用	周境完备（Completeness of Surroundings）	在所有的使用周境中，产品或系统在有效性、效率、抗风险和满意度方面能够被使用
	灵活性（Flexibility）	在超出最初设定需求的周境中，产品或系统在有效性、效率、抗风险和满意度方面能够被使用

资料来源：ISO/IEC 25010：2011《系统和软件工程　系统和软件质量要求和评估（SQuaRE）系统和软件质量模型》。

4. Perry 质量模型

Perry 质量模型是一种基于经验的关系模型，此类模型主要作用是反映质量要素之间的关系。Perry 模型使用二维表来展示软件的质量属性以及它们之间的关系，具体如表 8-4 所示[69]。

表 8-4　Perry 模型

	正确性	可靠性	有效性	完整性	易使用性	易维护性	易测试性	灵活性	易移植性	易复用性	可互操作性
易追溯性	▲					▲	▲	▲		▲	

	正确性	可靠性	有效性	完整性	易使用性	易维护性	易测试性	灵活性	易移植性	易复用性	可互操作性
完备性	▲	▲			▲						
一致性	▲	▲				▲	▲	▲		▲	
准确性		▲	▼		▲						
容错性	▲	▲	▼		▲						
简洁性	▲	▲	▲			▲	▲	▲	▲	▲	
模块性			▼			▲	▲	▲	▲	▲	▲
一般性		▼	▼	▼				▲		▲	▲
易扩展性			▼					▲		▲	
可检视性			▼		▲	▲	▲				
自描述性			▼			▲	▲	▲	▲	▲	
运行效率			▲						▼		
存储效率			▲				▼		▼		
存取控制			▼	▲	▲			▼			▼
存取审查			▼	▲							
易操作性			▼		▲					▲	
培训					▲					▲	
易交流性			▼		▲	▲	▲	▲			
软件独立性			▼					▲	▲	▲	▲
硬件独立性			▼					▲	▲	▲	▲
通信共同性											▲
数据共同性					▼					▲	▲
简明性	▲		▲			▲	▲				

注:"▲"表示正面影响;"▼"表示反面影响。

资料来源:改自李晓红,唐晓君,王海文. 软件质量保证及测试基础〔M〕. 清华大学出版社,2015.

5. Dromey 质量模型

Dromey 质量模型由 R. Geoff Dromey 于 1995 年提出,是一种动态模型。该模型由三类元素组成:影响质量的产品组件特性、高层级质量属性、产品组件特性与质量属性的关系[70]。构建该模型有如下五个步骤:

（1）选择一系列评估所需的高层级质量属性；

（2）罗列待评估软件的组件；

（3）在上述产品组件中，识别影响质量的、重要的组件特性；

（4）分析每个产品组件特性如何影响质量属性；

（5）评估现有模型，找出不足之处，进行优化或者重新建模。

人们可以通过以上五个步骤，对具体软件产品的质量模型进行初始化和重定义，不同的软件将得到不同的质量评估模型。

第 3 节　常用质量监测指标

本节主要介绍实际工作中能够常态化使用、基于自动化采集数据所构建的质量类指标，由于本章第 2 节介绍的质量模型当中有诸多指标无法自动化采集，因此本节并未按照质量模型的视角介绍指标。对于部分比率型指标的分子、分母，将不再单独作为指标进行介绍。此外，本节讨论的需求质量是指需求内容质量，客户方面的需求质量类指标将在第 10 章进行讨论。

1. 过程性质量指标

这类指标可用于评价软件研发过程（即功能上线前）的质量。

缺陷数量

（1）统计口径。

软件研发过程中发现的缺陷数量。

（2）统计说明。

该指标泛指软件功能上线前发现的缺陷数量，项目团队日常可通过观察活跃缺陷（即未关闭的缺陷）数量趋势图，跟踪缺陷的变化情况（如图 8-7 所示）。正常情况下，在一个完整的发布周期内，活跃缺陷数应该是由少到多，并在中期达到高峰，最后在结束前夕归于 0；如果缺陷数在中后期始终处于高位，说明缺陷无法收敛，该版本的软件功能很可能无法按期实现。

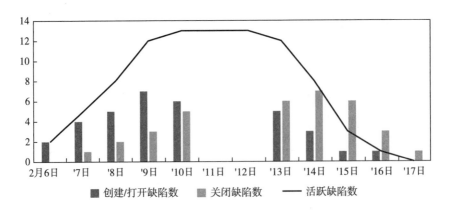

图 8-7　活跃缺陷数趋势图

缺陷数量通常需要进一步拆解分析，拆解的维度通常分为严重程度、缺陷类型、发现阶段、发现方式和缺陷来源。

缺陷严重程度通常可以分为致命缺陷、严重缺陷、一般缺陷、小缺陷和优化类缺陷，通过分析不同严重程度缺陷数量的占比，可以大致评估软件研发质量问题是否严重，例如，项目内 60% 以上的缺陷都是致命缺陷，且缺陷数量不少，那么有必要尽快开展专项提升活动。此外，部分组织会结合缺陷严重程度和缺陷数量形成一个加权性指标，如缺陷指数（Defect Index，DI）= 致命缺陷×10+严重缺陷×3+一般缺陷×1+小缺陷×0.5+缺陷优化×0.1。

缺陷类型可根据研发项目自身情况划分，分为功能、文档、性能、界面、配置管理五类，通过分析缺陷类型的分布情况，研发团队可以了解哪些类型的缺陷更容易发生，从而制定改进措施。

缺陷的发现阶段通常可以分为需求阶段、设计阶段、编码阶段、单元测试阶段、集成测试阶段、系统测试阶段、配管集成、用户验收等，并且部分阶段还可细分，例如，系统测试进一步划分为系统测试—详细、系统测试—回归、系统测试—冒烟、系统测试—交叉，划分方法一定要结合项目组实际研发情况。通过对缺陷发现阶段的拆解分析，能够了解发现缺陷能力最高的阶段是哪个阶段，若进一步分析其中的原因，或许能在更上游的阶段发现缺陷。

缺陷的发现方式可分为评审、手工测试和自动化测试，分析不同发现方式的缺陷占比，可了解哪种方式更为有效；若结合缺陷的发现阶段进行组合分析，可对需求评审活动、代码评审活动、测试评审活动等专门的质量提升活动结果进行度量。

缺陷来源可分为需求、架构、设计、编码、配置管理，通过分析缺陷来源的分布情况，有利于推动软件研发质量"左移"。

除了上述简单的趋势分析和拆解分析，软件缺陷分析方法还有正交缺陷分类法（ODC）、Rayleigh 缺陷分析法、Gompertz 模型分析法、四象限分析法、缺陷注入分析法、DRE/DRM 分析法等。

积压缺陷数量

（1）统计口径。

软件研发过程中发现且尚未解决的缺陷数量。

（2）统计说明。

该指标作用不是评价软件研发过程质量，而是提醒项目团队需要关注这些尚未修复的缺陷。积压缺陷数量和缺陷数量一样，可以结合缺陷特点进行拆解分析。

缺陷密度

（1）统计口径。

缺陷密度＝缺陷数量/软件规模

（2）统计说明。

该指标可用于评价研发过程质量，单位包括但不限于缺陷数/功能点、缺陷数/千行代码、缺陷数/千代码当量、缺陷数/故事点数。其中缺陷数是指研发过程中、上线前发现的软件缺陷数（通常不包括开发人员自测发现的缺陷），这些缺陷可能是评审、测试人员测试、干系人验证、用户验收过程中发现的。在 CMMI 分级标准中，千行代码缺陷率 CMMI 一级为 11.95‰，CMMI 二级为 5.52‰，CMMI 三级为 2.39‰，CMMI 四级为 0.92‰，CMMI 五级为 0.32‰。如果软件规模数据无法自动获取或担心使用诸如代码行数产生的副作用——诱导开发人员编写大量无效代码——可考虑使用需求数量、任务数量或者需求处理所投入工作量作为软件规模的代理指标。若用代码行数，则需判断使用净增数还是累计新增数。

该指标也可以和缺陷数量一样进行维度拆解分析，主要作用是推动质量"左移"。此外，项目团队可以根据实际需求，基于缺陷严重程度、缺陷来源或缺陷类型等缺陷特性，加权计算缺陷数量，构成加权缺陷密度以反映不同缺陷特性等级带来的影响大小。

缺陷修复率

（1）统计口径。

缺陷修复率=已修复缺陷数量/缺陷总数

（2）统计说明。

该指标主要的作用是指引项目团队关注未修复的缺陷，分析缺陷积压的原因，并制定改进措施。

缺陷重开率

（1）统计口径。

缺陷重开率=重新打开过的缺陷数量/缺陷数量

（2）统计说明。

软件研发过程中产生的缺陷被修复后，应该避免再次发生。若缺陷重复发生，导致缺陷在系统中被重新打开，那么缺陷重开率就会上升。该指标主要用于指示团队需要重视此类重开的缺陷，分析导致再次发生这种缺陷的原因，避免未来重复出现此类问题。缺陷重开率实际就是缺陷的返工率，其他诸如需求、任务、评审等活动的返工率的统计方式可参照缺陷重开率，度量单位则根据需要选择数量、规模或工作量，下文不再赘述。

规范遵循率

（1）统计口径。

规范遵循率=遵循规范次数/总执行次数

（2）统计说明。

该指标用于反映项目流程规范水平，读者需要根据度量对象定义更加具体的统计口径。例如，研发流程要求开发人员先在研发平台建立任务，再执行开发工作，那么遵循该要求的任务数占总任务数的比例，就是这条流程的规范遵循率。

活跃风险数量

（1）统计口径。

根据相关制度或经验，已发现但没有应对措施的风险数量。

（2）统计说明。

在软件研发过程中，会发现形形色色的风险，需要制定措施来规避、转移、分担或消减风险。每个风险的重要性和紧急程度存在差异，需要根据上述维度进行拆解分析；项目组应尤其关注紧迫或重要的风险是否已采取应对措施。该指标的反向指标为风险消除率，即有应对措施的风险数/风险总数。

2. 需求环节质量

需求评审率

（1）统计口径。

需求评审率=评审需求数/需求总数

（2）统计说明。

需求评审率高并不意味着项目研发过程质量高，更无法说明软件质量好。如果需求评审率为100%，但评审活动流于形式，几乎无法发现任何缺陷，那么这个指标就没有任何意义。此外，并非所有需求都要评审，研发项目组通常会约定哪几类需求必须评审，其他需求则视具体情况决定。因此，单看这个指标，它更像是一个"虚荣指标"。实际上，该指标更多的是在项目团队刚开始推行需求评审时使用，用来反映评审活动的推进情况。当然，别忘记和需求评审质量类指标一起使用。至于比率的数据精度，根据笔者的工作经验，绝大部分比率型指标保留两位小数就可以满足用户的日常度量需要。

需求评审耗时

（1）统计口径。

需求评审活动所消耗的时长。

（2）统计说明。

普通人注意力集中的持续时长一般在 1 小时左右，一次连续的评审活动持续时间太长，会导致评审质量下降；而需求总评审时间过短，投入工作量不足，如50 页的需求文档 5 分钟就评审完毕，评审质量往往会比较低。

需求评审速率

（1）统计口径。

需求评审速率＝评审需求规模/需求评审耗时

（2）统计说明。

评审需求规模可使用需求文档页数或需求功能点数来反映。需求评审活动要分为两个阶段来看，即评审会召开前个人开展的评审活动和评审会上的评审活动。在会前评审阶段，需要统计每位评审人员的评审速率；在会议评审阶段，需要统计会议的评审速率。任甲林和周伟[9] 发现，随着评审速率的提高，发现的缺陷数往往就会减少。因此，通常要确定一个最高评审速率限值，速度太快一般是异常现象，无法保证评审质量，遗漏本应发现的缺陷。

需求评审发现缺陷数

（1）统计口径。

需求评审活动中发现的缺陷数量。

（2）统计说明。

需求评审活动发现缺陷的"主战场"应是评审会召开前，而不是评审会上。通过比较会前发现的缺陷数量和会上发现的缺陷数量，可判断评审人员的会前准备工作是否充足，也预示着需求评审的总体质量。以某次需求评审为例，共有 5 名评审人员，会前评审阶段发现缺陷 5 个，会议上发现缺陷 25 个，缺陷分布极不合理，这说明会前准备不足，需求评审本可以发现更多的缺陷。此外，将需求评审发现缺陷数和测试人员发现的需求缺陷数进行比较，也能在一定程度上反映需求评审的质量。

需求评审发现缺陷密度

（1）统计口径。

需求评审发现缺陷密度＝需求评审发现缺陷数/评审需求规模

（2）统计说明。

该指标通过判断单位需求规模中发现的缺陷数量，来反映需求评审质量。通常来说，需求文档不可能尽善尽美，缺陷难以避免，因此需求评审发现缺陷密度有最低限值，若实际缺陷密度小于该限值，往往是需求评审质量不足导致的。

需求评审发现缺陷效率

（1）统计口径。

需求评审发现缺陷效率＝评审需求规模/需求评审工作量

（2）统计说明。

需求评审发现缺陷效率和需求评审速率类似，只不过将评审耗时替换成了评审工作量，反映的是单位工时评审的需求规模情况，因此不再赘述。

需求缺陷密度

（1）统计口径。

需求缺陷密度＝源自需求的缺陷数量/软件规模

（2）统计说明。

该指标特指来源于需求的缺陷密度，除了可借鉴过程性质量指标中"缺陷密度"的统计方式，还可使用特别的统计方式，即使用评审的文档页数替代软件规模，反映的是每页需求产生的缺陷数量。

3. 设计环节质量

设计质量指标与需求质量的指标类似，只是将需求阶段换成了设计阶段，设计评审规模通常使用文档页数来反映，在此不再赘述。

4. 编码环节质量

衡量代码质量的指标非常丰富，也有玩笑说反映代码质量的唯一标准是代码审查者每分钟吐槽的频率，即 WTF/Min[71]。下面分类介绍常用的代码质量指标。

代码静态扫描类指标

根据扫描期间代码的编译状态，代码扫描可分为静态扫描和动态扫描。静态扫描是利用扫描程序对目标软件的源码进行语法分析、自动状态转换和溢出条件检查以发现缺陷，它无须进行编译，也无须搭建运行环境，就可以对开发人员所写的源代码进行扫描，从而节省了大量的人力和时间成本，提高了开发效率，并且能够发现很多靠人力无法发现的安全漏洞，犹如站在黑客的角度上去审查程序员的代码，大大地降低了项目中的安全风险，提高了软件质量。由于静态扫描不运行程序，因此也有其力有不逮之处，如无法分析运行程序后产生的缺陷。此时就需要动态运行程序来解决这个问题，即动态扫描。

静态扫描在代码编译前就开展代码扫描，是质量左移的良好实践之一。业界静态代码扫描工具种类繁多，Sonar 是其中之一，它支持 Java、Python、PHP、JavaScript、CSS 等 25 种以上的语言，本书以 Sonar 提供的指标为例，供读者参考一二。不同的扫描工具所产生的度量指标也可能不一样，例如，代码混沌指数也是代码静态扫描类指标，不过与 Sonar 关注代码语法细节不同，代码混沌指数聚焦于代码的宏观结构化问题，由超长类指数、超长方法指数、不良分支指数和不良常数指数这 4 类指标取均值得到。

Sonar 的全称是 SonarQube，它是一个用于代码质量管理的开源平台，用于管理源代码的质量。Sonar 除了能够统计代码质量指标，也提供了软件规模方面的指标，如项目数量、目录数量、函数数量、文件数量、代码物理行数、代码行数（剔除只有空格、制表符或注释的代码行）、新增代码行数、每种语言的代码行数等。下面逐一介绍 Sonar 提供的主要质量指标。

圈复杂度（Cyclomatic Complexity）

（1）统计口径。

每个方法的最小复杂度为 1，每当一个方法的控制流多了一个分支，复杂度就会增加 1，不同编程语言的具体算法有差异①。

（2）统计说明。

圈复杂度是一种代码复杂度的衡量指标，于 1976 年由 Thomas J. McCabe，Sr. 提出，目的是指导程序员写出更具可测性和可维护性的代码。它可以用来衡量一个模块判定结构的复杂程度，数量上表现为独立路径条数，也可以理解为覆盖所有可能的情况最少需要的测试用例数量。

单纯查看所有代码的圈复杂度，意义不大，通常要关注单个函数的圈复杂度，它能够指导开发人员去优化相应的函数。如果函数圈复杂度过高，表明该函数有太多的决策变量，逻辑拆分不到位，难以理解和维护。通常单个函数的圈复杂度要控制在 10 以下（见表 8-5），降低圈复杂度的方法通常有：①简化、合并条件表达式；②将条件判定提炼出独立函数；③将大函数拆成小函数；④以明确函数取代参数；⑤替换算法。

表 8-5　单个函数不同圈复杂的可测性与可维护性

圈复杂度	代码逻辑	可测性	维护成本
0~10	清晰	高	低
10~20	复杂	中	中
20~30	非常复杂	低	高
30 以上	不可读	不可测	非常高

认知复杂度（Congnitive Complexity）

（1）统计口径。

将一段代码被阅读和理解时的复杂程度估算成一个具体数字。在线性的代码逻辑中，出现一个打断逻辑的东西，难度+1；当打断逻辑的是一个嵌套时，难

---

① 具体算法可参考 Sonar 官方文档：https：//docs.sonarqube.org/latest/user-guide/metric-definitions/。

度+1。更具体的算法可参考 *Cognitive Complexity：A New Way of Measuring Under-standability*[72]。

（2）统计说明。

由于圈复杂度无法很好地度量出代码的理解难度，由此诞生了认知复杂度这个指标，该指标能够较好地反映代码的可读性与可维护性。通常单个函数的认知复杂度不应大于15，降低认知复杂度的方法有：①一个"for"循环只做一件事；②减少"if，else，for，while，do while，catch"关键字嵌套，把深层次的代码抽象成方法；③抽离"try/catch"；④缩短"for"循环内容；⑤重组代码中多层嵌套循环；⑥判空等操作可以使用工具类，减少"｜｜"和"&&"的使用。

重复块数（Duplicated Blocks）

（1）统计口径。

在 java 类项目中，无论标记和行数有多少，若至少有10个连续重复的语句，则被定义为重复块，在检测重复项时，忽略缩进和字符串文本的差异；在非 java 类项目中，至少有100个连续重复的标记，并且这些标记要至少分布在30行代码中（COBOL）或20行代码中（ABAP）或10行代码中（其他编程语言），才被定义为重复块。

（2）统计说明。

重复块数可指引开发工程师将代码改写得更简洁，增强代码的可维护性。

重复文件数（Duplicated Files）

重复文件数，是指重复的文件数量。

重复行数（Duplicated Lines）

重复行数，是指重复的代码行数量。

代码行重复率（Duplicated Lines Density）

（1）统计口径。

代码行重复率=代码重复行数/总代码行数×100%

（2）统计说明。

重复代码会让相同逻辑散落在不同的代码中，导致代码的可维护性低，容易遗漏需要修改的代码，产生缺陷。处于不同产品生命周期、不同业务类型、不同开发语言的软件代码行重复率彼此都有差异，没有一个明确的重复率标准可直接用于衡量好坏，项目团队应该依据代码重复类指标，常态化地开展代码精简工作，而不是等到代码重复率高到无法忍受时才有所行动。代码重构是一个持续的过程，而不是定期执行的过程，"重构"一词永远不应该出现在时间表上，重构活动也不应该出现在项目的计划中[73]。

问题数（Issues）

（1）统计口径。
Sonar 扫描发现的问题数量。
（2）统计说明。

问题数可以进一步拆解分析，可按严重程度、问题状态和全量/增量三种维度拆解。问题的严重程度分为阻断（Blocker）、严重（Critical）、主要（Major）、次要（Minor）和提示（Info）；问题状态可分为打开（Open）、确认（Confirmed）和重新打开（Reopened）；全量问题数是指本次扫描的全量代码中的问题数，增量问题数是指本次扫描新增代码中的问题数。

（3）指标举例。

新增阻断问题数、新增严重问题数、阻断问题总数、主要问题总数、打开的问题总数。

代码坏味道数（Code Smells）

（1）统计口径。
Sonar 扫描发现的代码的坏味道数量。
（2）统计说明。

坏味道数用于评价代码的可维护性，可按严重程度和全量/增量进行拆解。坏味道的严重程度分为阻断、严重、主要、次要和提示；全量坏味道数是指本次扫描的全量代码中的坏味道数，增量坏味道数是指本次扫描新增的代码坏味道数。

（3）指标举例。

新增阻断坏味道数、新增次要坏味道数、主要坏味道总数、提示坏味道总数。

技术债务（Technical Debt）

（1）统计口径。

修复所有可维护性问题所需的工作量。

（2）统计说明。

技术债务的单位是分钟。当该值以天为单位展示时，1 天 = 8 小时 = 480 分钟。技术债务可分为本次扫描的全量代码的技术债务和本次扫描中新增代码的技术债务。

技术债务率（Technical Debt Ratio）

（1）统计口径。

技术债务率=技术债务/开发成本，其中开发成本＝代码行数×每行代码开发成本。

Sonar 中假设每行代码的开发成本为 0.06 天。

（2）统计说明。

技术债务率可分为本次扫描的全量代码的技术债务率和本次扫描新增代码的技术债务率。

可维护性评级（Maintainability Rating）

（1）统计口径。

根据扫描的全量代码的技术债务率数值进行评级，评级由高到低分为 A、B、C、D、E 共 5 个档次。

（2）统计说明。

评级规则为：①0≤技术债务率≤0.05，评级为 A；②0.05<技术债务率≤0.1，评级为 B；③0.1<技术债务率≤0.2，评级为 C；④0.2<技术债务率≤0.5，

评级为 D；⑤0.5<技术债务率，评级为 E。

缺陷数（Bugs）

（1）统计口径。

Sonar 扫描发现的缺陷数量。

（2）统计说明。

缺陷数用于评价代码的可靠性，可按严重程度和全量/增量进行拆解。缺陷数的严重程度分为阻断、严重、主要、次要和提示；全量缺陷数是指本次扫描的全量代码的缺陷数，新增缺陷数是指本次扫描新增代码的缺陷数。

（3）指标举例。

新增阻断缺陷数、新增严重缺陷数、主要缺陷总数、次要缺陷总数。

可靠性评级（Reliability Rating）

（1）统计口径。

根据扫描的全量代码的缺陷数量情况进行可靠性评级，评级由高到低分为 A、B、C、D、E 共5个档次。

（2）统计说明。

评级规则为：①0 个缺陷，评级为 A；②至少 1 个次要缺陷，评级为 B；③至少 1 个主要缺陷，评级为 C；④至少 1 个严重缺陷，评级为 D；⑤至少 1 个阻断缺陷，评级为 E。

可靠性修复成本（Reliability Remediation Effort）

（1）统计口径。

修复所有缺陷所需的工作量。

（2）统计说明。

可靠性修复成本的单位是分钟。当该值以天为单位展示时，1 天 = 8 小时 = 480 分钟。可靠性修复成本可分为本次扫描的全量代码的可靠性修复成本和本次扫描新增代码的可靠性修复成本。

漏洞数（Vulnerabilities）

（1）统计口径。

扫描中发现的漏洞数量。

（2）统计说明。

漏洞数可分为本次扫描的全量代码的安全漏洞数和本次扫描新增代码的安全漏洞数。

安全性评级（Security Rating）

（1）统计口径。

根据扫描的全量代码的漏洞数量进行安全性评级，评级由高到低分为 A、B、C、D、E 共 5 个档次。

（2）统计说明。

评级规则为：①0 个漏洞，评级为 A；②至少 1 个次要漏洞，评级为 B；③至少 1 个主要漏洞，评级为 C；④至少 1 个严重漏洞，评级为 D；⑤至少 1 个阻断漏洞，评级为 E。

安全修复成本（Security Remediation Effort）

（1）统计口径。

修复所有安全漏洞所需的工作量。

（2）统计说明。

安全性修复成本的单位是分钟。当该值以天为单位展示时，1 天 = 8 小时 = 480 分钟。安全性修复成本可分为本次扫描的全量代码的安全性修复成本和本次扫描新增代码的安全性修复成本。

安全热点数（Security Hotspots）

（1）统计口径。

安全热点数量。

（2）统计说明。

安全热点突出显示了开发工程师需要评审的安全敏感代码段，经过评审，工程师可判断该段代码要么没有威胁，要么需要修复。安全热点和安全漏洞之间的主要区别是"在决策修复之前是否需要评审"：热点突出显示安全敏感的一段代码，但可能不会影响整体应用程序的安全性，由开发人员评审代码以确定是否需要修复以保护代码；安全漏洞则是需要立即修复影响软件安全性的问题。安全热点数可分为本次扫描的全量代码的安全热点数和本次扫描新增代码的安全热点数。

安全热点评审率（Security Hotspots Reviewed）

（1）统计口径。

安全热点评审率=已评审热点/热点数×100%

（2）统计说明。

当安全热点被标记为确认（Acknowledged）、已修复（Fixed）和安全（Safe）时，该热点被视作已评审。安全热点评审率可分为本次扫描全量代码的安全热点评审率和本次扫描新增代码的安全热点评审率。

安全评审评级（Security Review Rating）

（1）统计口径。

根据安全热点的评审率进行安全性评级，评级由高到低分为 A、B、C、D、E 共 5 个档次。

（2）统计说明。

评级规则为：①评审率≥80%，评级为 A；②80%＞评审率≥70%，评级为 B；③70%＞评审率≥50%，评级为 C；④50%＞评审率≥30%，评级为 D；⑤30%＞评审率，评级为 E。安全评审评级和安全热点评审率一样，可分为全量代码和新增代码的评级。

条件覆盖率（Condition Coverage）

（1）统计口径。

条件覆盖率=（CT+CF）／（2×B）

其中，CT 是至少一次被评估为 True 的条件数，CF 是至少一次被评估为 False 的条件数，B 为被测试代码的总条件数。

（2）统计说明。

Sonar 所度量的条件覆盖率是指单元测试过程中，被测代码中所有判断语句的每个条件的可能取值（True 和 False）出现过的比例。单元测试是针对软件设计的最小单位——程序模块进行正确性检验的测试工作，目的在于检查每个程序单元能否正确实现详细设计说明中的模块功能、性能、接口和设计约束等要求，以及寻找各模块内部可能存在的错误。单元测试需要从程序的内部结构出发设计测试用例，多个模块可以平行地独立进行单元测试。通常情况下，单元测试由开发人员来执行，因此该指标归属于代码质量的范畴。条件覆盖率分为本次扫描的全量代码的条件覆盖率和本次扫描新增代码的条件覆盖率。

条件覆盖率属于测试覆盖率的一种。测试覆盖率（Test Coverage）是度量测试技术有效性、衡量软件测试完整性的一类指标。Martin Fowler 认为，将测试覆盖作为质量目标没有任何意义，应该把它作为一种发现未被测试覆盖代码、提升测试质量的手段[74]。

测试覆盖率一般分为代码覆盖率、需求覆盖率和缺陷覆盖率。

代码覆盖率是指测试过程中所执行的测试用例，有些代码被执行，有些代码没有被执行，而被执行的代码数量与需要测试的代码总数之间的比值，就是代码覆盖率。代码覆盖率可以进一步分为语句覆盖率、组合覆盖率、源文件覆盖率、类覆盖率、函数覆盖率、条件覆盖率、判定覆盖率等。

需求覆盖率是指测试工作所覆盖的需求数量占总需求数量的比例。需求覆盖率没有现成的工具可以自动化度量，需要手工统计，尤其是依赖手动标记每个测试用例和需求之间的映射关系。一些组织在软件测试过程中，会将软件需求转换成测试需求，然后基于测试需求来设计测试点，此时需求覆盖率的价值就不大了。

缺陷覆盖率是测试工作发现的缺陷数量占应该发现的缺陷总数的比例。软件测试工作通常分为多个阶段，如可分为单元测试、集成测试、系统测试、验收测试四个阶段，每个测试阶段都有各自的关注重点。应当在本测试阶段发现却逃逸到后续测试阶段甚至线上的缺陷，就是本阶段未覆盖到的缺陷，需要重点关注。

缺陷覆盖率可用于评价特定测试阶段的工作成效，也为改进测试工作提供了重要参考。针对每一个逃逸缺陷，研发人员、测试人员可通过复盘和总结，避免再次发生同类问题。

读者需要注意的是，代码覆盖率100%并不能说明代码在测试过程中被充分测试，因为业务是否正确、流程是否合理，这些都是代码覆盖率无法反映的。

行覆盖率（Line Coverage）

（1）统计口径。

行覆盖率=LC/EL

其中，LC 为被单元测试覆盖到的行数，EL 为应当覆盖到的总代码行数。

（2）统计说明。

行覆盖率是指被单元测试过程中覆盖到的代码行数占总代码行数的比例。单元测试通常由开发人员来执行，因此该指标属于代码质量的范畴。该指标分为本次扫描全量代码行覆盖率和本次扫描新增代码的行覆盖率。

单元测试成功率（Unit Test Success Density）

单元测试成功率=［单元测试用例数-（单元测试错误数+单元测试失败数）］/单元测试用例数

代码注释率（Comments）

（1）统计口径。

代码注释率=代码注释行数/（代码注释行数+代码行数）

（2）统计说明。

代码注释率等于50%时，说明代码行数和代码注释行数相等；代码注释率等于100%时，说明只有注释没有代码。代码注释率的高低不能用于评价代码可读性或可维护性水平，而是指示没有注释的代码、提升代码可读性的一种手段；通常在有处理逻辑的代码中，代码注释率在20%以上。对于重要的、复杂的、容易误解的代码，应当进行代码注释，解释清楚这段代码的意图以及代码无法传达的信息。当然，注释也不能太多，可读性好的代码有一定的自明性，不应对这类代码进行注释，太多的注释反而加重了代码阅读者的负担。

代码评审

代码评审是提升代码质量的有效措施，基于此类活动数据所统计的指标可用于评估代码质量乃至代码评审活动的质量（即是否有效提升代码质量）。与需求评审活动类似，代码评审可使用的指标有代码评审率、代码评审耗时、代码评审速率、代码评审发现缺陷数、代码评审发现缺陷密度和代码评审发现缺陷效率，统计口径和用法与需求评审相关指标类似，因此不再赘述。

其他常用的代码质量指标

除了前文介绍的代码质量指标，日常工作中常用的指标还有如下几项：

编码缺陷密度

（1）统计口径。

编码缺陷密度＝源自编码的缺陷数量/软件规模

（2）统计说明。

该指标特指来源于编码的缺陷密度，具体介绍可参见指标"缺陷密度"。

一次测试通过率

（1）统计口径。

一次测试通过率＝一次测试通过的需求数/测试通过的需求数×100%

（2）统计说明。

根据可提测对象的不同，可将需求替换为开发任务、接口、界面等。该指标用于评价开发人员的编码质量，若基于开发任务数统计，由于开发任务是开发团队自行创建的，因此存在数据操纵的风险。

测试打回率

（1）统计口径。

测试打回率＝测试打回次数/提测数×100%

（2）统计说明。

当测试人员发现提测功能不满足测试条件时，如代码未成功部署到测试环境、功能明显不符合需求内容、功能无法正常运行等，就会发生测试打回行为。通常来说，测试打回比测试不通过的性质更严重，说明开发人员工作态度不端正，没有认真进行开发自测。

质量卡点通过率

（1）统计口径。

质量卡点通过率＝通过质量卡点的代码提交次数/总提交次数×100%

（2）统计说明。

有的组织可能会设置质量卡点，这种卡点可以通过人工审核实现，也可以通过集成在流水线当中自动判定，例如，在流水线中配置 Sonar 质量卡点，对开发人员提交的代码进行诸多质量条件的核验，当代码无法满足卡点通过标准时，将无法进行下一步任务。因此质量卡点通过率能够在一定程度上反映编码的过程质量。

接口变更率

（1）统计口径。

统计范围内，在相关方确认接口规格后，发生变更的比例。

（2）统计说明。

该指标反映了项目团队在接口质量方面的管控水平，低劣的设计质量容易导致频繁的变更。

5. 构建环节质量

构建成功率

（1）统计口径。

构建成功率＝流水线构建成功次数/流水线构建次数

（2）统计说明。

该指标可直观地反映流水线的可靠性。构建失败率则是该指标的反向指标，通过进一步分析流水线构建失败的原因，并进行占比分析，如使用帕累托图进行分析，有助于明确质量提升方向。

（3）类似指标。

类似指标还包括出包成功率、流水线××环节成功率。

流水线平均故障修复时长

（1）统计口径。

流水线平均故障修复时长 $= \sum$ 单次故障修复时长/故障次数

（2）统计说明。

该指标可用于评估流水线的可维护性。此外，需要着重关注修复时长异常的故障，深入挖掘其原因，制定措施，以此提升软件工程能力。

平均构建时长

（1）统计口径。

平均构建时长 $= \sum$ 单次构建时长/流水线构建次数

（2）统计说明。

该指标反映了流水线执行效率，通过该指标的趋势分析，监测流水线是否存在性能问题。当然，也需要关注单次构建耗时太长的流水线，找到原因并进行改进。

6. 测试环节质量

测试质量领域的指标众多，下面分类介绍。读者需要注意的是，部分指标的作用并非用于评价测试质量，而是指导测试工作的改进，从而提升测试质量，如集成测试的分支覆盖率。

通用指标

测试缺陷逃逸率

（1）统计口径。

测试缺陷逃逸率=测试逃逸缺陷数量/（测试发现缺陷数量+测试逃逸缺陷数量）

（2）统计说明。

该指标能够在一定程度上反映测试工作质量。当然，该指标的核心作用还是指引测试团队关注测试遗漏的缺陷，找到原因，改进测试工作质量。它的反向指标是缺陷探测率，即测试发现缺陷数量/（测试发现缺陷数量+测试逃逸缺陷数量）如果是基于日期统计，要注意发现缺陷和逃逸缺陷应当归属于同一批测试活动[1]，提倡基于版本对该指标进行统计。

测试用例命中率

（1）统计口径。

测试用例命中率=测试发现缺陷数量/执行的测试用例数量

（2）统计说明。

该指标主要作用是指导测试人员提升测试用例质量，而非评价测试工作水平。建议分析人员将该指标与缺陷的特性结合，如缺陷的严重程度、缺陷来源等，进行拆解分析，寻找当前测试用例的薄弱处，以便更有效地提升测试用例的效果。

测试评审

测试用例评审一次通过率

（1）统计口径。

测试用例评审一次通过率=一次评审通过的用例数/评审用例数量

---

[1]　所有比率型指标都需要注意分子和分母对应性的问题，即分子和分母应该是从同一活动中产生的，如此才有相除的价值。

（2）统计说明。

该指标主要反映测试用例设计的质量高低，是测试用例评审发现缺陷密度的反向指标，即测试用例评审一次通过率越高，用例评审活动的缺陷密度就越低。此外，若评审对象是测试方案或测试计划，那么相较于一次评审通过率，评审缺陷类指标的价值更大。

测试评审率

（1）统计口径。

测试评审率＝测试评审用例数/测试用例总数

（2）统计说明。

该指标无法反映测试质量，主要在项目团队刚开始推行测试评审时使用，用来反映评审活动的推进情况，建议和评审质量类指标一起使用。该指标的度量对象还可以是测试方案、测试计划、测试策略等。

测试评审缺陷密度

（1）统计口径。

测试评审缺陷密度＝测试评审中发现的缺陷数量/评审的测试用例数

（2）统计说明。

该指标特指测试评审活动所发现缺陷的缺陷密度，具体介绍可参见指标"缺陷密度"。

测试覆盖率

测试覆盖率按覆盖率类型，可分为代码覆盖率、需求覆盖率和缺陷覆盖率；按测试类型，可分为单元测试、集成测试、系统测试和验收测试。将这两种分类方式组合，测试覆盖率可结合项目组当前的研发流程，进一步细分为单元测试代码覆盖率、集成测试代码覆盖率、系统测试代码覆盖率、集成测试需求覆盖率、系统测试需求覆盖率、验收测试需求覆盖率和缺陷覆盖率等。其中，需求覆盖率和缺陷覆盖率已在介绍条件覆盖率时有所涉及，此处不再赘述，下面着重介绍代码覆盖率类指标。

　　前文已提及，高代码测试覆盖率是高质量测试的必要条件而非充分性条件。由于软件产品特性与场景各异，因此它们的代码测试覆盖率合理水平各不相同，确定基准线时需要考量的要素有：目标代码的重要性、复杂程度和变更频率、被测试软件的生命周期及其服务领域。例如，重要的、频繁变更的代码，其分支覆盖率应至少达到90%。代码测试覆盖率低表明软件有大量代码在部署前未经过充分测试，因而提高了线上缺陷的风险；代码测试覆盖率的作用在于帮助团队关注未覆盖的代码部分，而非已覆盖的部分。因此，相较于查看代码覆盖率数值的高低变化，研发团队应将精力主要用于分析未被覆盖的代码，判断质量风险是否处于可接受的范围内。这就要求度量工具中应当提供便捷的明细下钻功能，以便团队能够快速定位和分析未被覆盖的代码片段。由于单元测试覆盖率已在 Sonar 静态扫描类指标中有所介绍，下面介绍集成测试代码覆盖率和系统测试代码覆盖率。

集成测试代码行覆盖率

　　（1）统计口径。

　　集成测试代码行覆盖率＝已覆盖代码行数/应测试代码行数

　　（2）统计说明。

　　集成测试是在单元测试的基础上，对所有的程序模块开展有序的、递增的测试，它的目的在于检验程序单元或部件的接口关系，确保所有单元相互协调运行。集成测试代码行覆盖率可分为全量代码的覆盖率和增量代码的覆盖率。对于已研发或运行多年的软件，若积累的技术债务过多，可优先从增量代码的覆盖率的度量入手，至少确保新代码的测试质量。此外，代码覆盖率可细分为路径覆盖率、多重条件覆盖率、判定/条件覆盖率、条件覆盖率、判定覆盖率和语句覆盖率，读者可以结合软件研发项目诉求及可行性，选择需要统计的代码覆盖率类型。

　　（3）类似指标。

　　类似指标还包括集成测试代码条件覆盖率（全量）、集成测试代码条件覆盖率（增量）。

系统测试代码行覆盖率

（1）统计口径。

系统测试代码行覆盖率=已覆盖代码行数/应测试代码行数

（2）统计说明。

系统测试的目标是检查完整的程序系统能否和系统（包括硬件、外部设备、网络和系统软件、支持平台等）正确配置、连接，并最终满足用户的所有需求。总体而言，系统测试代码行覆盖率指标的分类方法与集成测试代码行覆盖率相似，此处不再赘述。

（3）类似指标。

类似指标还包括系统测试代码条件覆盖率（全量）、系统测试代码条件覆盖率（增量）。

自动化测试

在软件测试中，自动化测试指的是使用独立于待测软件的其他软件来自动执行测试，比较实际结果与预期结果，并生成测试报告这一过程。自动化测试通常应用于成熟的软件和软件中的核心业务，它可以自动执行一些重复但必要的测试工作，也可以完成一些手工测试几乎不可能完成的测试，避免测试人员惯性思维所导致的测试疏漏，减少由于手工测试中的烦琐重复工作所导致的人为差错。

对于持续交付和持续集成而言，测试自动化是至关重要的。高水平的自动化测试能力，能够显著提升测试效率和效果，对提升软件质量是大有裨益的。因此，提升自动化测试质量对软件质量是有帮助的。下面介绍部分自动化测试质量的指标。

自动化测试发现缺陷占比

（1）统计口径。

自动化测试发现缺陷占比=自动化测试发现缺陷数/（自动化测试发现缺陷数+手工测试发现缺陷数）

（2）统计说明。

自动化测试发现缺陷占比能够直观地反映自动化测试的效果。若结合缺陷类型进行拆解分析，还可以了解自动化测试更擅长发现何种缺陷。此外，还需重点关注本该在自动化测试中发现却逃逸到下游环节的缺陷，这些缺陷是优化自动化测试脚本的切入点。

自动化测试发现缺陷效率

（1）统计口径。

自动化测试发现缺陷效率 = 自动化测试发现的缺陷数量/自动化测试用例执行数量

（2）统计说明。

该指标无法直接说明自动化测试的效果，但可以通过趋势分析来发现无效的自动化测试用例，并对其更新或删除。

自动化测试用例占比

（1）统计口径。

自动化测试用例占比 = 执行的自动化测试用例数/执行的总用例数

（2）统计说明。

该指标是自动化测试覆盖率的一种。自动化测试覆盖率指标还包括功能覆盖率、接口覆盖率和代码覆盖率。自动化测试覆盖率并不能直接反映自动化测试的质量，反映的只是测试的自动化程度。一般而言，自动化测试用例占比越高，回归测试的效率就会越高，开发人员或测试人员就能够将更多的精力和时间用于其他方面的质量提升。当然，这个指标并非越高越好，自动化测试更适用于回归测试和接口测试的场景，而且自动化程度较高时，自动化脚本的维护成本也会随之攀升。因此，项目组要根据软件特性和团队情况，找到测试自动化收益与成本的最佳平衡点。

读者需要将该指标与"当前自动化测试用例总数/可以被自动化的测试用例总数"区分开来，后者主要反映的是测试自动化建设进程。此外，测试用例的可自动化率决定了自动化测试用例占比的上限，测试用例的可自动化率 = 可以实现自动化的测试用例数量/执行的总用例数。

（3）类似指标。

类似指标还包括自动化测试功能覆盖率、自动化测试接口覆盖率和自动化测试代码覆盖率。

自动化测试用例通过率

（1）统计口径。

自动化测试用例通过率=执行通过的自动化用例数/已执行的自动化用例数。

（2）统计说明。

该指标用来衡量自动化测试用例的稳定性和自动化测试的实际效率，通过率低就意味着测试人员需要花费大量的时间去定位运行失败的原因。在多次测试中，若通过率显著下降，就预示着自动化测试用例不稳定，不值得信赖，或近期测试的代码中包含了太多的缺陷数。自动化测试用例通过率的反向指标是自动化测试用例失败率。

自动化测试用例执行耗时

（1）统计口径。

自动化测试用例执行耗时=成功执行的自动化测试用例结束时间-开始执行时间

（2）统计说明。

该指标用于指明耗时过长的自动化测试用例，通过分析其中的具体原因，从而决定是否要优化以及如何优化，进而提高自动化测试质量。

自动化测试用例分布

（1）统计口径。

自动化测试用例分布=不同类型自动化测试用例数/自动化测试用例总数

（2）统计说明。

这并不是一个具体的指标，而是对自动化测试用例总数的拆解分析。根据Mike Cohn 的自动化测试金字塔（The Test Automation Pyramid）[75]，理想情况下自动化测试用例的分布应该是 UI 用例最少，接口和集成测试用例较多，单元测试用例最多（如图 8-8 所示）。通过度量和统计自己所在软件研发项目组中自动化测试用例分布情况，逐步向"金字塔"靠拢，能够在一定程度上提升自动化测试的质量。

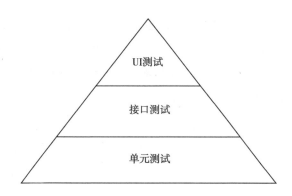

图 8-8　自动化测试金字塔

资料来源：Mike Cohn. Succeeding with Agile ［M］. Pearson Education Inc.，2010.

7. 验收环节质量

验收环节的缺陷数量、积压缺陷数等指标可参考过程性质量指标，此处不再赘述。

验收通过率

（1）统计口径。

验收通过率=验收通过需求数量/验收的需求总数

（2）统计说明。

该指标反映的是阶段性的验收成果。若验收人在验收环节只以版本的视角验收，只要一个需求验收不通过，整个版本就不合格，所以验收通过率应以版本数替代需求数。指标"需求一次验收通过率"则关注需求首次验收的成果，统计公式为"一次验收通过需求数量/验收的需求总数"。

单需求验收次数

（1）统计口径。

单个需求被客户验收的总次数。

（2）统计说明。

当需求不满足客户要求时，就会产生多次验收的情况。利用柱状图可将验收次数可视化，展示不同验收次数下的需求个数，便于研发团队复盘需求多次验收的问题，并加以改进。测试、评审等质量保证活动也可使用类似可视化方法指导质量改进，在此不再赘述。

8. 发布质量

变更失败率

（1）统计口径。

生产环境部署后需要通过修改代码进行修复或补救的百分比。

（2）统计说明。

该指标不包含部署到生产环境之前发现故障而需要修改代码的情况。

（3）类似指标。

类似指标包括变更成功率、版本回退率。

单次变更耗时

（1）统计口径。

单次成功变更的耗时。

（2）统计说明。

质量对于效率而言是非直观的，但是始终会影响真实的交付效率。发布变更耗时能够反映软件质量在易安装性方面的水平。

回滚成功率

（1）统计口径。

回滚成功率＝回滚成功次数/回滚次数

（2）统计说明。

该指标反映的是回滚脚本/方案的质量，并在一定程度上反映了项目研发团队持续交付的能力。

单次回滚耗时

（1）统计口径。

软件版本回滚耗费的时长。

（2）统计说明。

该指标反映了软件质量在易恢复性方面的水平。

9. 线上质量

逃逸缺陷数量

（1）统计口径。

在已上线软件功能中发现的缺陷数量，发现者既可以是使用者也可以是研发团队。

（2）统计说明。

通常来说，要对该指标拆解分析，须结合逃逸缺陷的严重程度、缺陷来源等进行拆解分析，用以指导修复优先级和后续改进措施。

逃逸缺陷率

（1）统计口径。

逃逸缺陷率＝逃逸缺陷数量/（逃逸缺陷数量+缺陷数量）×100%

（2）统计说明。

缺陷数量是指过程性质量指标中提及的"软件功能上线前发现的缺陷数

量"。逃逸缺陷率反映的是整个软件研发项目团队的质量保证水平。由于逃逸缺陷通常在功能上线一段时间后，才会被用户或研发团队发现，因此要根据迭代、版本或需求信息，将逃逸缺陷与当时的数量匹配上。

逃逸缺陷密度

（1）统计口径。

逃逸缺陷密度=线上逃逸缺陷数量/对应的软件规模

（2）统计说明。

逃逸缺陷的暴露有一定的滞后性，可能需要上线一段时间后才被发现。如果能够将线上逃逸缺陷与当时上线的软件规模相匹配，那么就可以统计出逃逸缺陷密度，该指标在一定程度上反映了项目团队对质量的保证水平。

补丁版本占比

（1）统计口径。

补丁版本占比=已发布补丁版本数量/已发布版本数量

（2）统计说明。

软件版本通常分为基线版本、增量版本、补丁版本。该指标适用于紧急发布非计划内功能或修复缺陷的场景，能够在一定程度上反映软件质量。由于非计划内的版本发布对原有的开发计划和开发节奏有显著的负面影响，研发团队应尽量减少补丁版本数量。

（3）类似指标。

类似指标还包括已发布补丁软件规模占比。

逃逸缺陷修复率

（1）统计口径。

逃逸缺陷修复率=已修复的逃逸缺陷数/逃逸缺陷数量。

（2）统计说明。

该指标用于推动研发团队尽快修复线上缺陷，提升软件产品质量，其反向指标是线上缺陷遗留率，即当前遗留未解决的线上缺陷占线上缺陷总数的比例。

（3）类似指标。

类似指标还包括安全事件解决率。

逃逸缺陷重开率

（1）统计口径。

逃逸缺陷重开率＝重开的逃逸缺陷数/逃逸缺陷数量

（2）统计说明。

众所周知，逃逸至线上的缺陷，其修复成本远高于研发过程中发现的缺陷，会导致客户忠诚度下降、客户流失、缺陷修复耗时等，研发团队应避免多次修复同一个线上缺陷，这对客户满意度、研发资源都是极大的损伤。该指标通常用于事后复盘，引导研发团队关注重复发生的线上缺陷，寻求措施以提升软件产品质量。

平均故障率

（1）统计口径。

平均故障率＝软件总故障次数/运行的软件总数

（2）统计说明。

该指标可以反映软件的可靠性水平。例如，若 A 软件在 10 万台设备上运行，统计周期内发生了 1000 次故障，则该软件的平均故障率为 0.01。

平均无故障时长

（1）统计口径。

平均无故障时长 $= \sum$ 软件正常运行时长/线上故障数量

（2）统计说明。

平均无故障时长（Mean Time Before Failure，MTBF）反映了软件平均能够正常运行多长时间才发生一次故障，能够在一定程度上反映架构的稳定性。

（3）类似指标。

类似指标还包括平均失效的时间（Mean Time To Failure，MTTF）、服务水平协议（Service Level Agreement，SLA）。

平均修复时长

（1）统计口径。

平均修复时长 $= \sum$ 线上故障修复时长/线上故障数量

（2）统计说明。

平均修复时长（Mean Time to Restoration，MTTR）反映的是软件架构在发生线上故障时的可修复水平。

客户质量投诉次数

（1）统计口径。

客户针对软件质量所提出的投诉。

（2）统计说明。

该指标所涉及的投诉不仅包括客户对软件功能不满而产生的投诉，也包括客户对软件易用性、可维护性等非功能质量的投诉。这是软件质量的一个代理指标，也能在一定程度上反映软件的质量水平。

用户体验类指标

（1）统计口径。

该指标是用户体验类指标的概称。

（2）统计说明。

用户体验度量模型众多，包括但不限于 UMUX、HEART、PTECH 度量模型、UES 度量系统、DES 度量模型[76]，这些模型均有部分指标需要通过问卷调查、主观判断来获取数据，无法全部通过系统自动提取，如用户体验的三大经典指标——CSAT、NPS 和 CES①，都是通过调研问卷来获取数据的。如表 8-6 所示的用户体验类指标，借鉴《用户体验度量》进行了维度划分[77]，其中大部分指标可通过埋点或软件后台日志数据统计得到。此外，基于这些指标绘制的转化漏斗图、桑基图和路径分析图，也是用户体验分析常用的工具。

——————————

① 具体介绍参见第 10 章的内容。

表 8-6　用户体验类指标

维度	指标名称	统计口径	统计说明
综合	会话体验评分	执行通过率×(1-可用性)×[(1-可优化延时/会话整体耗时)×权重 A+(1-请求错误率)×权重 B+(1-请求警示率)×权重 C] 不可用或非百分之百通过的会话，会话体验评分为 0 权重使用主客观综合赋权法确定，权重=0.8×主观权重+(1-0.8)×客观权重，0.8 为初始权重参数	该指标反映了会话的综合体验水平
任务效率	操作次数	对于目标功能，用户在正常流程或高频操作流程下，从开始操作到最终实现业务目标的操作次数	该指标通常与每次操作的间隔时长组合分析
	环节数量	对于目标功能，正常流程或高频流程下需要经历的环节（页面）数	该指标通常与各环节的停留时长组合分析
任务时间	可优化延时	$\sum$ 可优化问题延滞的时长	衡量会话受可优化问题影响的时长。如果解决了相应的可优化问题，用户就可以在更短的时间内完成会话
	服务器响应时长	服务器完成交易请求执行的时长，但不包括客户端到服务器端的反应（请求和耗费在网络上的通信时长）	需要特别关注访问高峰期的响应时长，避免服务器负载过高而影响用户体验
	客户端响应时长	客户端在构建请求和展现交易结果时所耗费的时间	
	网络响应时长	网络硬件传输交易请求和交易结果所耗费的时间	
	全量加载耗时	软件页面元素全部加载完成所耗费的时间	
	白屏时间	用户点击一个链接或打开浏览器输入 URL 地址后，从屏幕空白到显示第一个画面的时间	白屏时间的长短直接影响用户对该软件的第一印象
	首次渲染耗时	从开始浏览到实际渲染出第一个像素的耗时	
	可交互耗时	软件第一次完全达到可交互状态的耗时	浏览器在可交互的状态下能够持续性地响应用户的输入，不至于影响用户体验
	应用安装耗时	应用从开始安装到实际可用的耗时	
	首屏时间	用户访问软件页面第一屏的打开时间	

续表

维度	指标名称	统计口径	统计说明
任务成功	操作耗时	对于目标功能，用户在正常流程或高频操作流程下，从开始操作到最终实现业务目标的耗时	
	转化率	进入目标上游节点次数/进入目标下游节点次数	基于预设的任务流程，度量各节点之间的转化率。通过分析节点转化率过低的原因，有助于提升软件可用性
	打开成功率	软件成功打开次数/软件访问次数	反映软件稳定性的重要指标
	会话通过率	会话预设交互已执行次数/总预设交互次数	在规定的时间内，会话未出现致命问题的情况下的动作执行通过率
错误	提交报错率	提交报错次数/提交次数	用户在页面提交信息时，因不满足业务规则、遗漏必填项、输入内容格式错误或软件缺陷导致的软件报错。通过统计分析此类报错占比，可引导研发团队优化页面交互功能，提升软件质量。该指标的反向指标是提交成功率
	软件崩溃率	软件崩溃次数/用户访问次数	快速定位问题点及问题复现是崩溃分析的意义所在。项目组需要关注崩溃次数及崩溃率，进行问题分析与定位

10. 架构质量

软件架构质量决定了研发团队能否快速和安全地实施变更，是影响开发工程师研发效率的首要因素[26]。常见的软件深度、软件宽度、最大扇入数、最大扇出数等指标可反映软件架构的基本情况，但无法直接指导软件架构质量的改进。下面从组件设计、代码实现和运行效果三个维度来介绍架构质量的日常度量指标。

组件设计

软件的组件设计，通常要遵循如下原则，以实现组件的"高内聚，低耦合"[78]：①重用发布等价原则，即重用的粒度就是发布的粒度；②共同重用原则，即一个组件中的类须一起被重用，当代码重用了组件中的一类，那么就要重用其中所有的类；③共同封闭原则，即一个组件中的所有类对于同一种类型的变化应该是共同封闭的，一个变化若对一个组件产生影响，则将影响该组件中所有的类，而对其他组件不造成影响；④无环依赖原则，在组件的依赖关系图中不允许存在环；⑤稳定依赖原则，即组件间的关系朝着稳定的方向依赖；⑥稳定抽象原则，即组件的抽象程度应该与其稳定程度一致。前三个原则关注组件的内聚性，指导如何将类组包；后三个原则关注组件的耦合性，指导组件关系的设计。

这些原则并非都能进行量化度量，因此下面介绍的度量指标并未覆盖以上全部原则。

组件循环依赖数量

（1）统计口径。

目标组件与其他组件之间的循环依赖次数。

（2）统计说明。

该指标针对的是无环依赖原则，当组件间依赖关系混乱、职责不清时，将加大软件的维护难度。通过组件循环依赖数量的指示，可以优化软件依赖情况，避免出现组件之间的环形依赖，进而提升软件架构健康度。

调用链长度

（1）统计口径。

接口在多个组件间流转的次数。

（2）统计说明。

调用链越长，组件间依赖度越大，依赖关系越复杂，排查问题越困难，软件的可维护性越低。

组件职责偏差率

（1）统计口径。

组件职责偏差率=组件职责与业务模型不同的组件数/已审查的组件数

（2）统计说明。

该指标反映的是组件职责与业务模型之间的偏差率。组件没有按业务合理划分，会提高组件间的关系复杂度，降低软件可维护性。该指标可用于指导软件组件功能的改进；但该指标无法自动采集，需要通过定期的复盘活动来审查、统计。

不稳定因子（Instability）

（1）统计口径。

不稳定因子＝输出耦合度/（输入耦合度+输出耦合度）

（2）统计说明。

组件的稳定性是指改变它的难易程度，若要提高一个组件的稳定性，使它难以修改，一个最常用的方式是让更多其他的组件依赖它。针对一个组件，当依赖它的组件越多时，修改该组件所造成的影响也就越大，修改所需的工作量也越大，那么这个组件就越稳定。

NDepend 支持不稳定因子的统计[79]。其中，输出耦合度（Efferent Couplings）是指位于一个组件内部的类，需要依赖组件外其他类的数量；输入耦合度（Afferent Couplings），是指一个位于组件外部的类，需要依赖组件中其他类的数量。

不稳定性因子的取值范围是 [0，1]。当因子的值为 0 时，则表示一个组件具有最大的稳定性，此时输出耦合度等于 0，只存在别的组件依赖它，而它不依赖其他组件；当因子的值为 1 时，则表示一个组件具有最大的不稳定性，此时输入耦合度为 0，没有组件依赖它，但它依赖其他组件。

抽象因子（Abstractness）

（1）统计口径。

抽象因子＝组件中抽象类的数目/组件中类的总数

（2）统计说明。

该指标针对的是稳定抽象原则，也能通过 NDepend 进行统计。抽象因子的取值范围是 [0，1]。当抽象因子为 0 时，表示组件中没有任何抽象类；当抽象因子为 1 时，表示组件中所有的类全部都是抽象类。

为了更好地研究组件的稳定性和抽象性，Robert C. Martin[78] 引入了一个二维坐标图（见图 8-9），其中抽象因子是纵轴，不稳定因子是横轴，两个坐标轴的取值范围都是 ［0，1］。最稳定、最抽象的组件位于坐标左上角（0，1）处；最不稳定、最具体的组件位于坐标的右下角（1，0）处。理想情况下，组件最好都能够落在这两个位置附近，即组件要么是最稳定且最抽象的，要么是最不稳定且最具体的，但是这毕竟只是理想情况，绝大部分组件的抽象性和稳定性都位于这两个点之间。

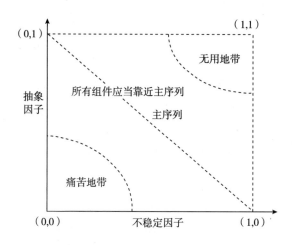

图 8-9　抽象因子与不稳定因子组成的二位象限图

资料来源：Robert C. Martin. 敏捷软件开发：原则模式与实践 ［M］. 清华大学出版社，2003.

在（0，0）附近的组件是一些具有高度稳定性且具体的组件，但是这种组件僵化程度很高，因为它是具体的，无法对其进行拓展，又因为它是高度稳定的，很难对它进行更改。简而言之，位于此处的组件会被其他组件所依赖（稳定性），它很难被拓展和修改（具体性）。所以，该坐标附近的区域被称为"痛苦地带"。对于在（1，1）附近的组件，具有最低的稳定性和最高的抽象性，没有其他组件依赖它们，它们也无法被使用。于是，这个坐标附近的区域被称为"无用地带"。

设计组件时，应该尽量远离上述两个区域。为此，将距离这两个区域都最远的轨迹点连接成一条线，即连接（1，0）和（0，1）这两个点的直线，这条线被称为主序列（Main Sequence），所有组件的坐标应当靠近主序列。对于偏离主序列的组件，架构师应当着重留意。

代码实现

代码实现类指标主要是代码圈复杂度、代码认知复杂度、代码重复率、超长类指数、超长方法指数，前文均已有所介绍，此处不再赘述。读者可根据项目需要，从上述指标中选择一些进行度量，并赋予权重，聚合为一个综合性的代码指数，用来反映代码维度的架构质量。

运行效果

运行效果类指标是通过软件的实际运行状况来反映软件架构的质量，即从外在表现上去寻找软件架构的问题。

平均无故障时长（Mean Time Before Failure，MTBF）

统计口径见"线上质量"的指标介绍。

平均修复时长（Mean Time to Restoration，MTTR）

统计口径见"线上质量"的指标介绍。

低活跃功能占比

（1）统计口径。

低活跃功能占比＝低活跃功能数/功能总数

（2）统计说明。

该指标是对软件已上线功能的统计，软件的部分功能长期处于低活跃度状态（具体时长、活跃度判断标准要根据实际情况来定），这些功能应当被清理。该指标有助于优化组件之间的关系，提升软件架构可维护性。该指标需要通过定期开展功能盘点来获得数据，盘点周期根据软件特点和功能数增幅来确定。

API 平均响应时长

（1）统计口径。

API 平均响应时长 = $\sum$ API 响应时长/API 数量

（2）统计说明。

软件线上 API 的平均响应时长能够在一定程度上反映软件架构的质量。当然也可使用 API 响应时长 80 分位数进行评价。此外，需要重点关注响应时间太长的 API，分析并加以优化。

数据不一致缺陷占比

（1）统计口径。

数据不一致缺陷占比 = 数据不一致的线上缺陷数量/所有线上缺陷数量

（2）统计说明。

数据不一致缺陷通常与架构设计不合理或组件交互方式不合理有关。该指标可指导软件架构的优化。

第 9 章

进度域评估

总是没有足够的时间把事情做好，但又总有时间返工重做。

——Thomas Brazell

第 1 节　软件项目进度规划

项目进度管理是指对项目各阶段的进展程度和项目最终完成的期限所开展的管理，以确保项目能在满足时间约束条件的前提下实现其总体目标。项目进度管理总体分为两大部分，分别是进度规划和进度控制。在实际工作中，按时完成项目往往是项目经理面临的最大挑战之一，因为时间是项目中灵活性最小的变量，过大的进度压力往往会衍生出一系列的项目管理问题，如团队士气低落、内部冲突加剧、人员稳定性下降等。项目进度可靠是质量可靠的基础，如果软件质量出现问题，很可能是项目进度方面存在问题，导致质量保证活动无法在计划的时间内完成或实施[24]。

总体而言，项目进度规划是项目中其他规划领域的基础，因为项目进度规划明确了不同时间点的工作内容和工作顺序，进而决定了项目成本的规划、采购活动的规划、人力资源配置规划、风险管理规划等。项目进度规划方法分为两类，分别是预测型方法和适应型方法[1]，不同的规划方法反映了不同的管理理念，因此度量活动也会存在差异。

1. 预测型进度规划法

预测型方法非常强调计划的重要性，认为只有制订比较详尽的、可操作的项目进度计划，才能够统筹安排整个项目的管理工作，使项目各方面的工作有条不紊地开展。预测型进度规划的步骤如下：

（1）将项目范围分解为具体工作。

为了拟定详细的进度计划，首先将项目中需要完成的工作进行分解，即创建 WBS（Word Breakdown Structure，工作分解结构），结构层次越往下，则项目组成部分的定义越详细，WBS 最后一层可以作为项目实施的工作依据。WBS 通常是一种面向"成果"的"树"，其底层是细化后的"可交付成果"，代表了项目的整个范围。创建一个软件研发项目的 WBS 有多种视角，如按子系统、按项目阶段、按专业、按流程环节等。在实际工作中，确定项目的 WBS 可以综合运用以上视角，在 WBS 的不同层次使用不同的视角，例如，首先根据子系统进行分解，再根据专业对每个子系统的工作进行分解。对工作项进行分解时，须综合考虑项目规模、软件功能特点、项目地理区位、子系统特点、技术特点和组织结构等，分解后的任务应该是相对独立、可分配、可度量、可管理的。任务颗粒度大小应根据工作难度和研发需要来决定，任务过大会导致研发流程各环节等待时间变长，任务过细则加大了干系人对进度现状的理解难度和追踪难度，其间可使用工作分解结构图创建 WBS，该图的介绍参见第 2 章第 2 节。

（2）排列工作顺序。

工作分解后形成了项目范围内需要完成的工作内容，随之需要确定的是这些工作之间的顺序。工作顺序首先受工作自身的商业价值和风险影响，其次还受工作之间的依赖关系影响。依赖关系从能否变更来看，可分为强制性依赖关系和选择性依赖关系；从项目边界来看，可分为外部依赖关系和内部依赖关系。其中，强制性依赖关系是由合同要求或工作内在性质决定的，这种类型的依赖关系通常不能改变，如合同要求代码合并前必须经代码评审通过；选择性依赖关系是基于最佳实践或项目偏好形成的关系，这种类型的依赖关系可以改变，如某项目团队习惯在每次迭代完成后召开迭代回顾会；外部依赖关系是项目内工作与非项目工作之间的关系，这种类型的依赖关系通常不能改变，例如，某款股票交易系统的新功能要在国家新政策正式生效后才能上线；内部依赖关系是多个项目工作之间的关系，这种类型的依赖关系可以改变，如功能 A 和功能 B 的开发活动。根据上述依赖关系，项目工作可拟定先后关系，并确定串行或者并行方式。项目组可据此绘制出流程图。

（3）估算资源投入。

结合工作内容和顺序，进一步评估工作所需的人力投入、物资投入以及持续时间，由此绘制出资源直方图和网络图（PDM、CPM 或 PERT）。

（4）分配资源。

根据资源可用性，为工作分配人员、服务器资源、软件资源等，并可据此绘制出资源日历、甘特图。

（5）调整与优化。

由于项目的利益干系人着眼点各异，因此要综合各方意见，调整项目工作内容、顺序、估算和资源，直至主要干系人对进度方案达成一致意见。

2. 适应型进度规划法

适应型方法秉承了敏捷管理理念，强调进度规划的灵活应变性，所以采取渐进明细和增量规划的方式拟定项目的进度计划[1]。与预测型规划方法极其重视前期计划的精确性和完善程度不同，该方法认为并非前期计划投入时间和精力越多风险就会越低，而是要掌握好前期计划的度，既要做好前期计划，降低重大风险，也要避免过度计划影响项目对现实变化的适应性。因此，适应型方法提倡在整个项目周期内持续规划。

适应型方法的规划分为五个层次，由粗到细分别是产品愿景、产品路线图、发布计划、迭代计划和每日站会计划。该方法通常会使用时间盒，以克服帕金森定律——"只要还有时间，工作就会不断拓展，直到用完所有的时间，甚至此时既定工作都未完成"。每个时间盒中的工作都是基于优先级排序的待办事项。与预测型进度规划法的 WBS 作用类似，适应型方法对需求进行拆分，按其规模从大到小依次是史诗、特性和用户故事。拆分需求时，可选用如下五种拆分方法[5]：①按业务规则拆分；②按用户与软件的接触点拆分，如移动端、PC 端；③按数据类型/格式拆分，如将文档在线功能拆分为编辑 Word 功能、编辑 Excel功能；④按探索路径拆分，如技术预研时，拆分为技术 A 预研和技术 B 预研；⑤按路径拆分，如将支付功能拆分为微信支付和支付宝支付。

对于事项优先级的判断，除了使用前文介绍的 KANO 模型，还可使用如下排序技术：

（1）MoSCoW 技术：Must（必须有），说明这些需求是必备的；Should（应该有），说明这些需求是有高业务价值的；Could（可以有），即这些需求具备一定的业务价值；Won't（不会有），表示这些需求当前不会被满足。

（2）简单排序模式：直接根据需求的价值标记高、中、低优先级。

（3）100 点法：每个干系人拥有 100 点投票权，他们对需求的优先级进行投票，各需求最终获得的点数决定了这些需求的优先级。

（4）四象限法：由必要性和竞争力两个维度构建四象限，其中必要性维度分为必要需求和辅助需求，竞争力维度分为外围功能和杀手功能[2]（见图 9-1）。

	外围功能	杀手功能
必要需求	第二象限 建议采取"抵消"的办法快速 达到"和别人差不多"	第一象限 建议采取"差异化"的办法， 全力以赴投资这个领域
辅助需求	第三象限 建议采取"维持"的办法	第四象限 建议采取"维持"的办法，或 者现在"不做"，等待好的时 机，或者小规模实验

图 9-1　需求分析四象限法示意图

资料来源：邹欣 . 现代软件工程构建之法［M］. 人民邮电出版社，2017.

（5）加权算法：每个需求的好处、坏处、成本和风险会被赋予 1~9 分范围内的一个分数。客户根据好处和坏处来评估是否包含该需求，开发者根据开发的成本和实现的风险来评估该需求。所有需求经过加权计算后会得到各自的综合评分，由此决定需求的优先级。

运用上述方法生成的需求优先级，后续将作为需求相关统计指标在优先级分布情况分析上的数据输入。最后，项目团队要确定每个时间盒中可以完成的工作量，并对计划纳入的需求进行工作量估算①，据此决定本次时间盒要纳入的需求。其间使用的工具包括产品路线图、用户故事地图、影响地图，具体可参见本书第 4 章第 3 节内容。

第 2 节　软件项目进度控制

项目进度控制可分为事前控制、事中控制和事后控制，其中：事前控制是指

---

① 敏捷估算操作可参阅 Mike Cohn. 敏捷估计与规划［M］. 清华大学出版社，2007.

项目进度规划阶段制定科学合理的进度方案；事中控制是发现可能延误进度的障碍后，及时清除以避免延误进度；事后控制是进度被延误后，采取措施加快进度，确保项目按时交付。总体而言，若要控制好项目进度，就需要密切追踪项目进度，发现问题时及早采取措施加以解决。

1. 进度追踪

项目推进过程中，由于人力资源、客户要求、外部环境、项目管理等多种因素的影响，有的工作提前完成，有的工作延迟；有新的工作进入，也有既定的工作被撤销。若团队无法及时知晓项目进展现状，必定会对后续的任务造成影响，进而影响整个项目的进度。为了将项目进度信息透明、便于跟踪，需要相关度量工具将进度信息可视化，这些工具包括但不限于甘特图、挣值分析、网络图、看板、产品路线图、燃尽图、燃起图。

2. 进度滞后原因分析

当项目进度不如预期，在采取措施前最好先分析清楚原因，避免"头痛只医头，脚痛只医脚"。除了精益理念的七种浪费导致项目进度的滞后，Dominica Degrandis 和 Tonianne DeMaria 提供了另外一种视角，他们认为以下五类事项是"时间神偷"[80]，在暗暗地拖累项目的进度：①过多的在制品（Too Much WIP），在制品（Working In Progress，WIP）与产能的关系如图 9-2 所示；②未知的依赖关系（Unknown Dependency）①；③加塞的工作（Unplanned Work）；④优先级冲突的事项（Conflict Priority）；⑤被忽视的工作（Neglected Work）②。上述事项是进度滞后分析的焦点，自然也是度量活动关注的对象，累积流图能够将 WIP 可视化；精心绘制的流程图能够减少未知的依赖关系；看板通过控制 WIP 数量能够避免过多的加塞工作，也能够减少优先级冲突事项的数量；价值流图可以有效减少团队忽视的流动项。此外，鱼骨图、亲和图、关联图、思维导图等工具也是进度分析的利器。

---

①　指完成目标任务所必需的前提条件，未知的依赖关系往往会在任务后期突然冒出，阻碍任务按时完成。

②　通常指技术债务或"僵尸项目"，导致项目成员无法专心于高价值事项。

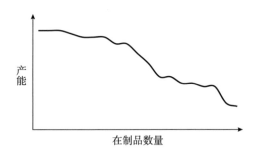

图9-2　产能随着在制品数量增长的变化趋势

资料来源：Dominica Degrandis，Tonianne DeMaria. Making Work Visible：Exposing Time Theft to Optimize Work & Flow［M］. IT Revolution Press，2017.

3. 进度改进措施

进度改进措施要根据进度滞后原因对症下药，根治"病因"，但这些措施往往见效慢，需要运用立马能见效的措施先渡过难关。此类改进措施主要有资源优化技术和进度压缩技术。资源优化技术包括资源平衡和资源平滑。资源平衡是为了在资源供需之间取得平衡，根据资源情况对项目中的工作开始日期和结束日期进行调整的一种技术，其缓解了特定时间内资源不足或过度分配的现象，但往往会导致关键路径延长、项目进度延后。例如，张三需要每天工作16个小时才可能完成进度计划中的任务，此时张三被过度分配了工作，通过调整张三手头的工作，让他每日的工作时长在8小时以内，这就是资源平衡。

资源平滑是对项目工作自身进行调整，从而使项目资源需求不超过当前资源限制的一种技术，它只调整非关键路径上的活动，因此不会改变项目关键路径，不会导致进度延后，但无法实现所有资源的优化。例如，周三需要完成10项任务，需要6人天，但目前只有5位成员，为了避免人力缺口的发生，项目组将其中一项1人天的非关键路径任务改到周四，这就是资源平滑。

进度压缩技术包括赶工和快速跟进。赶工是通过增加资源，以最小的成本增幅来压缩项目工期的一种技术，它适合通过增加资源就能缩短持续时间且位于关键路径上的活动。当然，赶工往往会导致成本增加，质量下降（Robert C. Martin认为自己最糟糕的技术错误都是在狂热加班时犯下的[29]）。快速跟进是将串行工作改为并行开展，它适合能够通过工作并行来缩短项目工期的情况。工作并行往往容易导致质量下降，并有可能增加项目成本。在软件研发项目中，人是最核心的资源，因此项目进度控制必须处理好人力投入和持续时间之间的关系，二者的关系可粗略分为两类：

（1）由人力投入驱动的、可以通过增加人员来缩短持续时间的活动。需要注意的是，人力投入的边际效应是有临界点的，在该临界点之后增加人员，反而可能会使持续时间延长。《人月神话》就指出，向进度落后的项目增加人手，会让项目进度更落后[81]。新成员加入项目后需要学习，还需要其他成员投入精力进行指导。通常新成员刚开始的效率都会比较低，而且指导工作会降低原有成员的工作效率。再加之成员数量的增加，会使沟通渠道膨胀（如图 9-3 所示），信息流动更加不透明，进而降低团队协作效率。为了保证沟通顺畅，理想的团队成员数量应控制在 5~7 人，即两个比萨的规模①，这个数字似乎与人脑能够同时处理的信息元数量是 7±2 有关[82]。

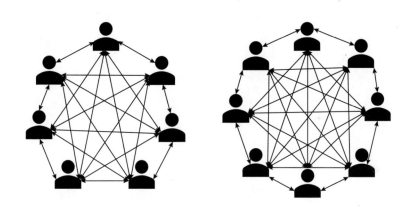

图 9-3　团队成员之间沟通渠道数量的变化示意图

注：软件研发团队成员间通常是全通道沟通，仅增加 1 名成员，团队内就新增了 7 条沟通渠道。

（2）持续时间对人力投入不敏感的活动，如流水线运行、作为培训师开展培训、执行自动化回归测试等，在此类工作活动中增加人力投入将收获甚微。

综上所述，在协调、沟通、冲突和返工使工期变长之前，工作的性质将决定

---

① 两个比萨原则是由亚马逊 CEO——Jeff Bezos 提出的，他认为如果两个比萨不足以喂饱一个项目团队，那么这个团队可能就显得太大了。

增加人手是否可以缩短以及能够缩短多长工期。可惜的是，没有固定的公式能确定增加人员与缩短工期的定量关系，业内仅有对新增人员与团队生产效率关系的定性分析（如图9-4所示），即新增成员在短期内会导致团队生产效率下降，随着团队磨合度提升，整体生产效率才会逐渐上升。

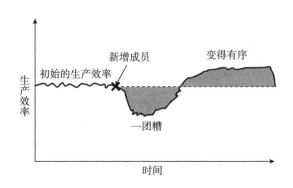

图 9-4 新增成员对团队整体生产效率的影响

资料来源：Robert C. Martin. 敏捷整洁之道：回归本源［M］. 人民邮电出版社，2020.

第 3 节 常用进度监测指标

在会计学中，根据项目完工比例确认收入和成本时，衡量项目进度的方法有三种，分别是工作量法、成本法和实际测定法。其中，工作量法是根据已经完成的工作量占预计总工作量的比例来确定项目进度，若该项目是软件研发项目，那么项目进度就是通过实际完成软件规模大小占计划软件规模大小的比例来体现；成本法是根据累计实际发生的成本占预计总成本的比例来确定当前的进度；实际测定法则是根据事先拟定的进度评估方法来度量项目进度。软件研发项目度量活动也大抵遵循如上思路度量项目进度，即项目中各类进度信息是通过实际值与计划值对比得到的，根据进度度量目标不同，比较的载体可以是软件规模、工作量、缺陷数量、风险数量等。下面逐一介绍项目进度度量中较常见的指标。

实际完成软件规模

（1）统计口径。

统计范围内实际完成的软件规模。

（2）统计说明。

该指标应用在价值流框架时，被称为流速，用于反映项目团队的交付能力，可用于开展事后的人员负荷、需求流速及流动瓶颈分析，以及拟定事前的进度计划和资源分配计划。该指标若与需求来源、需求类型、需求层级、需求优先级等需求特性结合，则可进行流分布分析。使用该指标可以绘制燃起图；若与计划软件规模组合，则可绘制进度追踪类图表。

在实际工作中，往往会因为不具备评估软件规模的条件（如缺乏相关技能、资源紧张、研发团队不重视等）而无法获取到软件规模数据。因此，很多组织会使用需求数量或任务数量来代理实际完成的软件规模。以需求数为例，在没有人为刻意操作的情况下，需求颗粒度随机且统计样本足够大的情况下，若需求彼此间的颗粒度大小相抵，能在一定程度上反映软件规模大小。

实际完成规模的度量要点是判定"完成"的条件，该条件与项目研发流程和指标使用角色紧密相关。例如，需求的 DoD 是指该需求下所有任务均测试通过，还是用户验收通过或功能发布或上线成功？抛开具体的研发流程规范不说，即便是同一套流程下的不同角色，其 DoD 标准可能就不一样，例如，对开发人员而言，需求自测通过，满足提测要求，该需求就算完成了；对研发项目经理而言，需求已发布，该需求就完成了；对现场实施人员而言，需求上线了，该需求才算完成。

未完成软件规模

（1）统计口径。

统计范围内未完成的软件规模。

（2）统计说明。

该指标在价值流框架中也被称为流负载，该指标与价值流的各个环节结合，可绘制累积流图，分析当前的流动瓶颈。

需求颗粒度

（1）统计口径。

统计范围内单个需求的规模。

（2）统计说明。

合理的需求颗粒度有利于提高计划可行性、进度管理水平和资源利用率。需求颗粒度过大，会导致需求内部低价值的内容"绑架"高价值内容，使高价值内容必须和低价值内容一起交付；加之颗粒度太大的需求占用研发资源过多，会让其他高价值需求无法更早交付。需求被拆分的颗粒度太小，则无法体现完整画面感，会阻碍开发和测试人员对需求的理解，也不利于后续的验收活动。在日常度量活动中，可使用帕累托图查看需求颗粒度的分布情况。

当项目组无法获取软件规模数据时，可使用需求实际投入工时或测试该需求时执行的测试用例数量作为软件规模的代理指标；尤其是项目组使用需求数量作为软件规模的代理指标时，建议同时查看基于工时或测试用例数统计得到的需求颗粒度中位数，将其作为辅助性指标，避免需求颗粒度波动太大而产生的误解。以某研发项目组 2023 年 1~8 月的缺陷密度和需求颗粒度为例（如图 9-5 所示），该项目组 2 月的缺陷密度（缺陷数量/需求数量[①]）显著低于其他月份。再查看 2 月的需求颗粒度中位数，也显著低于其他月份，即 2 月的需求普遍是小需求，由此可以推测是需求颗粒度太小导致缺陷密度的分母过大，使 2 月的缺陷密度明显小于其他月份。

实际投入工时数

（1）统计口径。

统计范围内投入的工时数量。

（2）统计说明。

该指标在"范围域和成本域评估"中已有所介绍，此处使用工时作为成本的代理指标（无法获得项目成本数据的权宜之计），着重介绍挣值分析。

［①］ 此处的需求数量是指 2 月测试过的需求。

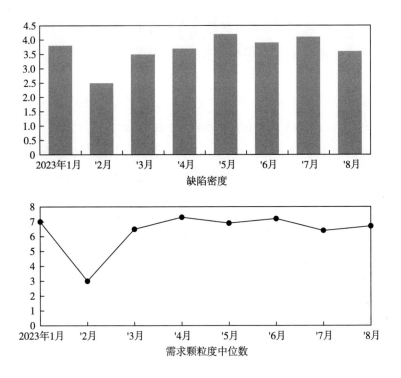

图 9-5　缺陷密度和需求颗粒度中位数趋势图

在软件研发项目中，挣值分析各参数定义如下：①计划价值（PV）对应的指标是预计投入工时；②实际成本（AC）对应的指标是实际投入工时；③挣值（EV）是已完成软件规模的预计投入工时；④完工预算（BAC）是按照原计划，实现所有软件规模所需的预计投入工时；⑤完工估算（EAC）是指根据当前项目绩效水平，估算得到实现项目范围内所有软件规模所需投入的工时总和；⑥完成尚需估算（ETC）是指根据当前项目绩效水平，估算得到实现剩余软件规模尚需投入的工时。

举例来说，某软件研发项目计划软件规模为 1000 功能点，为期 100 天，根据以往项目的数据估算，预计投入工时数为 11000 工时（BAC），所以预计生产率是 11 工时/功能点。50 天后，工期来到 50% 处。在该时点：项目计划软件规模为 500 功能点，预计投入 5500 工时（PV）；项目组已实现软件规模 600 功能点，实际投入 6000 工时（AC），因此当前的实际生产率是 10 工时/功能点。如果按预计生产率，实现 600 功能点的软件规模需要 6600 工时（EV）；如果按当前的实际生产率，实现全部的 1000 功能点，总共需要 10000 工时（EAC），完成剩余的 400 功能点，还需要 4000 工时（ETC）。

对于评价指标，进度偏差（SV）＝EV－PV，即 6600－5500＝1100 工时；进度绩效指标（SPI）＝EV/PV，即 6600/5500＝1.2；成本偏差（CV）＝EV－AC，即 6600－6000＝600 工时；成本绩效指标（CPI）＝EV/AC，即 6600/6000＝1.1。

当然，如果项目组难以获得软件规模数据，那么就只能使用需求数量来做软件规模的代理指标。

实际完成事件数

（1）统计口径。

统计范围内完成的事件数量。

（2）统计说明。

在软件研发项目中，除了需求开发工作之外，还有非开发类任务、日常性事务、客户支撑服务、技术预研、逃逸缺陷根因分析、风险管理、缺陷管理等其他事件。这些事件无法获得规模数据，甚至有的事务无法预计可用的工作量，那么只能使用数量进行统计。

目标完成率

（1）统计口径。

目标完成率＝统计范围内完成的规模/目标规模×100%

（2）统计说明。

根据统计对象不同，目标可以用里程碑、任务、需求、风险、缺陷、组件、版本等替换。以软件需求为例，项目计划实现需求规模为 500 功能点，当前已实现 400 功能点，因此完成率为 80%。对于无法获得规模数据的统计对象，可以使用数量或工作量作为代理指标。由于各目标的优先级、重要性有所差异，统计目标完成率时，要考虑是否据此拆解分析，以突出重要目标的进度信息，这有利于项目组做出更正确的决策。

需要注意的是，当不同目标的实现工作量与难度差异很大时，使用数量数据统计该指标，容易让使用者对当前进度产生误解。例如，某项目有 7 个里程碑，其中前 5 个里程碑都是资源准备类工作，不存在难度，很轻松就能达到，但第 6 个里程碑是技术攻关，难度高、工作量大。当前，项目团队已达成前 5 个里程碑，此时里程碑完成率是 71%，但项目实质进度可能只有 10%，因为绝大部分工作都将用于实现第 6 个里程碑。在这种情况下，建议使用已投入工作量占预计工作量比例来计算目标完成率。

及时完成率

（1）统计口径。

及时完成率=及时完成的数量/应完成的数量×100%

（2）统计说明。

及时完成率[1]是将实际消耗时长与预计所需时长对比后的结果，当实际完成时间≤预计完成时间时，就是及时完成的；当实际完成时间>预计完成时间，或预计完成时间已过但事件尚未完成时，则是未及时完成。该指标的反向指标是延期率。时间精确到分钟还是天，要结合使用者的实际需求来定，例如，项目组要求开发任务必须在每天的 20：00 前完成，那么开发任务及时完成率应当精确到分钟，而不是天。

统计及时完成率时，经常面临的问题是：计划完成时间和实际完成时间按首次统计还是末次统计。

对于项目组内部设置的计划完成时间，建议按照末次计划完成时间统计，若用首次计划完成时间统计，会导致项目团队成员抵制内部工作的二次调配，不愿服从项目整体需要；对于项目团队对外承诺的计划完成时间，如果从维护客户满意度的视角出发，可以按首次计划完成时间来统计。当然，采用首次还是末次计划完成时间，最终还是要基于项目团队对变更的容忍度。

对于完成后需要交付他人审核、测试、验收等再确认，且再确认环节不通过，需要回滚，再次完成的，建议按照末次实际完成时间统计，引导项目团队成

---

[1] 严格来讲，及时率属于效率类指标，应在项目价值域介绍。但考虑到及时率指标是由进度分析形成的结果，并且经常与进度指标一起分析，因此在本章进行介绍。

员保质保量地按时完成工作。当然，在这种场景下安排的计划完成时间，需要结合工作难度和执行人水平，给予一定的缓冲时间，因为其中必然有部分会返工。就如设定产品价格一样，必须考虑到退换货成本、质保期维保成本，而不能假设这些情况不会发生。

以开发任务及时完成率为例，开发任务的计划完成时间通常由项目团队内部自主设定，任务完成后需要交付测试，若测试不通过则要再次开发、提测，在原任务上会生成新的完成时间。根据前述建议，开发任务及时完成率应基于末次计划完成时间和末次实际完成时间统计，这样既便于项目组内部灵活调整计划，为客户交付更多价值，又能推动成员保质保量地完成工作。

及时完成率的度量对象非常多，表 9-1 罗列了一些软件研发过程中常见的及时完成率指标（这些度量对象也适用于目标完成率），供读者参考。

表 9-1　常见的及时完成率指标

环节	指标名称	统计口径	统计说明
需求环节	需求分析及时完成率	及时分析的需求数/应分析的需求总数	
	需求审核及时完成率	及时完成需求审核的需求数/应审核的需求总数	需求审核通常是指其他岗位或高一级岗位的同事，对需求分析的结果进行审核、把关，避免出现违规、错误情况
	需求评审及时完成率	及时完成需求评审的需求数/应需求评审的需求总数	需求评审通常是需求分析师、架构师、开发人员、测试人员等干系人一起对分析好的需求进行评审，提升需求内容的准确性，落实细节，确定排期。若评审活动是以迭代、版本为对象，则将需求替换为相应的评审对象
设计环节	设计评审及时完成率	及时完成设计评审的需求数/应设计评审的需求总数	若评审活动是以任务或迭代、版本为对象，则将需求替换为相应的评审对象
	设计任务及时完成率	及时完成的设计任务数/设计任务总数	设计任务还可根据需要细分为概要设计、详细设计、UI 设计等

续表

环节	指标名称	统计口径	统计说明
编码环节	编码评审及时完成率	及时完成编码评审的需求数/应编码评审的需求总数	若评审活动是以任务或迭代、版本为对象，则将需求替换为相应的评审对象
	开发任务及时完成率	及时完成开发任务数/开发任务总数	若开发活动的载体是需求，则将开发任务替换为需求
测试环节	测试评审及时完成率	及时测试评审的方案数/测试评审的方案数	若评审活动是以任务或迭代、版本为对象，则将需求替换为相应的评审对象
	测试分析及时完成率	及时完成测试分析的需求数/应测试分析的需求总数	
	测试用例编制及时完成率	及时完成测试用例的需求数/应编制测试用例的需求总数	
	测试及时完成率	及时测试的需求数/应测试的需求总数	若项目团队是通过测试任务来跟踪测试工作，那么还可使用测试任务及时完成率
验收环节	需求验收及时完成率	及时验收的需求数/应验收的需求总数	根据需要，评估对象还可以是版本、组件
发布/上线环节	需求发布及时完成率	及时发布的需求数/应发布的需求总数	根据需要，评估对象还可以是版本、组件
	需求上线及时完成率	及时上线的需求数/应上线的需求总数	根据需要，评估对象还可以是版本、组件
其他	缺陷及时修复率	及时修复的缺陷数/应修复的缺陷数	不同严重程度的缺陷，需要的修复速度往往不一样，建议结合缺陷严重程度拆解分析；线上缺陷/故障与此类似，但可能还要考虑客户等级，因为这个因素也会影响修复时限。类似指标还有缺陷及时关闭率，在此不作赘述
	任务及时完成率	及时完成的任务数/应完成任务总数	软件研发过程中，除了开发、设计、测试任务之外，还有其他类型任务，如配置任务、预研任务、事务性任务等

续表

环节	指标名称	统计口径	统计说明
其他	里程碑及时完成率	及时完成的里程碑数量/应完成的里程碑总数	项目里程碑是一个具体的目标或可交付成果，标志着项目进度中的一个重要节点，有助于项目的进展跟踪
	风险及时解决率	及时解决的风险数量/应解决的风险总数	
	技术债务及时解决率	及时解决的技术债务数量/应解决的技术债务总数	
	迭代及时完成率	及时完成的迭代数/应完成的迭代总数	版本及时完成率、组件及时完成率与此类似，在此不作赘述
	项目及时完成率	及时完成的项目数/应完成的项目总数	该指标通常是部门盘点项目时使用

（3）反向指标。

反向指标还包括延期需求占比、延期版本占比、延期任务占比。

未完成任务的逾期时长

（1）统计口径。

未完成任务的逾期时长＝当前时间－未完成任务的计划完成时间

（2）统计说明。

这个指标通常与及时完成率一起使用，可以进一步计算所有未完成任务的逾期均值；也可以绘制分布柱状图，提醒项目团队关注逾期较久的任务，针对这些任务，团队需要决策重新排期还是取消该项工作。根据统计对象的不同，该指标的任务可以替换为需求、迭代、版本等；根据项目度量需要，还可将任务替换为里程碑、需求、缺陷、组件、版本等。

已完成任务超期时长

（1）统计口径。

已完成任务超期时长＝超期任务的实际完成时间－计划完成时间

（2）统计说明。

与"未完成任务的逾期时长"一样，该指标通常会和及时完成率一起使用，作用是指引团队关注超期过长的任务，分析其原因以减少类似情况的发生。可根据项目度量需要，将任务替换为里程碑、需求、缺陷、组件、版本等。

已完成任务提前时长

（1）统计口径。

已完成任务提前时长＝计划完成时间－提前完成任务的实际完成时间

（2）统计说明。

可将该指标与"已完成任务超期时长"组合使用，绘制帕累托图（如图9-6所示），用以指导改进后续工作计划，设置合理的缓冲时间。可根据项目度量需要，将任务替换为里程碑、需求、缺陷、组件、版本等。此外，将逾期时长、超期时长或提前时长与计划时长相比，可得到特定事项的进度偏差率。

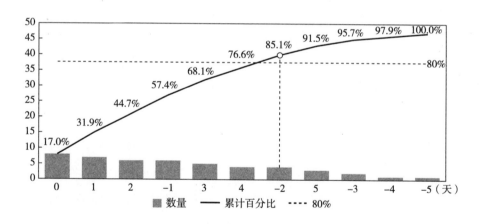

图9-6　某开发人员3月份需求提前完成情况

注：数值>0，提前完成；数值=0，按时完成；数值<0，延期完成。例如，"4 天"表示开发人员提前4天完成了该需求。

第 10 章

价值域评估

任何组织绩效都只能在外部反映出来。

——彼得·德鲁克

第 1 节　软件项目价值概述

项目管理大师 Harold Kerzner 指出，当前的项目管理不再仅仅通过范围、时间、成本来衡量项目的成功，"是否创造商业价值"成为确定项目成功的重要标准之一。这种价值驱动型项目管理理念中，项目是计划实现的一组可持续的商业价值的载体，项目成功实际上是在竞争性制约因素下实现预期的商业价值。

1. 项目价值类别

从大类上划分，项目价值可大致分为经济价值、社会价值、生态价值和文化价值四类。其中，经济价值指的是项目能够产生的经济收益，尤其是金钱上的利益，如软件研发项目获得的合同金额；社会价值指的是项目可以为社会的发展带来的好处，如政务平台的研发项目便于市民线上办理事务；生态价值是项目推动生态文明建设，如水质监测和预警系统的研发项目对生态环境的保护；文化价值则是项目满足个体、组织文化需求，如短视频软件研发项目传播非物质文化遗产。

就项目的具体成果而言，项目价值至少包括如下五类：①创造满足客户或最终用户需要的新产品、服务或结果；②做出积极的社会或环境贡献；③提高效率、生产力、效果、响应能力；④推动必要的变革，以促进组织向期望的未来状态过渡；⑤维持以前的项目集、项目或业务运营所带来的收益[1]。

此外，Harold Kerzner 还提出了一种项目价值分类框架，可用作构建项目价值度量体系的参考。项目价值可分为内部价值、财务价值、与客户相关的价值和未来价值四类，具体如表 10-1 所示。

2. 项目价值度量

如果要通过项目交付更多的价值，那么必须清楚项目能够交付哪些价值，以及如何度量价值的多寡。然而 David Graeber 认为，判定具体工作是否有价值是很难的，更遑论构建可靠的度量体系[55]：

表 10-1 Harold Kerzner 提出的项目价值分类框架

分类	概念	价值	度量项
内部价值	提高公司效率和效益或使组织内部联系更加紧密	符合约束条件 可重复的交付 项目范围变更控制 操作事项控制 减少浪费 提升效率	时间 成本 范围 质量 项目范围变更大小 积累的知识 未关闭行动事项的积压周期 资源数量 浪费的工作量 生产率
财务价值	为组织带来的现金流	投资回报率、净现值、内部收益率和投资回收期的改善 现金流 运营利润的提升	净现值 内部收益率 投资回报率 投资回收期 利润额
与客户相关的价值	改善客户关系和获得未来的合作	客户忠诚度 允许其品牌被引用的客户数 提升客户交付满意度 客户满意度评价	客户忠诚度 客户满意度 上市速度 质量
未来价值	通过研究和开发活动带来颠覆性技术、下一代技术、新技术、改进技术	加速上市时间 声誉 技术优势 技术和产品创新	进度 声誉 新产品数量 专利数 活跃用户数 新用户数

资料来源：Harold Kerzner. 项目绩效管理：项目考核与监控指标的设计和量化（第3版）［M］. 电子工业出版社，2020.（细节有所调整）

经济学家根据被他们称作"效用"的标准来衡量价值。这里的"效用"指的是某件商品或某项服务满足某种需求的程度。许多人就把类似的理念应用到了自己的工作上。我是否给社会提供了有用的东西？有时候这个问题的答案显而易见。例如你在造桥，如果有人有过河的需求，且觉得这个桥有用，那么你就会觉得自己的工作是有价值的……可是如果你仔细研究，就会发现任何关于"效用"的问题最终都会走向此类主观判断，哪怕是造桥这样相对而言不那么复杂的事情。是的，有了桥我们就可以更方便地来到对岸，但请问我们为何要去对岸呢？……那些可以算作"人类需要"的东西永远属于主观判断范畴。

虽然项目价值度量存在巨大的困难，但鉴于这项活动的重要意义，项目组应尽可能地去落地并追求更好的结果。在度量过程中，需要特别注意项目管理理念、使用者、时间和内外部环境这些要素，它们可能影响甚至逆转项目的价值。

项目管理理念

在项目导向和产品导向的两种项目管理理念中，项目价值评估的关注点是不一样的。项目导向的管理理念中，软件研发项目被视作成本中心，项目价值会侧重项目成本的降低，最终项目成本是降低了，但付出的代价是损失了更多的业务成果[16]，得不偿失；产品导向的管理理念中，软件研发项目被视作利润中心，以价值交付为牵引，更注重项目的效益。因此，在项目导向理念下具有高价值的项目，在产品导向理念下未必具备足够的价值；反之亦然。两种理念的对比如表 10-2 所示。

表 10-2　项目导向与产品导向的项目管理理念对比

维度＼类型	项目导向	产品导向
基本假设	追求工程的确定性。面向单次项目交付，注重计划和按计划执行	承认不确定性。面向长期业务价值，注重迭代演进和能力的积累
编制预算	为里程碑提供资金，预算在项目预设范围内设定，新的预算需要重新设立一个项目	根据业务结果为产品价值流提供资金，按需分配新预算，鼓励交付增量价值
时间跨度	项目的期限定义了终止日期，项目结束之后，不关注产品后续维保工作	在产品生命周期内，持续性地维护产品
成功	成本中心：基于时间和成本来衡量成功，而非交付价值的多寡	利润中心：以业务目标和结果达成（如收入）来衡量成功，聚焦在增量价值交付
风险	提前做好所有战略决策和需求规划，交付风险（如产品的市场契合）被最大化	风险分摊到每个项目和迭代中，当发现交付假设错误时终止项目，或者当出现战略机遇时转变项目方向
工作分配模式	把人作为资源分配到工作中，需要较大批量的计划和安排，趋向于批量式的交付	把工作分配给团队，持续响应、紧密协作、持续交付
团队	临时团队，人们通常会跨多个项目，项目人员频繁流失或发生工作变动	相对稳定、增量调节、跨职能的团队

续表

维度 ＼ 类型	项目导向	产品导向
优先顺序	由项目组合管理和项目计划驱动，聚焦于需求交付。项目驱动的"瀑布模式"	由路线图和假设测试驱动，聚焦于特性和业务价值交付。产品驱动的敏捷模式
资产沉淀	项目交付物，项目管理流程的过程资产	软件资产，工程和技术能力，基础设施，高效能的交付团队
可见性	软件是个"黑盒子"，PMO 创造了复杂的映射关系，晦涩难懂	直接映射到业务成果，透明化、可视化

资料来源：Kersten Mik. 价值流动：数字化场景下软件研发效能与业务敏捷的关键［M］．清华大学出版社，2022. 何勉，陈鑫，张裕，等．阿里巴巴 DevOps 实践指南（2021）：从 DevOps 到 BizDevOps［R］．2021.

使用者

"一千个读者，就有一千个哈姆雷特。"这句话同样适用于项目价值度量活动。客户高层管理、客户使用方、项目方高层、项目经理、项目影响的非直接干系人对项目的期望往往不一致，而他们作为价值度量体系的使用者，自然对希望度量的价值点和度量方式有所差异。例如，项目经理通常对项目成功的定义是项目盈利能力，他们通过财务指标进行跟踪；客户对项目成功的定义通常是可交付产品的质量，他们通过质量指标进行跟踪。因此，项目经理和干系人必须就使用哪些价值度量指标及如何度量达成一致，还必须对哪些度量指标将成为报告系统的一部分及如何解释度量结果达成一致。

时间

虽然我们一直将"业务价值"挂在嘴边，但究竟怎样的业务结果才是对客户最有价值的？这个答案可能谁都无法回答。"业务价值"从来都是一个非常模糊的说法[31]，就如同"财务管理的目标是股东财富最大化"① 一样模糊。随着时间的迁移，当下低价值的事情，可能在未来的某一天，如"竹子定律"② 一

---

① 不是利润最大化，也不是每股收益最大化，更不是营收最大化。
② 竹子定律泛指厚积薄发的一种现象，是指竹子用 4 年时间生长，竹芽只能长 3 厘米，而且这 3 厘米还是深埋于土下。到了第 5 年，竹子终于能破土而出，以每天 30 厘米的速度疯长，仅用半个月时间就能长到 15 米。

般，在短时间就产生了爆发性价值。

软件研发项目的价值显现普遍都是滞后的，有的滞后数十天，有的甚至滞后数年，这也导致软件上线后不同时点评估出来的效果存在显著的差异。例如，某 DevOps 平台的上线，需要研发团队改变原有行为习惯、学习新工具、熟悉新流程，生产率在使用初期极可能会下降，但经历一段适应期后，团队生产率将上升并且有可能超越平台上线前的生产率。

内外部环境

随着组织内外部环境的变迁，当下高价值的事项，可能在不久的未来就变成了成功的阻碍，例如，软件私自收集用户隐私的功能，为业务拓展和营收增长提供了助力，但在《中华人民共和国个人信息保护法》生效后，该功能随时会给客户招来处罚和声誉危机；再如，微软在战略重心转向爆火的 AI 时，元宇宙项目的价值急速下降，成立仅 4 个月的工业元宇宙团队也被解散。因此，内外部环境的变化对项目价值度量结果的影响是巨大的，这也就要求价值度量体系需要持续迭代与调整，以适应环境的变化。

第 2 节　价值评估方法

识别项目价值并加以量化，是项目价值度量的核心工作。除了精益理念的价值流框架[①]和企业财务管理的评估方法[②]外，还有许多价值评估方法可以被项目价值度量活动所借鉴。这些方法有的适用范围较广，如智力资本价值评估方法；有的则专门适用于某类软件产品，如数据软件产品的价值评估方法——DBA，该方法认为，数据软件产品的价值由数据应用价值（Data Application Value）、业务价值（Business Value）和管理价值（Administration Value）构成。下文介绍三类适用范围较广的价值评估方法，分别是智力资本价值评估方法、知识产权价值评

[①]　见本书第 3 章内容。

[②]　读者可参考：中国注册会计师协会．财务成本管理［M］．中国财政经济出版社，2022.

估方法和组织绩效评估方法。

1. 智力资本价值评估方法

智力资本是能够用来创造财富的一切智慧、能力与经验的总和，包括科学知识、信息、知识产权、组织技术、专业技能、实用经验等，它强调的是组织中一种潜在的应用知识与技能创造价值的能力，是一种聚合知识载体的能力[83]。智力资本是组织获取可以创造价值的竞争优势的来源，对智力资本价值的评估可应用于软件研发项目的规划与立项阶段，以遴选出高价值、符合公司战略的项目。

对智力资本评估的方法众多：早期方法聚焦于评估智力资本总体价值，如市场和账面价值法、托宾 q 值法、智力资本推算法、智力资本增值系数法（VAIC法）、余值法等；当前的主流方法是智力资本分类评估法，如"导航仪"模型、无形资产监视器模型、平衡记分卡、指数法、智力资本审计测量模型等；创新型评估方法则是将博弈论等经济理论与智力资本评估结合起来，发展出新的智力资本评估方法，如博弈论和实物期权综合评估模型。图 10-1 展示了平衡记分卡的价值度量框架。

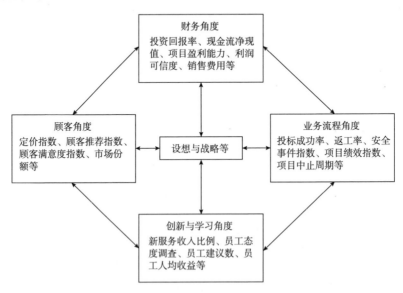

图 10-1 平衡记分卡的价值度量框架

资料来源：Robert S. Kaplan，David P. Norton. 综合记分卡：一种革命性的评估和管理工具［M］. 新华出版社，1998.

244

2. 知识产权价值评估方法

知识产权是重要的智力资本之一，对知识产权的价值评估，主要是指对著作权、专利权和商标权的价值评估。软件研发项目过程中可能会产出专利权、软件著作权乃至商标权。知识产权的评估方法按大类划分，有经济学方法、技术类方法、统计学方法、综合评价法，每种大类方法中又有多种具体的评估方法，以经济学方法为例，它包括成本法、市场法和收益法[84]。

由于影响著作权、专利权和商标权价值的特性和影响因素有所不同，其主要适用方法和评估模型亦不尽相同。表 10-3 以专利权为例，介绍了专利价值的综合评价模型。

表 10-3　专利价值评估模型示例

维度	指标	权重（%）	定义	评分标准（10 分制）
法律价值	专利种类	45	被授权的专利类型是发明、实用新型还是外观设计	发明 10 分，实用新型 6 分，外观设计 3 分
	保护期限	45	被授权的专利从当前算起保护期的长短	16 年以上 10 分，12~15 年 8 分，8~11 年 6 分，4~7 年 4 分，3 年及以内 2 分
	保护范围	10	被授权的专利诉讼获胜的可能性；是否容易被他人规避；保护范围是否合适	范围较宽 10 分，范围适中 8 分，范围较窄 6 分
质量价值	先进性	40	评估时，被授权的专利技术与本领域其他技术相比是否处于领先地位	根据所解决的问题、技术手段、技术效果等方面进行综合评估
	技术壁垒	20	被授权的专利所在领域相对于其他领域的创新难度	根据行业发展报告和政策，评估领域创新的难易程度
	贡献率	20	被授权的专利对产品、授权标准等的贡献程度	行业专家判断
	不可替代性	20	评估时，是否存在解决该问题的替代技术方案	行业专家判断

续表

维度	指标	权重（%）	定义	评分标准（10分制）
经济价值	产品类型	6	被授权的专利是不是奢侈品	满足品牌等级分类中的最高等级品牌的产品即为奢侈品
	许可费惯例	6	权利人针对被授权的专利收取过的许可费，以及证明或倾向于证明既定许可费数额；专利产品的既定获利数额	评估时，须根据公司合同、当地消费水平、判例等，同时须考虑开放许可本身的公益性
	市场前景	16	被授权的专利经过充分的市场推广后，在未来其对应专利产品或工艺有可能实现的销售总收益	理想情况下同类产品或该专利已投入市场后商业上的成就、受欢迎的程度、市场经济环境和科技发展状况
	政策因素	16	国家与地方政策对应用被授权的专利技术的相关规定，包括是否享有扶持、补贴政策，以及是否存在优惠政策等	根据当地政策文件、高新技术产业和技术指导目录，通常开放许可时享受诸如年费减免等政策优惠
	专利需求	56	专利权人拥有和生产该发明的商业实施的规模；使用该发明的用户和给用户带来的好处	权利人实施专利的总体实力，如公司生产、销售规模、总体营业额等

资料来源：吴广海，周菲. 专利开放许可费定价模型研究——基于专利价值评估体系［J］. 中国发明与专利，2023，20（01）：5-12.

3. 组织绩效评估方法

组织绩效评价与项目价值评估存在一些共同点，可应用于项目管理和价值度量活动当中。Harold Kerzner 以价值绩效框架（Value Performance Framework，VPF）为例，展示了 VPF 的关键要素是如何应用到项目管理当中的，具体如表10-4 所示。

表 10-4　项目管理和价值度量活动中 VPF 的应用

VPF 要素	项目管理应用
理解估值的关键原则	与相关方一起定义价值
识别组织的关键价值驱动	识别项目关键价值驱动

续表

VPF 要素	项目管理应用
评估关键业务流程的绩效并通过评估和外部对标来度量	评估企业项目管理方法的绩效并使用 PMO 进行持续改进
在股东价值、关键业务流程和员工行动之间建立联系	在项目价值、相关价值和团队成员价值之间建立连接
使员工和组织目标保持一致	使员工、项目和公司目标保持一致
识别关键的"压力点"（高杠杆率改进机会）并评估其对价值的潜在影响	捕获可用于持续改进活动的经验教训和最佳实践
实施绩效管理系统来提高和强化关键活动的可视性和问责机制	为了客户和相关方的可视性和 KPI，建立和实施一系列基于项目的仪表板
开发具有高阶视觉影响的绩效仪表板	为相关方、团队和高级管理层开发绩效仪表板

　　资料来源：Harold Kerzner. 项目绩效管理：项目考核与监控指标的设计和量化（第 3 版）[M]. 电子工业出版社，2020.

　　国家标准 GB/T 19580—2012《卓越绩效评价准则》和《波多里奇卓越绩效标准》均是引导组织追求卓越、提升竞争优势、促进组织持续发展的组织绩效评估方法，对项目价值度量活动有重要的导向作用。以《卓越绩效评价准则》为例，该准则将组织绩效分为七大维度，共计 23 个度量项。这些度量项要么可直接借鉴，作为项目价值的度量项，如度量该项目的产品和服务结果、财务结果、顾客与市场结果等；要么可以作为项目价值的体现，将组织层面该度量项的提升作为项目价值的度量对象，如通过度量组织对过程的改进与创新、基础设施的提升、社会责任的履行等方面，来反映项目价值。具体如表10-5 所示。

表 10-5　卓越绩效评价准则度量框架

维度	度量项	度量要点
领导	高层领导的作用	高层领导在确定方向、双向沟通、营造环境、质量责任、持续经营和绩效管理方面的作用
	组织治理	完善组织治理体制所要考虑的关键因素，对高层领导和治理机构成员的绩效评价
	社会责任	应承担的公共责任，应遵守的道德规范和自愿开展的公益支持

续表

维度	度量项	度量要点
战略	战略制定	①"战略制定过程"要求说明如何进行战略制定 ②"战略和战略目标"要求说明所制定的战略和战略目标
	战略部署	①制订与部署实施计划，使组织的战略和战略目标得以实施 ②针对组织的关键绩效指标，进行预测、对比，以便制定、跟踪、验证目标和计划
顾客与市场	对顾客和市场的了解	①细分顾客和市场 ②了解各顾客群和细分市场的需求、期望和偏好
	顾客关系与顾客满意度	①建立顾客关系 ②度量顾客满意度和忠诚度
资源	人力资源	工作的组织与管理；员工绩效管理；员工的学习和发展；员工权益与满意度
	财务资源	①根据战略目标和实施计划确定资金需求 ②制定严密、科学的财务管理制度，推进全面预算管理，并提高预算准确率；开展成本管理，控制和降低成本；进行财务风险评估，提出并实施风险管理解决方案，确保和提高财务安全性 ③采用降低库存、减少应收账款等方法加快资金周转，采用盘活存量资产等方法提高资产利用率，以实现财务资源的最优配置，提高资金的使用效率
	信息和知识资源	①识别和开发信息资源，建立集成化的软硬件信息系统并确保其可靠性、安全性和易用性，可持续适应战略发展的需要 ②有效管理知识资产，同时确保数据、信息和知识的质量
	技术资源	基于技术评估制定战略，开展技术创新，形成在技术方面的核心竞争力，并制订和落实长短期技术发展计划
	基础设施	根据其战略实施、日常运营的要求以及相关方的需求和期望，确定和提供所必需的基础设施
	相关方管理	致力于与顾客、股东、员工、社会、供方和合作伙伴建立共赢的关系，以支持组织的使命、愿景、价值观和战略
过程管理	过程的识别与设计	①在识别组织全过程的基础上确定关键过程 ②确定对关键过程的要求 ③基于过程要求进行关键过程的设计
	过程的实施与改进	①按照所设计的过程实施； ②针对过程实施，对过程进行评价、改进和创新，并分享其成果

续表

维度	度量项	度量要点
测量、分析与改进	测量、分析和评价	测量、分析、评价组织绩效，支持组织战略的制定和部署，促进组织战略和运营管理的协调一致，推动改进和创新，提升组织的核心竞争力
	改进与创新	①改进与创新的管理 ②改进与创新的方法
结果	产品和服务结果 ·	①主要产品和服务的质量特性、可靠性、性价比、交付周期或准时交付、顾客服务或技术支持等方面的指标 ②主要产品和服务的关键绩效指标与和竞争对手对比的结果，以及与国内、国际同类产品和服务的对比结果 ③主要产品和服务的特色和创新成果，包括名牌产品、驰名商标、品牌价值、科技进步奖产品、专利产品、新产品或新服务，以及产品和服务在质量安全、环保和资源节约等方面的特色等
	顾客与市场结果	①顾客满意度、顾客投诉及时响应率和有效解决率、顾客投诉响应时间和有效解决时间等 ②顾客忠诚度、留住顾客、获得积极推荐、与顾客建立关系等 ③市场占有率、市场排名、业务增长率、新增市场区域及出口、电子商务销售收入等 ④顾客满意、市场绩效、与竞争对手和本行业标杆对比的结果，必要时包括细分数据的对比，以利于寻找改进机会
	财务结果	主营业务收入、投资收益、营业外收入、利润总额、总资产贡献率、资本保值增值率、资产负债率、流动资金周转率等综合指标，但也不限于这些指标。组织应根据国家《会计准则》、《财务通则》和行业特点，选择最具代表性的指标来反映组织的财务绩效
	资源结果	①简化管理层级和岗位的数量、组建跨职能小组的数量、员工晋升率、员工流失率以及管理人员比例的变化等 ②全员劳动生产率、人均利税率、员工薪酬增长率、对员工的各类表彰和奖励数量等 ③人均培训时间和经费投入、员工培训满意度，以及培训前后员工绩效对比、交叉培训和职业发展等 ④员工职业健康和安全指标、员工保险费用、员工休假天数、员工福利支出、员工满意度及其细分结果，以及技术创新、合理化建议和 QC 小组的数量等
	过程有效性结果	①研发过程的新产品设计周期、新产品数量及设计成功率等 ②市场营销过程的中标率、订单预测准确率、订单及销售量等 ③采购供应过程的进货批合格率及准时交货率、采购成本降低率、关键供方营业收入增长率等 ④生产过程的一次合格率、准时交货率、产量、生产周期、生产成本等 ⑤服务过程的维修满意率、故障排除时间及网络接通率等

续表

维度	度量项	度量要点
结果	领导方面的结果	①战略目标实现率、实施计划完成率、关键绩效指标达成率等 ②股东及其他相关方权益、内外部审计结果及其利用、信息披露合规性、独立董事比例等方面的绩效指标 ③废水、废气、噪声、废渣的排放指标，万元产值能耗及水耗，原材料等资源利用率，职业健康和安全事故、事件率，产品质量安全事故以及应急准备和响应等方面的绩效指标 ④遵守道德规范及诚信情况的调查指标，违背道德规范的事件数，顾客、供方以及相关机构对组织诚信度的评估 ⑤文化、教育、卫生、慈善、社区、行业发展和环境保护等公益事业的支持指标，如捐助金额、参加义务献血的人次等

资料来源：中国国家标准化管理委员会. 卓越绩效评价准则（GB/T 19580—2012）［S］. 2012.

第3节　常用价值度量指标

由于项目交付软件类型不同，项目价值的具体表现形式各异。有的软件不产生收入，如开源性质的项目，其价值可从项目活跃度和协作影响力来进行评估；有的软件无法直接产生收入，如公司内部使用的研发协作平台，可评估工作效率提升、质量提高或成本降低，风控平台则可评估风险预防效果；有的软件能够直接产生收入，可评估其经济价值，如投资回报率、内部收益率、净现值等。针对营利性商业软件，《增长黑客：如何低成本实现爆发式增长》[85]将价值度量定义为"与用户从服务中获得的价值直接挂钩，决定用户付费额的度量"，并建议分析人员在确定价值指标时，通过以下三个问题选择合适的价值度量指标：①度量的价值是否与用户看到的价值相匹配；②度量的价值是否会随着用户对产品使用量的增加而增加；③价值度量指标是否易于理解。

此外，对软件研发项目价值进行度量时，如果只关注产出结果而不关注投入成本（金钱、时间、人力等），难免会误导项目评价与决策活动，因此建议将效率、效果和效益类指标一起使用。项目的高效率可以降低项目成本；效果反映项目产出的正向价值；效益则是成本与产出的综合反映，是更全面的价值评估视角。以某营利性商业软件为例，不但要查看项目收入金额、利润额、客户满意度，还要查看利润率、交付时长、人均产值、人均利润、生产率等。因此，本节会同时介绍软件研发项目的效率、效果、效益类指标。

1. 效率类指标

平均需求交付周期

（1）统计口径。

平均需求交付周期 = $\sum$（需求末次交付时间－需求创建时间）/已交付需求规模

（2）统计说明。

该指标即价值流框架中的流时间。在软件需求规模无法获取的情况下，可使用需求数做代理指标。不同项目中，需求"交付"的定义不同。对于由软件公司自主决策上线的需求，需求交付通常是指需求对应功能上线；对于由客户主导上线活动的需求，即需求是否上线完全取决于客户的决策，需求交付通常是指需求对应安装包发放给客户。无论何种情况，交付出去的软件功能应当保质保量，因此建议采用需求末次交付时间（含因验收不通过而返工的时间）进行统计。通常还要结合需求的特性进行拆解分析，即对流分布进行分析，更好地改进需求交付效率，如需求所属客户、需求优先级、需求价值评分等。

平均需求积压时长

（1）统计口径。

平均需求积压时长 = $\sum$（当前时间－未交付需求创建时间）/未交付需求规模

（2）统计说明。

在软件需求规模无法获取的情况下，可使用需求数做代理指标。许多需求都有时效性，如满足上级审计要求、支撑既定营销活动、迎合社会热点等，这些需求的价值会随着时间的推移而逐渐下降，因此需求的新鲜程度会在一定程度上影响需求的价值。当然，平均需求积压时长也要结合需求特性来拆解分析，对于低价值、低优先度以及低客户等级的需求，积压时长较长并不意味着需要改进。积压时长和交付周期这两类指标通常放在一起使用，下文不再赘述。

平均缺陷修复时长

（1）统计口径。

平均缺陷修复时长 = $\sum$（缺陷末次修复时间−已修复缺陷创建时间）/已修复缺陷数量

（2）统计说明。

对于刚产生的缺陷，由于当事人对缺陷的背景、相关逻辑都很清楚，修复成本是最低的。随着时间的推移，当事人的记忆逐渐模糊，代码可能也发生了变化，导致修复成本越来越高。因此，提倡项目团队尽早修复缺陷。

如果软件缺陷的全生命周期流程如下：测试人员发现缺陷→测试人员在研发平台创建缺陷记录→开发人员收到缺陷通知并开始修复缺陷→开发人员成功修复缺陷→测试人员收到通知并验证缺陷修复情况→测试人员关闭该缺陷。在上述流程中，若是要了解开发人员的修复效率，那么应是"缺陷修复时间−缺陷创建时间"，因为测试人员发现缺陷后，可能没有及时录入系统当中[1]，此时开发人员并不知道缺陷的存在，即从发现缺陷到创建缺陷这段时间，并不受开发人员控制。若要了解缺陷整个生命周期的时长，即缺陷关闭时长，那么应是"缺陷关闭时间−缺陷发现时间"，原因在于该指标需要包括测试人员和开发人员所有行为的耗时。

软件缺陷在被修复后，可能因为代码分支管理不善、新代码引入重复缺陷等情况，导致该缺陷在修复后被重新打开，这种情况下建议使用末次修复时间进行统计。该指标一般要结合缺陷特性来拆解分析，使改进措施更加有效，例如，优化类缺陷的优先级较低，不需要很快修复，如果统计在内，它就会拉长平均缺陷修复时长。拆解维度可参考第8章中过程性质量指标的"缺陷数量"。

---

① 这种情况在现实中是一定会发生的，"所有事项都被及时完成"只会发生在理想状态中。

平均缺陷积压时长

（1）统计口径。

平均缺陷积压时长 = $\sum$（当前时间−未修复缺陷发现时间）/未修复缺陷数量

（2）统计说明。

和"平均缺陷修复时长"一样，这个指标要拆解分析，才能有效地指导缺陷修复活动。

平均需求分析周期

（1）统计口径。

平均需求分析周期 = $\sum$（需求末次分析完成时间−需求创建时间）/已分析需求数量

（2）统计说明。

该指标反映了需求分析师在需求分析①时的效率，即需求分析环节的流时间。考虑到分析结果可能在需求审核、需求评审过程中被打回，需要重新分析，建议使用需求的末次分析完成时间来统计。价值高、优先级高、重要客户的需求应当优先分析，因此该指标需要结合上述需求特性开展拆解分析。

平均设计交付周期

（1）统计口径。

平均设计交付周期 = $\sum$（设计成果末次交付时间−开始设计时间）/设计任务数

（2）统计说明。

开始设计时间是研发流程上游环节递交给设计环节的时间，该指标反映了设计环节的耗时情况，即设计环节的流时间。根据研发流程的不同，设计任务数可以替换为需求数、迭代数、版本数等。

---

① 指初步的需求内容分析、可行性分析，在开发前可能还有概要设计与详细设计。

平均设计执行周期

(1) 统计口径。

平均设计执行周期 = $\sum$(每次设计成果交付时间−该次设计的启动时间)/ 设计任务数

(2) 统计说明。

该指标反映设计工作的执行速率，由于设计成果可能存在再次修改的情况，因此单独统计每次设计所消耗的时长，将其叠加后就是设计执行的总周期。根据研发流程的不同，设计任务数可以替换为需求数、迭代数、版本数等。平均设计交付周期减去相应的平均设计执行周期，就是设计环节的平均等待周期；平均设计执行周期占平均设计交付周期的比例，即是设计环节的流效率。

平均开发交付周期

(1) 统计口径。

平均开发交付周期 = $\sum$(开发成果末次交付时间−开始开发时间)/开发完成规模

(2) 统计说明。

开始开发时间是研发流程上游环节递交给编码环节的时间，该指标反映了编码环节的耗时情况，即编码环节的流时间。在无法获得软件规模数据的情况下，可使用开发任务数、需求数、迭代数、版本数等作为代理指标。

平均开发执行周期

(1) 统计口径。

平均开发执行周期 = $\sum$(每次开发成果交付时间−该次开发的启动时间)/ 开发完成规模

(2) 统计说明。

该指标反映了编码工作的执行速率，由于开发成果可能存在需要再次修改的情况，因此需要单独统计每次编码所消耗的时长，将其叠加后就是开发执行的总周期。在无法获得软件规模数据的情况下，可使用开发任务数、需求数、迭代数、版本数等作为代理指标。平均开发交付周期减去相应的平均开发执行周期，就是编码环节的平均等待周期；平均开发执行周期占平均开发交付周期的比例，即是编码环节的流效率。

平均流水线运行时长

（1）统计口径。

平均流水线运行时长 = $\sum$ 单次运行成功的流水线耗时/运行成功的流水线次数

（2）统计说明。

该指标用于反映工程能力水平，若进行拆解分析，可进一步查看环境整备时长、代码下载时长、构建时长、部署时长等各类集成活动的耗时，有利于针对性地改善流水线性能瓶颈，提升流水线运行效率。

平均测试交付周期

（1）统计口径。

平均测试交付周期 = $\sum$（末次测试完成的时间−开始测试时间）/测试完成规模

（2）统计说明。

开始测试时间是研发流程上游环节递交给测试环节的时间，该指标反映了测试环节的耗时情况，即测试环节的流时间。在无法获得软件规模数据的情况下，可使用测试任务数、测试完成的开发任务数、需求数、迭代数、版本数等作为代理指标。

平均测试执行周期

（1）统计口径。

平均测试执行周期 = $\sum$（每次测试完成的时间−该次测试的启动时间）/测试完成规模

（2）统计说明。

该指标反映了测试工作的执行速率，由于缺陷的存在，导致测试人员需要再次测试，因此需要单独统计每次测试所消耗的时长，将其叠加后就是测试执行的总周期。在无法获得软件规模数据的情况下，可使用测试任务数、测试完成的开发任务数、需求数、迭代数、版本数等作为代理指标。平均测试交付周期减去相应的平均测试执行周期，就是测试环节的平均等待周期；平均测试执行周期占平均测试交付周期的比例，即是测试环节的流效率。

其他平均交付周期

（1）统计口径。

其他平均交付周期 $= \sum$ 单次交付耗时/总交付次数

（2）统计说明。

由于各项目的研发流程有所不同，因此无法枚举所有周期类指标。在日常统计过程中，可根据需要对项目中各类活动和阶段的平均周期进行统计，绘制帕累托图，再根据周期分布改善活动效率，如平均需求评审周期、平均需求分析周期、平均测试方案设计周期、平均代码评审周期[1]、平均回归测试周期、平均验证周期、平均需求上线周期[2]等。若交付周期离散度高，则考虑使用交付周期中位数来反映整体的交付周期水平。

其他平均执行周期

（1）统计口径。

其他平均执行周期 $= \sum$ 单次执行耗时/总执行次数

（2）统计说明。

与前述各类执行周期类似，该指标反映的是相应环节的执行速率。若执行周期离散度高，则考虑使用执行周期中位数来反映整体的交付周期水平，以避免落入"平均值陷阱"。

---

① 不能仅根据评审次数统计，要结合评审的代码规模来计算。
② 指 To B 企业向客户发放需求后，直到客户侧上线该需求的时间。

软件开发生产率

（1）统计口径。

软件开发生产率＝投入工作量/软件规模

（2）统计说明。

根据《2022 年中国软件行业基准数据》统计，国内软件开发生产率中位数是 7.01 人时/功能点，90 分位数是 17.43 人时/功能点[65]，各业务领域生产率如表 10-6 所示。在无法获得软件规模数据的情况下，可使用开发任务数、需求数、迭代数、版本数等作为代理指标。对于整个软件研发项目而言，若成员之间的生产率差异大，则建议将每位成员的生产率从低到高排列，使用中位数来反映整个项目的生产率水平；反之，则可使用平均值来代表整个项目的生产率水平。

表 10-6　各业务领域软件开发生产率基准数据

	P10	P25	P50	P75	P90
电子政务	2.07	3.11	6.72	11.29	15.56
金融	3.12	5.37	10.96	16.28	27.35
电信	2.58	5.04	10.83	17.98	29.09
制造	2.12	3.53	8.05	16.76	24.81
能源	2.09	3.47	7.01	17.25	22.04
交通	2.11	3.58	7.56	16.81	22.29

资料来源：中国电子技术标准化研究院，北京软件造价评估技术创新联盟，北京软件和信息服务交易所.2022 年中国软件行业基准数据 CSBMK-202210［S］.2022.

其他生产率

（1）统计口径。

其他生产率＝投入工作量/对象规模

（2）统计说明。

该指标反映了单位规模工作所需的工作量。在无法获得规模数据的情况下，可使用数量来代理规模大小，如缺陷数量、需求规格说明书页数、测试用例数、任务数、需求数等。

2. 效果/效益类

前文已介绍，软件研发项目的价值不仅有经济价值，还有非经济价值。在实际度量过程中，高层管理者可能希望看到相对简单的项目价值产出指标，此时就需要选择一个价值指标作为北极星指标，或者对多个重要的价值指标配以权重系数，形成一个综合性的价值指标。

经济指标

收入额

（1）统计口径。

项目产生的预计收入或实际收入。

（2）统计说明。

项目预计收入用于立项评估或设定项目营收目标，作为项目团队努力的方向；项目实际收入反映了项目当前产生的经济价值，与预计收入结合使用，可反映项目营收进度。若要考虑金钱的时间价值，则可使用折现率核算出项目收入现值。通过对该指标进行拆解分析，有利于了解收入核心来源、挖掘潜在营收点。此外，在项目立项期间，横向对比多个项目的预计收入时，还可将项目收入与项目风险系数相乘，得到剔除风险因素影响后的项目收入。

利润额

（1）统计口径。

利润额=项目收入−项目成本[①]

（2）统计说明。

该指标泛指项目产生的毛利润、息税前利润、净利润等，读者需要结合实际场景来确定统计口径。

---

① 根据统计需要，项目成本可能包含摊销的营业费用和营业外收入，下不赘述。

投资回报率

（1）统计口径。

投资回报率=税前利润/项目成本×100%

（2）统计说明。

投资回报率（Rate Of Investment，ROI）可衡量软件研发项目的综合盈利能力，横向对比各项目业绩的优劣，用于事前立项或事后评价。

投资回收期

（1）统计口径。

项目累计收入覆盖项目成本所需的年限。

（2）统计说明。

投资回收期（Payback Period，PP）是从时间视角，反映通过资金回流来回收项目投资的年限，该指标可分为静态投资回收期和动态投资回收期。二者区别在于，动态投资回收期考虑了金钱的时间价值，需要将项目收入与成本折现。

净现值

（1）统计口径。

净现值=项目收入现值-项目成本现值

（2）统计说明。

净现值（Net Present Value，NPV）是指未来资金流入现值与未来资金流出现值的差额，是项目评估中净现值法的基本指标。当净现值为零时，说明方案的投资报酬刚好达到所要求的投资报酬。该指标反映了项目资金利用效率，可用于评估该项目在经济收益上的可行性。体现 NPV 的项目投资策略是：公司投资的任何一个项目，都应该创造出超过其初始投资的价值，否则该项目就没有投资价值。

净现值指数

（1）统计口径。

净现值指数=项目收入现值/项目成本现值

（2）统计说明。

该指标与净现值类似，反映的是项目资金利用效率。

内部回报率

（1）统计口径。

内部回报率的数值是基于项目投资情况和未来营收情况，使用插值法计算得到的。

（2）统计说明。

内部回报率（Internal Rate of Return，IRR）是使项目的净现值等于 0 时的折现率，即项目的资金流入现值与资金流出现值相等，二者相减所得净现值等于 0 的折现率，可用于项目可行性评估。

经济增加值

（1）统计口径。

经济增加值=税后净营业利润-资本成本

（2）统计说明。

经济增加值（Economic Value Added，EVA）是由美国思腾思特咨询公司推出的一种具有战略视角的业绩评价方法。EVA 是企业扣除了全部资本成本——债务资本成本和权益资本成本——之后的资本收益。EVA 大于 0，说明从经营利润中减去整个企业的资本成本后，投资者得到了净回报。EVA 的值越大，表明管理者的业绩越好；EVA 持续的增长就意味着企业市场价值的不断增加和投资利润的增长[86]。

EVA 与 NPV 存在明显的差异：NPV 是一个时点概念，它衡量的是项目在某个时点上的价值净增加值，忽视了权益资本成本；而 EVA 是一个流量概念，它反映的是一段时间内项目新创造的价值，考虑了权益资本成本，反映了资本的机会成本[87]，只有在资本投资回报率高于资本成本时，项目才有价值。

EVA 最大的优势在于，以 EVA 作为项目价值评估指标时，不会再造成项目前中后期评估活动脱节的现象。因为 EVA 具有"跟踪"功能，使项目预期投入的资本及其成本均在项目实施过程中给予了充分的反映。对于使用 NPV 或 IRR

进行可行性分析的项目，由于 NPV 和 IRR 都是基于大量预测形成的指标，一旦项目进入实施阶段，由于项目绩效评价必须基于过去数据的特点，NPV 和 IRR 均不再适用，只能选择诸如投资回报率、利润额等会计指标，然而这些指标与 NPV、IRR 的核算原理不同，就导致项目价值评估活动前后脱节，NPV、IRR 不再具有可比性和参照性[88]。

人均产值

（1）统计口径。

人均产值=项目收入/项目人数×100%

（2）统计说明。

该指标可反映项目生产力水平，项目收入和人数的具体统计口径要根据行业、组织和项目特性来确定，如项目是否有持续的收入、是否要包含非研发人员、是否折算为现值等，因此上述统计口径只是一个非常模糊的核算公式。

人均利润

（1）统计口径。

人均利润=税前利润/项目人数×100%

（2）统计说明。

人均利润在人均产值的基础上考虑了项目成本的影响，是反映一个项目经济效益的综合性指标。该指标的准确性非常依赖于项目团队所在组织的业财一致性水平。

非经济指标

目标达成率

（1）统计口径。

特定目标中，已完成数量占总数的比例。

（2）统计说明。

项目立项时，往往会设定一些非经济指标，例如，成功申报专利 5 个，项目结项时实现专利 4 个，那么目标达成率为 80%。使用该指标时，要注意单独展示关键目标项的达成情况，例如，项目的 5 个专利数中，有 1 个专利是必须实现的，那么这个专利的实现情况需要单独说明，而不能被专利数量的目标达成率所掩盖。该指标的反向指标为目标偏差率，即未实现目标项占总目标项的比例。

客户满意度

（1）统计口径。

客户满意度=（非常满意的人数+满意的人数）/有效样本量×100%

（2）统计说明。

客户满意度（Customer Satisfaction，CSAT）由美国学者 Richard N. Cardozo 在 1965 年发表的论文 "An Experimental Study of Customer Effort，Expectation，and Satisfaction" 中首次提出，"顾客满意度之父"、全美顾客满意度指数（American Customer Satisfaction Index，ACSI）创立者 Claes Fornell 认为，客户满意度是企业的长期市场价值和财务健康的领先指标。

典型的 CSAT 调研问卷大多使用的是 5 点量表，即有 5 个选项供客户选择，它们分别是非常满意（5 分）、满意（4 分）、一般（3 分）、不满意（2 分）、非常不满意（1 分）；而 CSAT 分值取决于"非常满意"和"满意"客户数量占有效样本量的比率。CSAT 分值越高，代表客户的满意度越高。一般来说，理想的 CSAT 分值是 75%~85%，但是不同行业之间均存在差异，还是要以实际情况为准。通常认为提升客户满意度，会激发客户的复购行为、增加客户粘性，因此它可以作为度量产品价值的代理指标。

客户满意度、净推荐值（Net Promoter Score，NPS）和顾客费力度（Customer Effort Score，CES）被誉为用户体验领域的三大指标，同时它们也可以作为度量产品价值的代理指标。其中，NPS 是由贝恩咨询的创始人 Fred Reichheld 在 2003 年首次提出的，通过测量用户的推荐意愿，从而了解用户对产品或服务的忠诚态度。CES 由 Matthew Dixon、Karen Freeman 和 Nicholas Toman 在 2010 年发表的文章 "Stop Trying to Delight Your Customers" 中首次提出，它是用户评价使用某产品来解决问题的困难程度。从 CES 到 CSAT 再到 NPS，是一个用户预期的渐进变化过程，这三个指标的对比如图 10-2 所示。

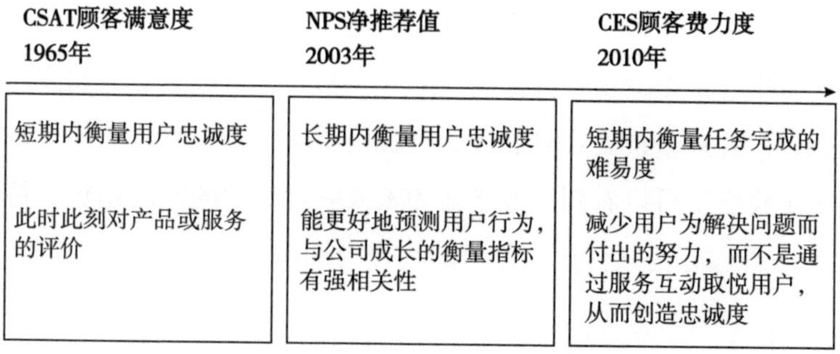

CSAT顾客满意度 1965年	NPS净推荐值 2003年	CES顾客费力度 2010年
短期内衡量用户忠诚度 此时此刻对产品或服务的评价	长期内衡量用户忠诚度 能更好地预测用户行为，与公司成长的衡量指标有强相关性	短期内衡量任务完成的难易度 减少用户为解决问题而付出的努力，而不是通过服务互动取悦用户，从而创造忠诚度

图 10-2　CSAT、NPS 和 CES 的对比

资料来源：PMCAFF 产品社区《体验度量理论》（2021 版）。

净推荐值

（1）统计口径。

净推荐值=（推荐者人数-批评者人数）/有效样本量×100%

（2）统计说明。

目前 NPS 数据都是通过发放调研问卷来获取，问卷内容通常是："您有多大可能性向您的亲朋好友推荐×××公司/产品？请您按照 1~10 分打分，1 分代表非常不愿意推荐，10 分代表非常愿意推荐。"打 9~10 分的人群被称为推荐者，他们对产品很满意，对品牌很忠诚，并愿意将产品介绍给朋友或熟人；打分 7~8分的人群被称为中立者，他们对产品或服务持中立态度，虽不讨厌产品，但也不急于向其他人推荐，他们有可能会流失并转向竞品；打分 1~6 分的人群被称为贬损者，他们是对产品或服务不满意的人，甚至有可能分享关于产品的负面评论，影响他人。

从 NPS 的绝对值来看，若 NPS≤0，说明客户忠诚度很差，因为这意味着品牌的贬损者多于推荐者；但 NPS 具体高于多少算好，则需要从相对值来看。NPS的相对值是指本产品的 NPS 与行业平均 NPS、竞争对手 NPS 或往年 NPS 对比，得出的相对数值。

NPS 是度量"客户向他人推荐某品牌/产品/服务倾向"的指标，是当前国际通用的衡量客户行为忠诚的核心指标，本质上是一种客户口碑及行为忠诚，而口碑推荐是客户愿意体验尝试产品的最主要也是最为信任的渠道，同时也在促进客户购买决策中起到至关重要的作用。此外，NPS 调研过程中询问客户的是意愿而不是情感，对客户来说更容易回答，且直接反映了客户对企业的忠诚度和购买意愿，在一定程度上可以看到企业当前和未来一段时间的发展趋势和持续盈利能力，因此 NPS 能够作为软件产品价值的代理指标之一。

顾客费力度

（1）统计口径。

顾客费力度＝总得分/有效样本数量

（2）统计说明。

CES 是用于评估客户在使用产品和服务过程中的费力程度，与客户忠诚度负相关，即费力度越低，忠诚度越高。CES 的统计数据来自问卷调研，通过询问客户"您在多大程度上同意以下表述：商家高效地解决了我的问题"来获取评分。CES 问卷问题的选项采用了七分制，即 1~7 分，分数越高代表顾客费力度越低。

CES 通常要和 NPS 一起使用，避免分析得到错误的结论。因为 CES 衡量的是用户与产品的单个接触点，而 NPS 衡量的是用户对产品的整体体验，包括产品属性、价格、品牌和服务等。在 NPS 高分的情况下，CES 较低并不意味着客户的忠诚度会出现问题，相反地，我们可以认为客户的忠诚度还是较高的。

项目活跃度

（1）统计口径。

项目活跃度 $= \sqrt{\sum w_i c_i}$

其中，c_i 是行为事件发生的次数，w_i 是这项行为事件的加权系数。

（2）统计说明。

该指标专用于开源软件项目，基于开发者行为数据计算得到，行为事件包括提交代码、合并代码、评论、审核评论、创建问题。相应地，行为事件的加权系数根据实际需要确定。

协作影响力

（1）统计口径。

基于 PageRank 算法得到。

（2）统计说明。

该指标专用于开源软件项目，算法逻辑是：一个影响力较大的项目，会和更多的项目有协作关系；对于影响力较大的项目，与其协作关联度较高的项目影响力也会较大。

需求命中率

（1）统计口径。

需求命中率＝命中需求数/需求总数

（2）统计说明。

由于需求是否命中，需要通过 A/B 测试或其他方式专门验证，因此度量成本较高，不应对所有需求进行命中率度量，而是选择工作量投入大或重要性高的需求进行命中率分析。

需求上线率

（1）统计口径。

需求上线率＝已上线软件规模/应上线软件规模

（2）统计说明。

该指标适用于客户主导需求上线活动的软件研发项目，反映的是客户接受并同意上线需求比例。研发团队交付的需求如果没有上线，那么它的价值将无法实现。客户不愿意上线需求的原因通常有：①软件升级活动比较复杂，新需求的价值不够高，客户不愿为此投入额外资源去实施升级；②新版本往往存在质量风险，除非新版本带来的价值增值非常明显，否则客户不愿意冒险，能拖就拖。因此，需求上线率能在一定程度上反映价值高低，可作为度量价值的代理指标。

在无法获得软件规模的情况下，需求上线率也可以使用"已上线需求数/应上线需求总数"来计算。但是,无论使用哪种算法,分析人员都需要关注重要需求、高投入需求的上线情况。即使项目的需求整体上线率比较高,但核心需求未上线,也算是项目管理工作出现了重大问题。

其他价值代理指标

直接用户数量、使用频率是价值的直接证据,所以此类指标可作为价值的代理指标。不同软件的功能各异,因此存在形形色色的代理指标,无法穷举。表 10-7 罗列了少量常见的代理指标,供读者参考。

表 10-7 软件研发项目价值代理指标示例

指标名称	统计口径	统计说明
转化率	转化次数/点击量×100%	该指标是指统计周期内,完成转化的次数占功能总点击数的比率。相比用户体验中的转化率,该指标更注重业务结果的达成情况
点击率	点击次数/展示次数	用于反映功能的吸引程度
平均停留时间	平均每位用户在软件/目标功能上停留的时间	
留存率	统计周期内留存用户数/新增用户数	软件/新功能上线后增长的用户经过一段时间后仍然留存的用户数占比
日活跃用户数(DAU)	单日有触发活跃事件的用户数量	不同团队对活跃事件的定义会有所差别,是"注册用户数"这种虚荣指标的有效替代指标,反映了产品短期用户活跃度
月活跃用户数(MAU)	单月有触发活跃事件的用户数量	反映产品长期用户活跃度,可通过 DAU、MAU 数值的变化,进一步分析软件新功能是否产生价值
活跃天数	活跃用户的人均活跃天数	
月活跃率	去重的月活跃用户数/去重的历史用户总数	
页面访问次数	统计周期内功能页面被访问的次数	
触发次数	目标事件触发次数	目标事件通常是指触发某些软件功能
操作次数减少率	(原操作次数-当前操作次数)/原操作次数×100%	效率提升类功能的价值评估指标
操作耗时缩短率	(原操作耗时-当前操作耗时)/原操作耗时×100%	效率提升类功能的价值评估指标

指标名称	统计口径	统计说明
生产率提升率	（原生产率－当前生产率）／原生产率×100%	用于反映研发平台的价值
拦截恶意程序攻击次数	统计周期内软件拦截恶意程序攻击次数	用于反映安全软件的价值
节约支出金额	同期费用支出金额－统计周期内费用支出金额	用于反映降本增效类软件的价值。由于影响费用支出的因素特别多，节约金额只是估算值

第 11 章

度量建模与分析

第 1 节　建模方法和框架

业界已有的软件度量模型构建思路和框架，能为日常度量模型的构建提供一定的启迪，有助于读者更快地构建出适配自身场景的度量模型。本节介绍了两种建模方法和六种主流的度量框架，以供读者参考。其中，建模方法包括 GQ（I）M 和 GSM，度量框架包括 OSM 模型、SDO 绩效框架、PSM 框架、价值流框架、项目管理框架和成熟度模型。

1. GQM/GQIM

GQM 是 Goal-Question-Metric 的缩写，即遵循设定目标、提出问题、回答问题、确定度量指标的逻辑构建度量模型，最早由 Basili 于 1984 年提出并用于软件工程研究中的数据收集和分析。其中，目标作为概念层，包含对象、维度、目的和角色四类要素；问题作为操作层，是对目标及其各要素的拆解，为实现目标提供了框架和途径；指标作为量化层，是对问题的进一步解构与阐释[89]（见图 11-1）。总体而言，该方法聚焦于特定目标，应用于研发产物、过程和资源的全周期，通过自上而下的方式定义度量模型。由于目标性强，该方法能够避免度量模型中的指标蔓延和指标偏见。

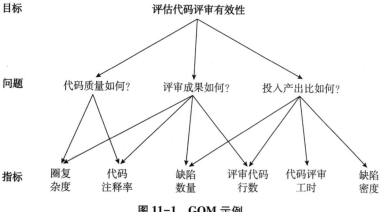

图 11-1　GQM 示例

在 GQM 的基础上，美国卡内基梅隆大学软件工程研究所于 1996 年提出了 GQIM（Goal-Question-Indicator-Metric），该理论把软件度量构造为四层，在 GQM 的问题层与指标层之间增加了指示器层，利用图表、文本等形式来描述过程度量的结果，进而将整个度量体系解构得更细：通过提问题分解度量目标，再通过指示器来回答这些问题，最后通过度量指标量化的方式展现出来。

无论是 GQM 还是 GQIM，它们都隐藏了一个前提，即度量模型的使用者是相对明确的①。这也意味着建模过程的首要步骤是确定用户，继而从用户的视角出发，思考他（们）作为某种特定的角色时，需要从该模型中实现什么目标，再开启 GQ（I）M 建模工作。

2. GSM

GSM 是 Goal-Signal-Metric 的简称，即基于"目标→信号→指标"的逻辑，从目标推导和构建度量模型[49]。它是 Google 提出的一种自上而下施行的度量方法论，通常用于衡量产品/项目目标的实现程度。其中，目标是指期望实现的最终结果；信号是实现目标的证据，一个目标往往至少有一个信号对应，并且目标之间可能还会共享某些信号，信号本身可能（注意：不是"一定"）无法被直接度量；指标则是可以被直接度量的事物，是信号的代理，一个信号至少有一个指标来反映，但考虑到指标并不能完美替代信号，通常一个信号会有多个指标从多个维度提供度量视角。和 GQM 一样，GSM 引导使用者寻找可以实现目标的指标，而不是拘泥于现有的指标或容易获取的指标，以避免"路灯效应"。此外，目标和信号也成为了指标恰当性的评判标准，任何无法反映目标与信号的指标都是无效指标。

Titus Winters 等运用 GSM 框架，将软件研发效能的度量视角分为五大维度[49]，并为其取名代号——QUANTS。这些维度分别是代码质量（Quality of the Code）、工程师专注度（Attention from Engineers）、认知复杂度（Intellectual Complexity）、节奏与速率（Tempo and Velocity）和工程师满意度（Satisfaction），这

---

① 明确的使用者并不意味着少数、特定的群体，它也可以是相对宽泛的群体。以我国的上市公司财务报表为例，它的使用者是投资人、债权人、经理人、供应商、政府工作人员、雇员以及工会、中介机构等。

些维度相互制衡，避免某个维度的提升导致另一个维度大幅下降。这些维度的关注要点示例如下：

（1）代码质量：代码的质量（如可读性、圈复杂度、遵循了编码规范）如何？是否有效实现需求？软件架构是否健康？

（2）工程师专注度：工程师是否经常被琐事分心？当前工具是否有助于工程师在不同活动之间无缝衔接？工程师的工作流程是否经常被阻塞（例如，过多的跨团队协同，导致工程师经常需要等待）？

（3）认知复杂度：任务的描述是否难以理解？目标的固有复杂性水平有多高（例如，重构"屎山代码"的复杂性水平就非常高）？工程师是否需要处理不必要的复杂问题？

（4）节奏与速率：工程师能够多快完成自己的任务？工程师能够多快完成一个迭代？工程师在一个时间盒内可以完成多少任务？

（5）工程师满意度：工程师对自己使用的工具是否满意？工具能否解决工程师的痛点？工程师对当前的工作和产出的软件是否满意？工程师在日常工作中是否消沉？

下面从研发组长的视角，使用 GSM① 并基于 QUANTS 构建了一个研发效能度量模型，示例参见表 11-1。

表 11-1　基于 GSM 框架构建的度量模型示例（研发组长视角）

要素	目标	信号	指标
代码质量	降低代码质量问题带来的修复成本	*开发人员修复测试中发现缺陷的工作量占比下降 *开发人员修复线上缺陷的工作量占比下降	*编码缺陷修复工时占比 *线上缺陷修复工时占比
工程师专注度	提升一线开发人员在需求研发上的专注度	*一线开发人员在所有类型任务的工作量投入中，以需求开发的任务为主 *一线开发人员在执行开发任务时不需要频繁等待	*团队开发任务工时投入占比 *编码阶段流效率
认知复杂度	降低需求认知复杂对开发工作的负面影响	*需求评审过程中，尽可能多地发现需求问题，并且这些问题在开发前得到有效解决，开发人员的疑问得到解答	*需求评审速率 *需求评审发现缺陷密度 *测试过程中发现的需求缺陷密度

① 需要特别注意的是，GSM 并不一定要基于 QUANTS 来设计度量模型。

续表

要素	目标	信号	指标
节奏与速率	整个团队的开发效率不出现明显下降	* 每个迭代能够交付的软件规模不低于基线	* 流速度 * 软件开发生产率
工程师满意度	研发工具契合工程师诉求，对软件开发过程是有价值的	* 一线开发人员认为当前研发平台和相关研发工具是有价值的，并且对此满意	* 工程师满意度评分平均值 * 各类研发工具价值评分平均值 * 各类工具/功能月活跃用户数

3. OSM 模型

OSM 模型是目标（Objective）、策略（Strategy）和指标（Measurement）三个词的英文首字母缩写。其中 O 是希望实现的目标；S 是为了实现目标，应采取的具体行动策略；M 是用来衡量 S 中每一个策略的有效性，反映目标的达成情况。OSM 模型把大目标拆解，对应到各个团队具体的、可落地的、可度量的行为上，从而保证执行计划没有偏离大方向。在软件研发项目中，OSM 模型尤其适用于专项改进活动的度量。

OSM 模型有两种用法：①有明确目标的场景，例如公司年初制定了总的营收目标，那么各事业群需要共同努力去达成这一目标，它们可能因业务过程千差万别，需要用不一样的策略，但有共同的目标，只需要根据公司目标细分出自己的目标，再根据细分目标思考策略，制定相应的度量指标。②复盘场景，例如，某软件产品的线上缺陷逃逸率很高，可以使用 OSM 模型分析是哪个环节出现了问题：首先以线上缺陷逃逸率为北极星指标；其次梳理软件开发和维护过程中有哪些质量保障策略，如代码评审、单元测试、集成/系统测试、自动化测试等；最后针对上述每一项策略设定度量指标，如代码评审过程中的缺陷密度、单元测试覆盖率、自动化测试比率等。

4. SDO 绩效框架

谷歌云的 DevOps 研究与评估（DORA）团队每年都会发布 DevOps 调研报告，该报告中使用的指标反映了当前主流的软件效能评估思路，这些指标包括部署频率（Deployment Frequency）、变更前置时间（Lead Time for Changes）、平均恢复时长（Mean Time to Recovery）、变更失败率（Change Failure Rate）和可靠性五项指标。它们总体上反映了软件交付和运维（Software Delivery and Operational，SDO）效能。其中，前四个指标反映的是软件交付效能，最后一个指标反映的是软件运维效能。进一步细分，部署频率和变更前置时间反映的是吞吐量层面的效能，平均恢复时长和变更失败率反映的是稳定性层面的效能。值得注意的是，此处使用平均恢复时长而不是平均失效前时长（Mean Time To Failure），反映了 Google 在可靠性方面的管理理念，旨在追求快速创新和高效运维之间的风险平衡，而不是简单将服务在线时间最大化[44]。过分追求稳定性会限制新功能的开发效率和交付速度，并且这将显著增加研发成本，导致整个研发团队能够提供的新功能数量减少，交付价值总量下降。DORA 团队界定软件交付效能高低的标准如表 11-2 所示。

表 11-2　DORA 软件交付绩效水平评判标准

软件交付效能指标	高	中	低
• 部署频率 对于你所负责的主要应用或服务，你的组织需要多长时间将代码部署到生产环境中或发布给最终用户	按需发布（每天多次部署）	介于每周一次到每月一次	介于每月一次到每六个月一次
• 变更前置时间 对于你所负责的主要应用或服务，你的变更前置时间是多久（即从提交代码到代码成功运行于生产环境中需要多长时间）	一天到一周	一周到一个月之间	一个月到六个月
• 服务恢复时长 对于你所负责的主要应用或服务，当发生影响用户的服务事件或缺陷（如计划外中断或服务器受损）时通常需要多长时间来恢复服务	不到一天	一天到一周	一周到一个月
• 变更失败率 对于你所负责的主要应用或服务，对生产环境的变更或向用户发布的变更有多大比例导致服务下降（例如，导致服务受损或服务中断），并随后需要补救（例如，需要热修复、回滚、向前修复、补丁）	0～15%	16%～30%	46%～60%

资料来源：DORA 的《DevOps 加速状态报告》（2022 年）。

DORA 团队认为 SRE（Site Reliability Engineer）与 DevOps 是高度互补的，有助于提升团队持续履行用户承诺的能力，能够更全面地反映 SDO 效能，因此在效能评估框架中加入了对可靠性的评估，具体评估内容包括：

（1）根据面向用户的行为定义可靠性。

（2）利用 SLI/SLO 度量框架，根据错误预算对工作进行优先级排序。

（3）使用自动化减少手动工作和中断性警报。

（4）为事件响应定义协议和准备演练。

（5）在整个软件交付生命周期中纳入可靠性原则（可靠性"左移"）。

在实际工作中，还可在此框架的基础上增加诸如缺陷逃逸率、自动化测试覆盖率等指标，指标的增减需要根据度量目标而定，此处不再深入讨论。

5. PSM 框架

PSM（Practical Software and Systems Measurement）是由美国国防部和陆军赞助，基于美国政府、国防部和企业的度量实践经验发展而成的软件度量体系。它将软件度量界定为一个弹性的过程，应当根据实际需要开展度量工作，而不是固定不变的一套图表和指标。PSM 将软件度量生成的信息分为七大类，它们分别是计划和进度（Schedule and Progress）、资源和成本（Resource and Costs）、产品规模和稳定性（Product Size and Stability）、产品质量（Product Quality）、过程绩效（Process Performance）、技术有效性（Technology Effectiveness）和客户满意度（Customer Satisfaction）[①]。图 11-2 展示了七大类信息之间的关系。

PSM 通常使用 ICM（"Information Categories"–"Measurable Concepts"–Measures）表来构建度量模型[52]，其中：信息类别（Information Categories）由上文提及的七类信息组成；可度量的概念（Measurable Concepts）指为满足模型使用者的信息需求，需要度量的属性、实体或特征；措施（Measures）是指能够满足用户信息需求需要开展的度量活动。构建 ICM 表时，通常会借鉴 GQ（I）M 的思路，将 ICM 表划分为 5 列，从左到右分别是信息类别、可度量的概念、需要

---

① PSM 官网提供了一些诸如数字化工程、敏捷模式下的迭代研发等场景的度量模型，读者可访问 https：//www.psmsc.com 进一步了解。

回答的问题、措施和备注，表 11-3 为 ICM 表的示例。

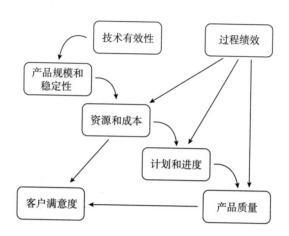

图 11-2　PSM 框架七大度量信息类别之间的关系

注：箭头方向代表施加影响的方向。

资料来源：John McGarry, D. Card, C. Jones, et al. Practical Software Measurement：Objective Information for Decision Makers［M］. Boston：Addison-Wesley, 2002.

表 11-3　PSM 的 ICM 表示例

信息类别	可度量的概念	需要回答的问题	措施	备注
计划和进度	里程碑完成情况； 工作进度； 增加的软件特性	项目是否按时抵达里程碑； 关键任务或交付物是否延期； 特定功能的研发进展如何； 在增量构建和发布模式下，软件特性是否按计划交付	里程碑及时完成率； 关键任务及时完成率； 特定功能完成率； 特性及时发布率	完成率可用功能点表征的软件规模来估算
资源和成本	员工投入； 经营绩效； 环境资源与支撑资源	工作是否按照计划开展； 具备所需技能的员工数量是否充足； 项目支出是否与项目进度和预算匹配； 是否有必需的服务器和软件	任务平均延期天数； 合格员工充盈率； 项目挣值分析； 服务器和软件核查表	
产品规模和稳定性	功能规模； 功能稳定性	软件规模预计有多大； 有多大规模的需求及其对应功能发生了变更	根据需求规格说明书预估软件规模； 需求变更规模	以功能点表征软件规模

续表

信息类别	可度量的概念	需要回答的问题	措施	备注
产品质量	软件可维护性; 软件可靠性	这个系统每年需要投入多少资金来维护; 维护这个软件难度有多大; 软件出错的频率多高,错误是否在可接受范围内; 用户服务中断的频率是多少,失败率是否在可接受的范围内	年维护费用; 维护难度综合评分; 软件出错综合评分; SLA	维护难度综合评分来源于问卷调查和专家评议
过程绩效	过程合规性; 过程效率; 过程效果	当前软件研发流程是否遵循了既定的流程; 当前流程是否足够高效,以实现项目目标; 有多少额外的工作是因为返工导致的	综合执行流程穿行测试和细节测试; 使用价值流分析法分析流程效率; 返工工时占比	
技术有效性	技术适用性; 技术稳定性	当前技术能否有效实现软件需求; 新技术的频繁变更是否带来了显著的风险	专家评议技术实用性; 迭代回顾新技术的应用情况	需要对技术实用性、技术稳定性划分评估维度,通过各维度得分计算得到综合得分
客户满意度	客户反馈; 客户支持	当前项目是否能够满足客户的期望; 客户反馈的问题能够多快解决	客户满意度; 客户净推荐值; 客户问题关闭周期帕累托分布	帕累托分布的区间要结合产品情况来划分

6. 价值流框架

基于精益思想的价值流管理理念,驱动了以价值流为脉络的度量体系。价值流框架的指标包括流速(Flow Velocity)、流时间(Flow Time)、流负载(Flow Load)、流动效率(Flow Efficiency)和流分布(Flow Distribution)五类指标,通常用于分析研发流程中的瓶颈。因此,在软件研发项目度量体系——尤其是针对研发效能的度量体系中,价值流框架是不可或缺的一部分,通常以累积流图和全生命周期看板的形式展现。

在实际的软件研发度量工作中,价值流框架有两种落地的方式。第一种方式是针对特定的需求(如某个史诗(Epic)或某个迭代内的需求),度量它(们)从需求分析开始至最终上线的过程数据,统计得到相应的流速、流时间、流负载、流动效率以及流分布，进而寻找瓶颈环节，这种方式实际上是需求/迭代复盘。其劣势在于要求参与者履行各自职责时，没有并行处理其他需求，例如，产品经理对该迭代内的需求进行了集中分析，而不是同时对多个迭代的需求进行分析；开发人员与测试人员也都是专注投入，没有把精力同时分散在其他需求上。优势则是该方式的分析更有针对性，更容易定位瓶颈原因。

第二种方式是针对特定主体（产品线、产品、部门、团队等）在某段时间区间内的需求，度量它们端到端的过程数据，统计得到需求分析阶段、设计阶段、开发阶段、测试阶段、发布上线阶段等[①]的流速、流负载、流动效率、流分布以及流时间。这种方式也能直观地看出哪个阶段存在瓶颈。其优势是适用于团队并行处理不同迭代需求的场景，并且能够提供粗略的预测能力，即使用者可以根据流速预测未来的交付能力，再结合流负载预估库存需求消化周期。劣势在于难以得到瓶颈原因，需要进一步结合具体场景来开展分析工作。表 11-4 是结合价值流框架构建的度量模型示例。

表 11-4　价值流框架建模示例

	需求	设计	开发	测试	上线
研发效率	需求上线周期平均值、最小值、最大值和中位数				
	各阶段需求交付周期平均值、最小值、最大值和中位数				
	各阶段流动效率				
	选定时间区间或版本范围内需求类型分布				
	各阶段流速				
	各阶段流负载				
	各阶段交付周期				
	需求分析效率	设计生产率	人均代码当量	平均缺陷关闭时长	已交付需求上线率
	各阶段预计工时与实际投入工时				
研发质量	需求评审速率	设计评审速率	代码评审速率	测试评审速率	逃逸缺陷密度
	需求评审缺陷密度	设计评审缺陷密度	编码缺陷密度	缺陷探测率	软件故障数
			圈复杂度	系统测试覆盖率	质量投诉个数
			代码重复率	集成测试覆盖率	

---

① 此处仅是举例，实际工作中可根据需要进一步细分或合并流程中的各个阶段。

续表

	需求	设计	开发	测试	上线
交付能力			平均集成耗时	自动化测试率	异常恢复时长85分位数
			流水线成功率		需求上线率

7. 项目管理框架

项目管理框架是从项目管理视角构建度量体系,基于"项目管理铁三角",从进度、质量、成本、范围、价值等维度开展度量活动。其中,价值维度可根据需要进一步划分为效率维度与效果/效益维度;综合质量与进度维度,还能间接地反映项目组团队士气。通过这些维度可以构建项目健康度看板,监测项目范围蔓延、成本超过阈值、缺陷无法收敛、进度频繁延误、收益跌破红线等异常情况。此外,将这些维度与软件研发流程结合,还可构建度量矩阵,用于跟踪现状和指导改进。示例如表 11-5 所示。

表 11-5　项目管理框架示例

	需求分析阶段	开发阶段	集成阶段	测试阶段	验收阶段	发布上线阶段
进度	已评审需求占比已分析需求占比待分析需求数……	代码评审完成率开发任务完成率待启动开发任务数……	集成中任务数待集成任务数……	测试任务完成率测试用例完成率……	需求已验收率已提交验收需求占比……	已发布需求占比已上线需求占比……
质量	需求评审缺陷数需求评审缺陷密度……	编码缺陷数编码缺陷密度圈复杂度……	流水线成功率流水线部署任务成功率……	缺陷探测率逃逸缺陷数逃逸缺陷率……	需求验收缺陷数需求验收缺陷密度……	产品质量投诉数线上故障次数……
成本	需求分析投入工时数需求评审投入工时数……	需求开发投入工时数代码评审投入工时数……	服务器租金软件摊销费……	需求测试投入工时数……	需求验收投入工时数……	运维投入工时数……
范围	要求分析需求功能点数……	要求开发需求功能点数……	要求集成需求功能点数……	要求测试需求功能点数……	要求验收需求功能点数……	承诺发布需求功能点数……

	需求分析阶段	开发阶段	集成阶段	测试阶段	验收阶段	发布上线阶段
效果	已分析需求数 已评审通过需求数 ……	已完成开发任务数 已完成代码评审任务数 ……	流水线日均部署次数 ……	已测试完成需求数 已完成测试用例数 ……	验收通过需求数 ……	客户满意度 产品净推荐值 ……
效率	平均需求评审周期 平均需求处理周期 需求及时评审率 ……	平均编码交付周期 平均代码评审周期 开发任务及时完成率 ……	平均流水线集成耗时 平均部署耗时 ……	平均测试交付周期 测试任务及时完成率 测试用例及时完成率 ……	平均需求验收周期 需求及时验收率 ……	平均发布周期 平均上线周期 承诺需求及时发布率 ……

8. 成熟度模型

成熟度模型是一种框架，描述了一个组织在某个管理领域由混乱的、不成熟的状态到制度化的、成熟的状态所经历的普遍阶段。此类模型可评估组织当前在相应领域的管理水平，继而发现其中的问题并明确改进的方向和应采取的对策。值得注意的是，成熟度模型所度量出的结果只能反映组织在运作过程中遵循目标管理框架和流程的程度，无法直接反映最终的业务价值，更不代表公司的商业成功。随着技术与管理理念的发展，各管理领域涌现出大量的成熟度模型，如项目管理领域有 PMS-PMMM 模型、PM2 模型、P3M3 模型、OPM3 模型、CMMI 模型、SZ-PMMM 模型等[90]。

通常成熟度模型的度量维度多、涉及面广且度量成本高（需通过访谈、观察、检查、审阅等途径实现度量），因此在日常工作中可作借鉴，但不应照搬照套。原因在于每个团队和组织所面对的内外部环境是不同的且是动态的，大家都对标同一个静态的成熟度模型，其结果必然是削足适履，"高投入、低回报"。此外，对于产品线较为丰富的组织，各产品研发团队亟须提升的能力往往不同，盲目使用成熟度模型容易导致避重就轻、浪费资源。以中国信息通信研究院牵头制定的研发运营一体化（DevOps）能力成熟度模型为例，它是国内外第一个 DevOps 系列标准。该系列标准分为敏捷开发管理、持续交付、技术运营、应用设计、安全风险管理、组织结构、系统和工具等部分。该模型分为五个级别：初始级（一级）、基础级（二级）、全面级（三级）、优秀级（四级）、卓越级（五级）。表11-6展示了模型中的部分内容。

表11-6　研发运营一体化（DevOps）能力成熟度模型示例

领域	过程			应用设计	安全及风险管理	组织结构
子域	过程—敏捷开发管理	过程—持续交付	过程—技术运营	—	—	—
维度/能力项	价值交付管理	配置管理	监控管理	应用接口	控制总体风险	组织形态
	敏捷过程管理	构建与持续集成	事件管理	接口管理	控制开发过程风险	文化塑造
	敏捷组织模式	测试管理	变更管理	应用性能	控制交付过程风险	人员技能
		部署与发布管理	容量与性能管理	应用扩展	控制技术运营过程的安全风险	创新管理
		环境管理	成本管理	故障处理		变革管理
		数据管理	连续性和可用性服务			
		度量与反馈	用户体验管理			
			运营一体化平台			

资料来源：中国信息通信研究院的《研发运营一体化（DevOps）能力成熟度模型》（2018年）。

第2节　数据分析层次与思路

人们在原始观察及度量中获得了数据，分析数据间的关系获得了信息，在业务中应用信息产生了知识，理解问题时运用知识形成洞察[91]（如图11-3所示）。数据洞察，是指人们结合业务场景，通过数据分析，将数据转换为信息，梳理出影响业务结果的因素和作用链路，对问题进行归因，给出改进的方向。数据洞察和具体业务场景的结合是十分紧密的，如果洞察脱离了其依托的具体场景，结论大概率是无效的。

1. 数据分析层次

数据洞察过程中，数据分析是必不可少的一道环节。数据分析大致可分为三个层次[92]，由低到高分别是描述性分析、预测性分析和规范性分析。描述性分析用于确定已经发生的事情及其原因，预测性分析用于探索未来可能发生的事情，规范性分析用于探究过去事件和未来结果之间的关系，以便确定采取什么行动来达成目标。它们的特点如表 11-7 所示。

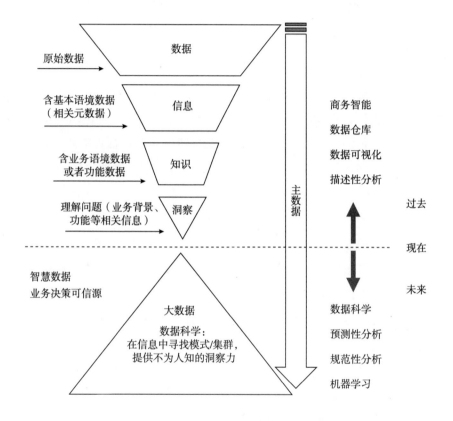

图 11-3 信息收敛三角

资料来源：DAMA 国际，数据管理协会．DAMA 数据管理知识体系指南［M］．机械工业出版社，2020．

表 11-7 不同数据分析层次的特点

	描述性分析	预测性分析	规范性分析
手段	数据仓库+BI 系统	数据科学	数据科学
特点	事后分析	洞察	提前干预

续表

	描述性分析	预测性分析	规范性分析
立足点	历史事件	预测模型	具体场景
结论	·曾经发生了什么事件 ·发生的原因是什么	未来将发生什么事件	应该做什么来确保目标事件的发生

资料来源：改自 Laura Sebastian-Coleman. 穿越数据的迷宫：数据管理执行指南 ［M］. 机械工业出版社，2020.

描述性分析是数据分析的第一个层次，也是绝大多数企业所处的层次。描述性分析对历史数据进行梳理和展现，一方面可帮助用户了解目标的大体情况，通过对比判断是否存在异常；另一方面，用户基于业务流程和经验，能够大致推断因果关系或未来趋势，有助于生成假设、变量转换和特定行为模式的根因分析。该层次的分析活动一般通过数据可视化实现。数据可视化是通过视觉概览（图表形式等）来帮助人们理解基础数据，它通过压缩并"封装"特征数据，凸显出重要信息，有助于团队发现机会、识别风险。长期以来，可视化一直是数据分析的关键，可使用的工具包括 Excel、专业的 BI 系统、Python、R 语言等。

预测性分析是数据分析的第二个层次，它属于有监督学习的子领域。在该分析层次下，人们尝试对数据元素建模，并通过概率估算来预测未来可能发生的事项。该层次的分析根植于数学，特别是统计学。预测性分析的最简单形式是预估，如基于个人与团队经验，对下一个周期内的事项进行预估，从而形成工作计划。相对复杂一些的，则是引入平滑算法开展回归分析，预测未来的结果。平滑数据的最简单方法是使用移动平均值或加权移动平均值，再复杂一些则是指数移动平均、两重指数和三重指数平滑模型[93]。

规范性分析比预测性分析更进一步，是数据分析的第三个层次。规范性分析依赖于大数据、具体业务规则、机器学习算法和其他类型的计算模型，帮助我们勾勒出几种可能的行动路线以及每种行动的预测结果。规范性分析可应用在金融欺诈的防范上，即在欺诈发生之前预测并采取措施加以干预，将其扼杀在摇篮里。总体而言，规范性分析旨在制定实现目标的最佳解决方案，描述性分析和预测性分析是它的必要前置工作，不应将这三种分析方法割裂开来使用。

2. 数据分析思路

总体而言，有效的分析是从结果出发，追溯过程和输入[31]。虽然数据分析是与具体业务场景强相关的，但也能提炼出一些通用的分析思路，这些思路能够帮助我们快速发现数据中的问题和风险。下文依次介绍了对比分析、聚类分析、漏斗分析、拆解分析、相关性分析、归因分析和预测性分析 7 种数据分析思路。

对比分析

在数据分析中，没有对比，就无法得出结论，对比是最基本的数据分析方法，不仅是其他数据分析方法的基础[94]，也是推动项目管理达到成熟和卓越的核心方法。分析人员在分析过程中需要一个参照物，并设定阈值，通过分析目标是否超出阈值（如图 11-4 所示），来判断当前状态的好坏以及是否需要采取改进措施。

图 11-4　超出基线阈值示例

通常来说，数据对比方式有以下几种：①跟预设目标对比，12 月的目标是活跃用户 100 万人，实际活跃用户 80 万人，目标达成率为 80%；②跟自己在不同时间点上的表现对比，本月销售额 250 万元，上月销售额 200 万元，环比增长 25%，去年同月份销售额 300 万元，同比下降 16.7%；③跟标杆对比，即选择与自己类似、具有可比性的对象进行对比，发现差距，例如，行业龙头开发的 A 软件单元测试分支覆盖率达 70%，自己公司研发的竞品 B 软件的覆盖率仅 30%；④跟同类竞对比，例如，同一类软件产品 A、B、C 的年营收额分别是 3000 万元、5800 万元和 8400 万元。

聚类分析

聚类分析是根据数据特性确定分类方法，并遵循这个分类方法对数据进行合理的分类，最终将相似数据聚合为一个类别。常见的聚类算法有 K 均值（K-Means）、谱聚类（Spectral Clustering）、层次聚类（Hierarchical Clustering）等。在软件研发度量活动中，可使用聚类分析来对客户或工程师群体进行分门别类，即提炼出研究群体的多个特征，使用聚类算法对这些特征数据进行分类，最后结合设定目标，对这些类别分别拟定不同的措施。

漏斗分析

漏斗分析是基于业务过程，分析目标对象从起点到终点在各个阶段的转化情况，帮助人们找到有问题的业务环节，并进行针对性的优化。漏斗分析其实是一种业务流程拆解和量化的思路，任何业务流程都可以按照这个思路来拆解。常见的漏斗模型有招聘漏斗、广告投放营销漏斗、消费者行为 AIDMA 漏斗、用户生命周期的 AARRR 等。对于软件需求的转化情况，我们也可以构建一个漏斗模型，分析是否存在某个环节转化异常的情况[1]，如图 11-5 所示。

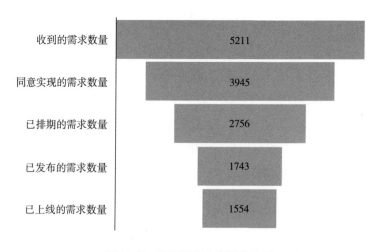

图 11-5　软件需求转化漏斗示例

---

[1]　是否异常则需要应用对比法，与自己的历史水平对比或与业内标杆对比。

拆解分析

拆解分析是数据分析的灵魂，能够帮助我们定位问题症结。常见的拆解方式有五种，下面以客户需求上线率过低为例进行介绍。①按时间拆解：哪个时间段提交的需求上线率低？哪个时间段发布的需求上线率低？②按空间拆解：哪个区域的客户上线率低？③按过程拆解：需求排期、需求发布、需求发放给客户和客户侧上线，哪个过程出了问题？路径分析就是这种拆解模式的代表，通常使用价值流图或桑基图进行可视化展现。④按公式拆解：最典型的例子就是杜邦分析①，以上线率为例，需求上线率=需求完成率×需求发布率×已发布需求上线率。⑤按特征拆解：软件需求的特征很多，如优先级、价值重要性、个性化程度等，需要根据具体业务场景选择合适的特征来进行拆解，例如，个性化程度高的需求上线率低，还是个性化程度低的需求上线率低？特征拆解的结果可以使用帕累托图或象限图进行可视化展现。

在数据分析过程中，指标拆解的方式数不胜数，但这些方式必须结合具体的业务流程开展，只有拆解的事项有意义，拆解分析才有价值。例如，某衰退期软件产品，主力研发团队已经解散，只保留了最低限度的开发人员和维护人员，以确保该软件的正常运行直至"退役"。研发资源的限制和产品在衰退期的客观事实，已经决定了该产品只会以缺陷修复为主，此时对研发资源投入进行拆解，分析该产品的研发资源有多少用于新功能，有多少用于缺陷修复，已毫无价值；但是，对软件研发资源在不同缺陷类别上的拆解分析，就是有价值的，它可以帮助组织了解该类衰退期产品通常是以哪几种缺陷为主（如算法错误、接口错误、交互错误、功能错误等），从而更加科学合理地配置人员或为其他类似的、将进入衰退期的软件产品提供参考。

相关性分析

相关性分析，就是寻找变量之间相互关联的程度，六西格玛管理比较关注此

---

① 一套财务分析模型，将若干个用以评价企业经营效率和财务状况的比率按其内在联系有机地结合起来，形成一个完整的指标体系，并最终通过权益收益率来综合反映。

类分析[7]。相关性一般通过相关系数来衡量，最常用的相关系数是 Pearson 相关系数，取值区间为 [-1, 1]：1 表示两个变量完全线性相关，-1 表示两个变量完全负相关，0 表示两个变量不相关；数据越趋近于 0 表示相关性越弱。当然，其间还要考虑统计显著性、信度、效度等[95]。

相关性分析要警惕超过了推断关系的数据范围所得出的结论。通常来说，雨下得越大，谷物则长得越旺盛，收成越多，雨是农民的福音；但连续的暴雨则会破坏甚至毁灭庄稼。正相关增大到一定程度后，便会突然逆转为负相关；超过了一定的降雨量，雨越多，收成越少。因此，即使某种相关是正向的，做出行为决策时也要注意适用的范围。

归因分析

实际业务中，很多问题的出现并非是单个因素造成的，而是经过多种因素的影响造就的。例如，在做腹部 B 超检查、常规生化检查等医学检查项目时，需要患者空腹，就是要避免干扰因素的影响，导致医生误判。归因分析要解决的问题就是在多因素影响的情况下，找出这些有因果关系的因素以及关联强度。总体而言，因果关系是相关关系的一种，但我们不能从相关性关系去推测因果性关系，原因在于混淆结构和对撞结构的干扰[96]，详见图 11-6。

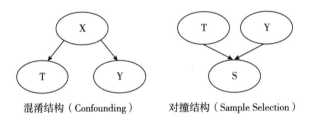

混淆结构（Confounding） 对撞结构（Sample Selection）

图 11-6 因果关系中的混淆结构和对撞结构

在混淆结构中，混淆变量（X）是能够同时影响 T 和 Y 的变量。例如，张三昨晚喝醉酒（X），到家后，没有盖被子倒头就睡（T），第二天起来头疼（Y），在这串事件中，T 和 Y 是相关的，但彼此并非因果关系，它们的原因都是 X。对撞结构，也被称作选择偏差，最著名的例子是伯克森悖论（Berkson's Paradox）。该悖论是美国医生 Joseph Berkson 在 1946 年提出的一个现象：他对比研究了在同一家医院中患有糖尿病的病人和患有胆囊炎的病人，结果发现患有糖尿病的人群中，同时患胆囊炎的人数量较少；而没有糖尿病的人群中，患胆囊炎的人数较多。这似乎说明患有糖尿病可以保护病人不受胆囊炎的折磨，但是从医学原理上无法证明糖尿病能对胆囊起到任何保护作用。导致这一现象的原因就是样本选择偏差，即 Joseph Berkson 统计的对象都是医院的病人，而忽略了没有去医院的健康人群。

此外，因果可以不断地交换地位，或者可以互为因果[47]，如贫穷与匮乏的信息来源。当然，简单地认为一个因素引起另一个因素是很片面的，观测数据上的因果推断需要一定的业务主观性，因此分析得出的结论很难"站稳脚跟"。在实际数据分析过程中，A/B 测试是归因分析最重要的手段，可以验证软件需求的价值。

预测性分析

预测性分析是使用过去和现在的数据，预测未来的一种分析方法。传统的预测方法有 AR（Auto Regressive Model，自回归模型）、MA（Moving Average Model，移动平均模型）、ARMA（Auto Regressive and Moving Average Model，自回归移动平均模型）、ARIMA（Auto Regressive Integrate Moving Average Model，差分自回归移动平均模型）等；现代的预测方法主要是基于机器学习、深度学习的预测方法，如广义线性模型（GLM）、Prophet 算法、随机森林及梯度提升模型（GBM）等。

第 3 节　数据可视化

Martin Klubeck 认为一套完整的度量活动至少包含如下要素：①度量的目标；②这套度量体系将被如何使用；③这套度量体系不应被如何使用；④目标用户是谁；⑤实施计划；⑥数据分析；⑦数据可视化；⑧将分析过程和结论"包装"成故事[53]。其中，数据可视化是以图形化的方式展示数据，帮助人们更好地理解数据。每个可视化都应该能够回答一个问题或提供一个见解，采用讲故事的形式，将新问题链接到数据探索的上下文环境中，进而获得最佳效果。好的数据可视化不仅仅是对图表的娴熟运用，更要有严密的逻辑和对业务的深入理解，从而让图表能够结构化地展示核心观点。其中，专业知识与理解需要读者在日常工作中加强学习与实践，结构化表达逻辑可借鉴麦肯锡方法[97] 和金字塔原理[98]，本节着重介绍数据可视化原则、图表推介及使用策略。

1. 数据可视化原则

输入的信息越直观，就越容易被人们识别和记忆，因此 Gene Zelazny 认为使用图表的黄金定律是"越简单越好"[99]。为了提高数据可视化效果，Jonathan Schwabish 提出了可视化的 5 项原则[100]。

（1）展示数据：数据可视化并不意味着需要向人们展示所有的数据，应该凸显出最重要的数据。例如，只展示重要指标、标红超出警戒线的数据点、加粗关键数字。

（2）减少混乱：Julie Steele 和 Noah Iliinsky 认为数据可视化的关键在于图表的清晰，即纯粹的清晰、无比的清晰[101]。因此，数据可视化过程中应尽量减少并消除所有可能分散读者注意力的信息，如太粗的刻度线、网格线、无谓的纹理或 3D 效果以及过多的文本，让他们尽可能轻松地发现图表中最重要的内容。

（3）图文结合：使用清晰简洁的标题，删除图例，直接为数据添加必要的标签和注释。

（4）避免使用意面图：当一张折线图中有 20 条看起来相似的折线时，这张图看起来就像一盘意大利面。意面图泛指包含太多无差异信息的图表，由于图表的存在就是为了凸显信息之用，意面图显然与初衷背道而驰。每一张意面图都应该根据受众特点和要传达的核心信息拆分为多张图表。

（5）从灰色开始：如果绘制图表时，将所有元素的初始颜色都设置为灰色，就会迫使你在使用颜色、标签和其他元素时，更有目的性和策略性。

在数据可视化过程中，若不遵循如上原则，往往会出现误导读者、模糊、无法说明问题等现象。此外，数据可视化中有一类专门服务于管理者的仪表盘，被称作管理驾驶舱，对此程旺给出了更具针对性的设计原则：①目标明确，体现监控；②充分体现管理价值；③一页纸描述，务必在一屏中展现所有核心指标；④表达尽量简洁、直观；⑤选择合适的图形[102]。

2. 不同可视化主题下的推荐图表

数据可视化是一项需要创意的工作，同一份数据可以展现出千变万化的图形。但在有限的精力和时间下，我们可以选择基础图表来快速实现数据可视化。此处将可视化主题分为八类：①离差，强调相对于固定参考值的变化情况；②相关性，展示多个变量之间的关联；③排序，基于某项特征排序，强调前后顺序；④分布，展示数据集中或分散的情况；⑤时间趋势，展示指标值随着时间推移而变化的趋势；⑥规模，展示数据规模的绝对大小或相对大小；⑦部分和整体的关系，展示一个整体如何被拆解为不同的部分；⑧流向，展示目标对象不同状态、地理位置或情境之间的流动方向与流动强度。具体可见表 11-8。

表 11-8　不同可视化主题下的基础图表推荐

主题	推荐图形 1	推荐图形 2	推荐图形 3	推荐图形 4
离差	蝴蝶图	条形偏差图		
相关性	散点图	折线图+柱状图	气泡图	
排序	条形图	柱状图	气泡图	

主题	推荐图形 1	推荐图形 2	推荐图形 3	推荐图形 4
分布	直方图	箱线图	帕累托图	南丁格尔玫瑰图
时间趋势	折线图	柱状图	面积图	折线图+柱状图
规模	条形图	柱状图	象形符号图	雷达图
部分和整体的关系	堆积条形图	堆积柱状图	饼图/圆环图	树状图
流向	桑基图	瀑布图	网络图	漏斗图

3. 基础图表的使用策略

条形图/柱状图、折线图和饼图属于最基础的图表，下文将介绍它们的具体使用策略，这些策略能够有效地提升数据的可视化效果。

条形图/柱状图

条形图和柱状图的适用场景较为类似，都可用于展示排序、规模方面的可视化，在使用这两类图形时，建议遵循如下 4 条策略：

（1）坐标轴应当从 0 开始，避免读者对差异的误解。

若条形图和柱状图的起始值不为 0，极易误导读者，对差异产生误判。以我国主要城市 2021 年 GDP 为例，如图 11-7 所示，上图的纵轴起始值为 0，下图的纵轴起始值为 17000 亿元，两张图对比查看，可以发现下图中上海与武汉的 GDP 差异被明显放大，让读者错误地以为二者数值相差 10 倍以上。

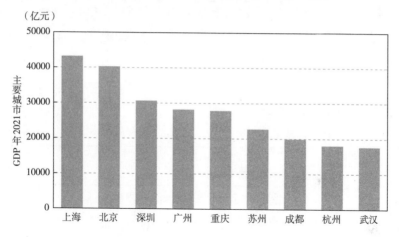

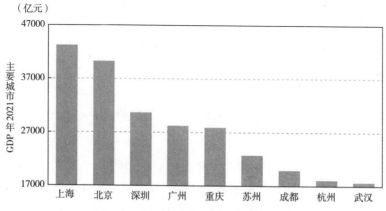

图 11-7　操纵纵坐标不为 0 的图形对比

（2）不要切断横条/柱子，以免数据失真。

在一些数据可视化场景下，部分类目的数据量显著大于其他类目，这时有的读者喜欢"自作聪明"，将横条或柱子截断，以避免图形过于突兀，然而这样却有主动误导读者的嫌疑。以亚洲部分国家 2022 年人口规模的条形图为例，如图11-8 所示，上图原样展示了各个国家的人口规模，下图则对中国和印度的人口规模横条进行了截断处理，虽然横条右侧的数值未进行改动，但这个截断处理让读者从视觉上感受到的是：中国、印度的人口规模仅是印度尼西亚的 1.5 倍左右。

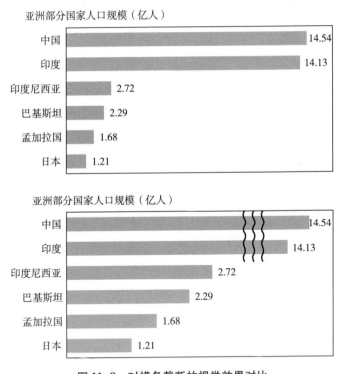

图 11-8　对横条截断的视觉效果对比

（3）谨慎使用刻度线和网格线，保持可视化的清晰。

通常情况下，柱状图和条形图不需要刻度线，因为类目之间的空白区域就能明显地将各类目分开。网格线与数据标签则通常保留一项，即若有数据标签，则删除网格线，此时表征数值的坐标轴也可删除（见图 11-9 中的上图）；若使用了网格线（线条较细且为浅色），则通常要保留坐标轴，但不再展示数据标签（见图 11-9 的下图）。这样的策略都是为了保证图表的简洁性，尽量删除多余的元素，让读者将注意力集中在较少的元素上。

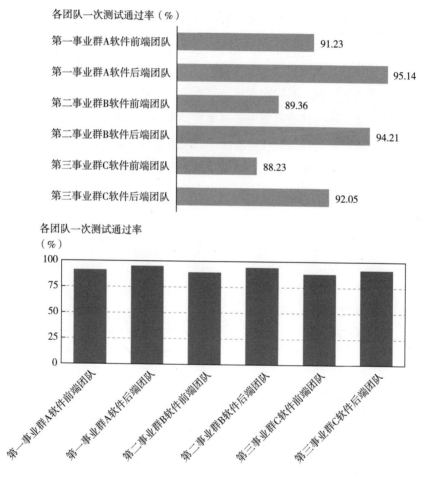

图 11-9　类目名称过长时条形图与柱状图的效果对比

（4）柱状图标签过长时，应使用条形图。

当柱状图各类目的标签过长时，通常使用条形图替代柱状图，以取得更好的可视化效果，避免坐标轴名称挤在一起，难以查看。以某公司软件研发团队的一次测试通过率图形为例，如图 11-9 所示，上图为条形图，下图为柱状图，由于团队名称过长，柱状图横坐标的团队名称可读性很差。

折线图

折线图是数据可视化中最常用的一种图形，通常用于表征变量随着时间推移而发生变化的轨迹。绘制折线图通常要遵循如下策略：

（1）一张折线图中可以不限制线条数量，但必须凸显其中少量的线条。

数据可视化原则不建议使用意面图，其目的是避免一张图形承载过多的信息，导致读者无法快速、准确地理解图形所传递的讯息。若一张折线图中确实需要包含多根线条，那么这些线条中必须要有凸显的"少数派"，它们承载了希望读者重点关注的信息。以某软件研发团队的开发任务数量为例，图 11-10 展示了近 5 个工作日的任务数量变化趋势，由于图中折线太多且无重点，该图的可读性很差。

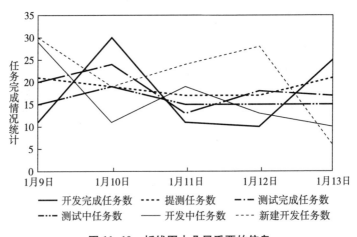

图 11-10　折线图中凸显重要的信息

（2）坐标轴可以不从 0 开始。

与柱状图和条形图不同，折线图的坐标轴可以不从 0 开始，但这需要根据折线图所传达和设定的信息和目的进行判断，避免折线图传达的信息过于模糊。以单元测试分支覆盖率和一次测试通过率为例，如图 11-11 所示，上图纵轴从 0%

开始，下图纵轴从 60% 开始。两图比对后可以发现，上图更容易看出两个指标间存在一定的相关性。

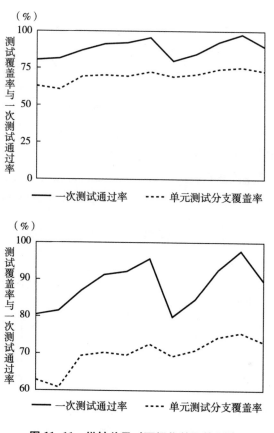

图 11-11　纵轴差异对可视化效果的影响

（3）可在折线图中标记数据点，以凸显某个数据。

在折线图中，为了让读者关注某些数据点，可以对单个或少量数据点进行标记，以吸引读者的目光。图 11-12 对一次测试通过率的最低点进行了数据标记，能够很容易将读者的注意力聚焦到该点上。

（4）避免使用双纵轴折线图。

对折线图中不同折线使用不同的纵轴，是对数据可视化的一种"恶意"操纵，非常容易误导读者。图 11-13 仍然是一次测试通过率和单元测试分支覆盖率的折线图，但图中对两条折线分别使用了两个不同的纵轴，读者乍一看，会认为单元测试分支覆盖率普遍高于一次测试通过率。

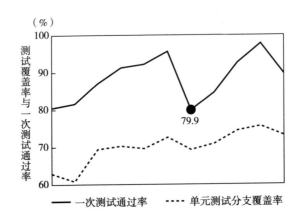

图 11-12　对读者需要关注的数据进行标记

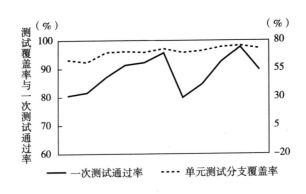

图 11-13　对两条折线使用不同的纵轴

饼图

在专业的数据可视化领域，人们普遍认为饼图不是一种好的可视化图形，因为读者很难识别扇形的大小，同样的场景，柱状图或条形图的表现效果往往更好。饼图可适用的范围极其有限。

（1）希望读者注意到显著的差异或关注单个类别时，饼图是不错的选择。

　　饼图的作用是强调各项数据占总体的比例，强调部分和整体的比较，因此数据可视化时，若希望读者关注单个类别时，饼图是适用的。

　　（2）饼图各部分的总和必须是 100%。

　　由于饼图展示的是部分和整体的关系，因此饼图应当确保没有组成成分遗漏，所有部分加总应当是 100%，避免视觉上误导读者。

　　（3）饼图内的类别不要超过 5 个。

　　若分析对象的类别在 5 个以内，可使用饼图；若数量进一步增加，则建议根据业务逻辑归并类别或改用柱状图、条形图抑或树状图进行可视化展示。

　　（4）不要使用子母饼图。

　　不建议使用子母饼图，此类图形较难阅读和理解，可用条形图或桑基图替代，可视化表现效果会更好。

第 12 章

研发效能度量

设计和编程都是人的活动，忘记了这一点，将会失去一切。

——Bjame Stroustrup

第 1 节　研发效能概述

1. 研发效能是什么

随着国内 DevOps 平台的大范围落地，从 2020 年开始"软件研发效能提升"也逐渐变为行业热词。那么什么是软件研发效能？这要从效率、效果、效益和效能开始讲起。

效率指在单位时间里完成的工作规模，或者说某项工作的成果与完成该工作所投入成本的比值，即投入与产出比率。效率是从具体工作层面考虑，关注做事方法的正确性，并不关注产出是否有价值。

效果是指在限定条件下的行为对特定对象所产生的系统性、单一性结果。效果是从目标选择的正确性和最终实现价值的程度考虑，并不考虑为此需要付出多少成本。

效益是效率和效果的结合，即效益＝效果×效率。展开来讲，效益是消耗资源与所获得成果之间的一种比较，如果成果带来的价值超过了消耗资源所付出的代价，那么就产生了正效益；反之则相反。

效能是一个大概念，是对效率、效果、效益的概括性、综合性评价，是手段正确与结果正确的结合体。相较于效益，效能更加注重可持续性。因此，高效能就是既要收获尽可能多的价值，又要维护好生产效率；既要避免杀鸡取卵式的短视行为，又要避免母鸡光吃食不下蛋的无效行为。

结合软件研发活动的特点，软件研发效能就是"持续地为用户产生有效价值的效率"[36]。其中，可持续、效果和效率是核心点。业内对研发效能亦有其他解读，如吴俊龙和茹炳晟定义研发效能是"顺畅、高质量地持续交付有效价值的闭环"[103]，从流程视角来看，研发效能涉及了软件研发的所有流程，其落地实践表现为持续开发、持续集成、持续测试、持续交付和持续运维[48]，这 5 项"持续"也正是 DevOps 追求的目标。再如，团体标准 T/IQA 15 — 2022《软件研发效能度量规范》定义研发效能是"持续快速交付高质量有价值的软件产品和服务的能力"，包括效率、效果和卓越能力三个方面。相较于其他定义，此处明确提出了卓越能力的要求，该能力是指软件研发过程以健康、可持续的方式交付产品和服务的能力，它是支撑可持续交付的一种能力，是工具化水平、测试自动化水平和部署发布能力的综合反映。

2. 提升研发效能是为了什么

在实际工作中，企业往往存在多条产品线和众多软件产品，不同的软件产品有其各自的研发特点，效能提升的切入点和具体诉求往往不同，因此研发效能提升的责任主体往往是每个独立交付产品的团队以及团队中的个体。通常来说，团队研发效能关注对公司、团队和客户产生价值，个人研发效能关注个人的产出、技术的成长和知识水平的提高[36]。总体而言，研发效能的提升，对团队而言是"降本增效"（"效益"的"效"，而非"效率"的"效"），即投入更少的资源，获得同等或更多的利益；对个人而言，效能提升就是做事更讲方法，工作效率更高，能够平衡工作与生活。

然而，茹炳晟认为，随着软件架构复杂度越来越高、软件规模越来越大、团队越来越大，研发效能的绝对值必然会越来越低。因此，研发效能提升并不是提升效能的绝对值，而是尽可能减缓研发效能恶化的程度，使其下降得不至于太快，努力保持现状就是成功[104]。此外，提升研发效能的一条重要途径就是引入更加智能和便捷的工具，但这些工具也额外增加了使用者的学习成本，模糊了工作与生活的边界，至少在较长的一段时间内，研发效能的提升似乎会把个体和工作绑得更牢，投入在工作和相关学习上的时间不减反增，还要被更多流程与规范限制（如代码评审、质量卡点），上述结果都与提升个人研发效能的初衷背道而驰，这就是为什么在实际工作中，一线开发人员对提升研发效能并不"感冒"，甚至有所抵制的原因。

3. 研发效能度量与项目度量的区别

研发效能度量与项目度量都属于软件领域的度量活动，能够帮助干系人了解现状、指导改进，但二者仍存在一定的差异。研发效能度量的目的在于提升研发效能，度量对象是团队①，度量范围不受项目限制，除了关注质量、成本、价值、速率，还关注"能力"，包括但不限于工程能力、团队交付能力、个人研发能力。研发项目度量的目的则是平衡项目的范围、进度、质量、成本和交付价值，推动项目成功，度量对象是项目，度量范围以项目活动为限，除了关注质量、成本、价值，还关注范围和进度，需要频繁地监控项目的范围与进度变化。需要注意的是，效能度量和项目度量只是侧重点不同，并不意味着完全不度量某个领域，只要项目组认为有需要，并且收益显著大于度量成本，就可以开展该领域的度量活动。

4. 研发效能的"黄金三角"

如果要提升软件研发效能，那么就避不开如下三大关键要素：效能平台、效能实践和效能度量。为此，张乐提出了一个"增强回路"的效能提升实践框架[105]，即研发效能的"黄金三角"（见图 12-1）：效能平台即 DevOps 平台，通过自动化和流程能力支撑效能实践，并为效能度量提供丰富的研发过程数据；效能实践，决定了效能平台要提供的功能，指导效能度量的方向与重点；效能度量，反馈效能平台和效能实践的现状与问题，提供优化改进方向。

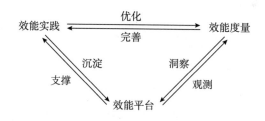

图 12-1　研发效能的"黄金三角"

资料来源：茹炳晟，张乐，等．软件研发效能权威指南［M］．电子工业出版社，2022.

5. 研发效能宣言

2021 年 10 月，国内首届卓越工程生产力大会发布了"研发效能宣言"，该

---

① 这里的"团队"是一个相对宽泛的概念，可以小到只有三位成员的测试团队，也可以大到数百人乃至上千人的大团队。

宣言借鉴敏捷宣言的形式，提出了研发效能提升活动在业务、流程、技术、数据以及组织视角需要遵循的价值观[104]。这些价值观不仅是对研发效能提升活动的指引，更是研发效能度量活动要遵循的原则。相比于软件研发项目度量活动，研发效能度量更强调业务视角、全局视角和组织视角。

研发效能宣言：

我们一直在追求达到更高的研发效能，可以更高效、更高质量、更可靠、可持续地交付更优的业务价值，身体力行的同时也帮助他人。由此我们建立了如下价值观：

业务价值高于职能目标（业务视角）

全局流动高于局部优化（流程视角）

工程卓越高于工具平台（技术视角）

数据思维高于经验沉淀（数据视角）

工程师文化高于绩效管理（组织视角）

也就是说，尽管右项有其价值，我们更重视左项的价值。

6. 如何提升研发效能

在提升研发效能的实践方法论层面，本书介绍两种方法论，分别是 MARI 方法和改善套路。其中，MARI 由思码逸公司提出，其目的是建立从效能度量到效能改进的闭环，它是由度量、分析、回顾和改进四个步骤组成（见图 12-2），形成完整的持续提升闭环。大部分情况下，软件工程实践的改进需要经历多个迭代，通过持续度量和分析，不断校准改进的方向和方法。

改善套路则是由 Mike Rother[106]提出，该方法论首先要确定效能愿景；其次，了解当前状态；再次，设定通往愿景的下一阶段目标；最后，在迈向目标的过程中，需要克服障碍。通过往复上述步骤，实现研发效能的持续改善（见图 12-3）。

具体实践措施层面，提升研发效能的措施主要有三类，分别是引入新工具、改变流程和调整组织结构。这三类措施并非彼此孤立，而是相互影响。根据康威定律，工具与组织结构会趋于一致，新工具的引入要么契合当前的组织结构，要么需要组织结构同步调整；流程的变化也可能引起组织的改变，如 IPD 流程所需的重量级团队、LTC 所需的"铁三角"、IFS 变革所需的合同注册组织；最后，工具与流程更是要紧密配合，才能将工具的效用完整地发挥出来。

图 12-2　MARI 方法

资料来源：思码逸官网，www. openmari. dev/docs/intro。

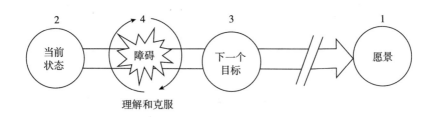

图 12-3　改善套路

资料来源：Mike Rother. 丰田套路：转变我们对领导力与管理的认知［M］. 机械工业出版社，2011.

在实施上述提升措施的同时，辅之以培训、宣贯活动和奖惩制度，从而形成有益于提升研发效能的文化，让员工自觉践行最佳实践，进入提升研发效能的正循环周期。文化，有助于构建大家习以为常的行事风格与标准，成员会自发从整体利益视角进行思考并开展工作，能够有效地避免过度的制度化与流程，由此降低组织内部的协调、监督与控制成本，形成以"理"为主、以"管"为辅的局面，最终实现研发效能的持续提升。

第 2 节　研发效能度量体系

　　软件研发效能度量由研发效能目标、认知域和改进域三部分构成[107]，其中：研发效能目标可细分为效率、效果和卓越能力三类目标；认知域是展示和反映当前研发效能情况的度量域；改进域是在认知域的基础上度量研发效能改进成效的度量域。上述三大部分构成了软件研发效能度量框架——E^3CI①，如图 12-4 所示。

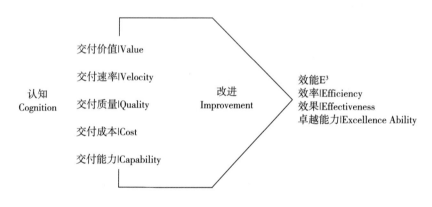

图 12-4　软件研发效能度量框架

资料来源：软件研发效能度量规范（团体标准 T/IQA 15—2022）[S]．2022.

　　对于具体的研发效能度量体系，大体上是对上述框架的细化。读者在设计度量体系的过程中，除了可以借鉴前文介绍的 QUANTS 框架和 SDO 绩效框架，国内专家也提出了一些优秀的度量体系以供参考。下文将介绍六套研发效能度量体系，以供读者观摩。此处要提醒读者的是，以下度量体系只是提供了一种思路，可以协助读者更快地构建出适合自身的度量体系。至于最后应该度量哪些维度和指标，完全取决于要度量软件的特点、团队的特征、价值流瓶颈和管理的诉求/

---

　　① E^3 是效率（Efficiency）、效果（Effect）和卓越能力（Excellent Ability）英文首字母的统称，C 是认知域（Cognition）的首字母，I 是改进域（Improvement）的首字母。

目标。可以毫不夸张地说，若读者完全照搬照抄如下度量体系，度量活动本身就会沦为一项"打钩工作"。

1.《软件研发效能度量规范》的度量体系

《软件研发效能度量规范》的效能度量体系将指标分为交付速率、交付质量、交付成本、交付能力、交付价值和持续改进六个维度。其中，交付速率反映团队交付产品/服务的速度，交付质量反映产品/服务满足用户和业务需求的程度，交付成本反映为了交付产品/服务所投入的资源，交付能力反映团队交付产品/服务的可持续性，交付价值反映产品/服务满足用户和业务目标的水平，持续改进反映软件研发改进措施的成效。

在该度量体系中，交付效率主要涵盖的是流速度、流效率、范围和进度类指标，如需求交付周期、需求变更率、组件按时交付率、代码开发当量等；交付质量主要包含代码评审、需求评审、用例评审、测试活动等质量保证活动相关的指标，如××评审通过率、逃逸缺陷率、测试覆盖率[①]等；交付成本主要是人力投入和非人力投入类指标，如人力成本、预算执行率、非人力成本等；交付能力包含研发各环节流负载以及流水线能力、自动化能力的指标，如流负载、构建时长、构建成功率、部署时长、部署成功率等；交付价值包括业务目标达成类的指标，如客户满意度、用户增长率、营收增长率等；持续改进包含与改进活动相关的指标，如改进效果评价（泛指改进活动在交付价值、交付速率、交付质量、交付成本、交付能力任一维度上实现的提升效果）、审计问题关闭率等。具体内容可见图 12-5。

2.《软件研发效能提升实践》的度量体系

《软件研发效能提升实践》的效能度量体系将指标分为交付效率、交付能力和交付质量三个维度。其中，交付效率以流速度、流效率相关指标为主，包括

---

① 这些度量体系中大部分的指标属于比较模糊的概念，是某类指标的代名词，并非能够直接度量的指标，属于 GQIM 框架中的 indicator 层级。以测试覆盖率为例，实际度量时，"测试"要区分单元测试、集成测试、系统测试，覆盖率要区分行覆盖率、分支覆盖率、条件覆盖率，因此可直接度量的指标是系统测试行覆盖率、系统测试分支覆盖率等。

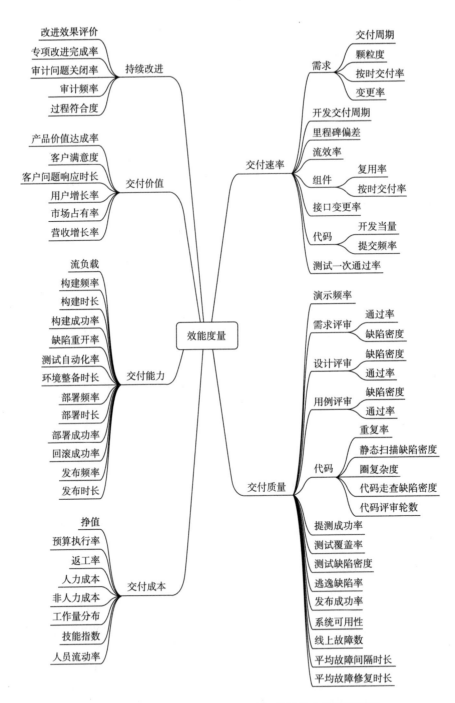

图12-5　《软件研发效能度量规范》的效能度量指标概览

资料来源：软件研发效能度量规范（团体标准 T/IQA15—2022）［S］. 2022.

××周期/时长、××数量等；交付能力以流负载、自动化能力、流水线能力类指标为主，包括构建时长、构建成功率、流负载等；交付质量以质量保证活动类指标为主，包括××评审通过率、××评审覆盖率、缺陷逃逸率等。具体内容可见图12-6。

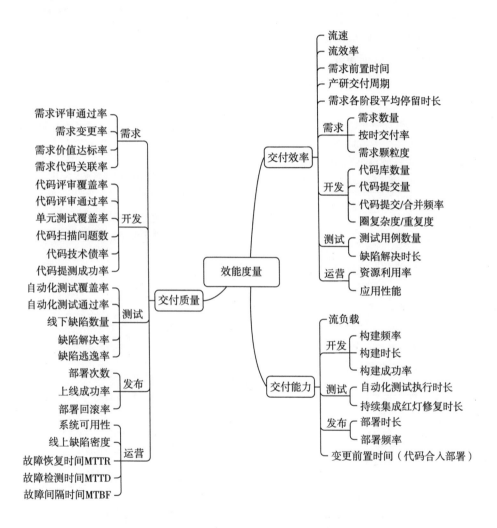

图 12-6　《软件研发效能提升实践》的效能度量指标概览

资料来源：茹炳晟，张乐，刘真，等 . 软件研发效能提升实践［M］. 电子工业出版社，2022.

3.《高效研发：硅谷研发效能方法与实践》的度量体系

《高效研发：硅谷研发效能方法与实践》的效能度量体系将指标分为速度、准确度、个人效能和质量四个维度,该体系的特点是关注了个体效能水平。其中,速度主要是时长/周期类指标、吞吐量类指标,如前置时间、生产周期时间、平均修复时间等;准确度主要是需求价值类指标,如净推荐值、用户价值产出量、功能采纳率等;质量主要是测试发现缺陷、逃逸缺陷以及性能、安全类指标,如严重线上事故数、响应时间、安全漏洞发生数等;个人效能主要是开发环境类指标,包括开发环境满意度、测试数据生成速度、个人调测环境构建速度等。具体内容可见图 12-7。

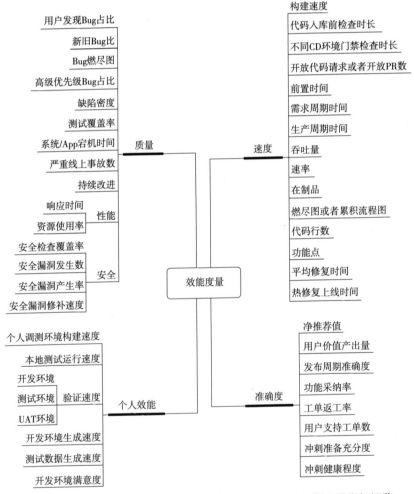

图 12-7 《高效研发:硅谷研发效能方法与实践》的效能度量指标概览

资料来源:葛俊. 高效研发:硅谷研发效能方法与实践[M]. 机械工业出版社,2022.

4. 《软件研发效能提升之美》的度量体系

　　《软件研发效能提升之美》的效能度量体系将指标分为质量指标、交付吞吐指标、业务价值指标、产出指标、成本指标五个维度。其中，质量指标主要是内部质量和外部质量类指标，如千行代码缺陷率、缺陷密度、安全漏洞发现数等；交付吞吐指标主要是时间/周期类指标，如前置时间、缺陷修复时长、需求周期时长等；业务价值指标主要是业务目标达成类指标，如净推荐值、验收通过率、用户价值产出量等；成本指标主要是研发过程中投入的费用指标，如依赖第三方资源费用、项目人员数、研发测试人员比等；产出指标主要是统计周期内的工件产出，如构建次数、人均关闭需求数、人均关闭缺陷数等。具体内容可见图 12-8。

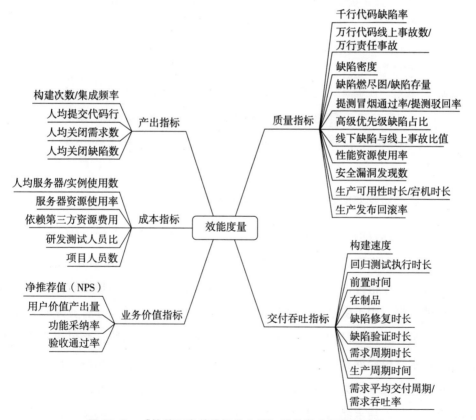

图 12-8　《软件研发效能提升之美》的效能度量指标概览

资料来源：吴骏龙，茹炳晟．软件研发效能提升之美［M］．电子工业出版社，2021.

5. 《阿里巴巴 DevOps 实践指南》的效能度量体系

《阿里巴巴 DevOps 实践指南（2021）：从 DevOps 到 BizDevOps》的效能度量体系较为简单，以精益理念的价值流动为主线，将指标分为流动效率、资源效率和质量保障，其中流动效率又可细分为需求响应周期和持续发布能力；质量保障可细分为交付过程质量和交付质量；资源效率则由交付吞吐率表征。具体内容参见图12-9。

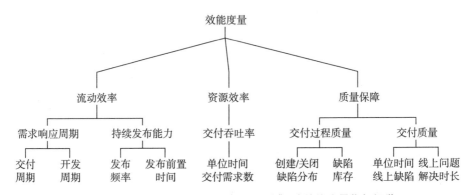

图12-9　《阿里巴巴 DevOps 实践指南》的效能度量指标概览

资料来源：何勉，陈鑫，张裕，等 . 阿里巴巴 DevOps 实践指南（2021）：从 DevOps 到 BizDevOps〔R〕. 2021.

6. 《软件研发效能权威指南》的效能度量体系

《软件研发效能权威指南》的效能度量体系将指标分为交付价值、交付质量和交付速率三个维度，其中交付质量和交付速率维度的指标又细分为结果指标、过程指标和操作指标，交付价值维度只有结果指标。结果指标是指软件功能上线后产生的结果，用于衡量团队研发效能，如交付价值的结果指标有业务满意度和需求吞吐量，交付质量的结果指标有线上问题数和线上故障数，交付速率的结果指标有需求交付周期和线上缺陷修复时长。过程指标是指软件功能上线前，研发过程中的阶段性结果类指标，用于分析和发现效能改进点，如需求评审通过率、需求开发时长、需求测试时长等。操作指标是对具体改进活动的度量，用于引导团队正确提升效能，如质量卡点开启率、代码评审率、组件依赖深度等。具体内容可见图12-10。

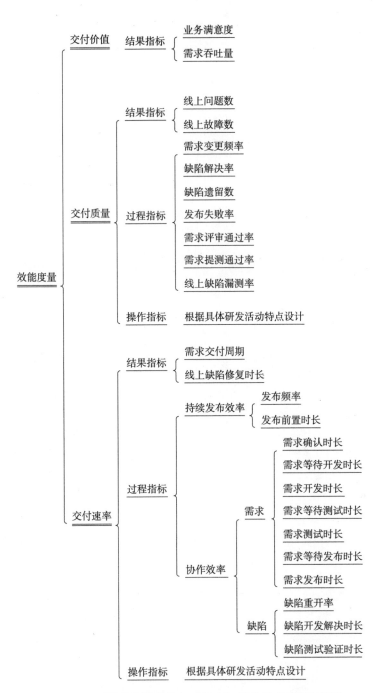

图 12-10 《软件研发效能权威指南》的效能度量指标概览

资料来源：茹炳晟，张乐，等．软件研发效能权威指南［M］．电子工业出版社，2022．

第 13 章

研发项目度量案例

每一件美好的事情，开始都是很困难的。

——Herbert Spencer

1. 项目背景

某特性团队负责本公司软件产品 A 的研发[①]，该产品属于公司的重点产品，已经上市三年，处于成熟期，拥有大量的企业付费客户，为公司带来了稳定的现金流。该公司已引入 IPD 流程，根据年度规划，产品 A 全年将依次发布两个增量版本，针对每个增量版本的研发工作，该团队都会设立一个项目进行管理，项目内引入了诸多敏捷开发实践，通过两周一个迭代的方式进行开发。其中，每个项目立项时会预先确定一系列的特性需求，并明确哪些特性需求是关键特性。当软件发生线上问题，需要紧急修复时，项目团队会通过发布补丁版本的方式加以解决。项目经理张三为了提升项目信息透明度，让干系人了解项目的总体状况，加强沟通管理，准备建立多套项目度量体系，供不同的干系人群体使用。

2. 构建度量体系

项目经理对干系人群体进行分析后，认为需要把公司高层管理人员、中层管理人员和研发团队这三类群体作为典型代表，提供项目的度量信息。其中，高层管理人员使用的度量体系要精炼，使用结果性指标，以便使用者能够快速了解项目的整体现状；中层管理人员使用的度量体系则要提供适度的细节，覆盖他们对本项目的关注点；研发团队的度量体系则要有足够的细节支撑改进活动。上述三套模型均从项目价值、项目质量、项目进度、项目范围和项目成本五个维度构建，经过张三与各群体代表的沟通和确认，最终确定了模型。

高层管理人员

表 13-1 展示了高层管理人员使用的度量模型。在该模型中，项目价值和项目质量方面的指标基本是滞后性指标，在结项一段时间后才能度量，主要用于项目后评估；其他维度的指标则可在项目推进过程中观测，用以评估项目现状。读者可根据需要追加业务元数据，如统计口径、适用角色、适用场景、数据来源、

---

① 案例是对复杂多变的现实情况的极度简化，能提供的背景信息抽象而有限，因此读者从本章借鉴的是构建模型的大体思路和形式，而非照搬照套其中的度量模型。

责任人、更新频率、可视化方案等。

表 13-1　高层管理人员的度量模型

维度	目标	信号	指标	说明
项目价值	项目成果给客户带来了价值	客户上线了新版本并且认可该版本的价值	客户满意度评价均值	滞后性指标
			客户净推荐均值	滞后性指标
			增量版本上线客户数	滞后性指标
	项目给公司产生了价值	项目为公司带来了盈利	营收金额	滞后性指标
			毛利润	滞后性指标
			净利润	滞后性指标
项目质量	新版本运行正常、稳定	新版本质量满足客户要求	客户质量投诉数量	滞后性指标
		新版本不存在明显的缺陷	平均故障率	滞后性指标
			线上故障次数	滞后性指标
			逃逸缺陷数量	滞后性指标
			研发缺陷密度	
项目进度	项目能在截止日期内完成	项目各里程碑都能及时完成	软件规模完成率	使用燃尽图展示
			里程碑及时完成率	
		项目风险得到了妥善处置	活跃中/高级风险数量	使用燃尽图展示
项目范围	项目范围不发生太大变化，以免项目资源无法支撑	项目开展过程中未发生大规模的范围变更	项目范围变更率	
项目成本	项目成本控制在预算范围内	项目成本未明显超出该时间点的预算	项目实际成本	使用挣值分析图展示

中层管理人员

中层管理人员使用的度量模型如表 13-2 所示，相比高层管理人员的度量模型，新增了软件开发生产率、一次测试通过率、关键特性完成率、补丁版本数、补丁版本规模占比等指标，这些指标相较原有指标而言，更关注细节或过程，如关键特性的完成情况、项目研发过程中的一次测试通过率水平。

表 13-2　中层管理人员的度量模型

维度	目标	信号	指标	说明
项目价值	项目成果给客户带来了价值	客户上线了新版本并且认可该版本的价值	客户满意度评价均值	滞后性指标
			客户净推荐均值	滞后性指标
			增量版本上线客户数	滞后性指标
	项目给公司产生了价值	项目为公司带来了盈利	营收金额	滞后性指标
			毛利润	滞后性指标
			净利润	滞后性指标
项目质量	新版本运行正常、稳定	新版本质量满足客户要求	客户质量投诉数量	滞后性指标
		新版本不存在明显的缺陷	平均故障率	滞后性指标
			线上故障次数	滞后性指标
			逃逸缺陷数量	滞后性指标
			研发缺陷密度	
			一次测试通过率	
项目进度	项目能在截止日期内完成	项目各里程碑都能及时完成	软件规模完成率	使用燃尽图展示
			里程碑及时完成率	
			关键特性完成率	
		项目风险得到了妥善处置	活跃中/高级风险数量	使用燃尽图展示
项目范围	项目范围不发生太大变化，以免项目资源无法支撑	项目开展过程中未发生大规模的范围变更	项目范围变更率	
			补丁版本数	
			补丁版本规模占比	
项目成本	项目成本控制在预算范围内	项目成本未明显超出该时间点的预算	项目实际成本	使用挣值分析图展示
			软件开发生产率	

注：加粗指标是与高层管理模型相比，新增的指标。

研发团队

研发团队使用的度量模型如表 13-3 所示，与管理层模型聚焦项目维度不同，该模型删除了那些滞后性指标，因为它们在项目结项后才能度量，无法指导当前的研发工作；增加了迭代维度的诸多指标，用于指导研发改进，如每个迭代的研发缺陷数量、研发缺陷密度、一次测试通过率、代码质量问题密度、质量卡点通过率、活跃缺陷数量、未完成软件规模、任务及时完成率、软件规模完成率、缺陷修复工作量占比。出于信息密级的关系，研发团队模型中删除了与财务相关的指标，即营收金额、毛利润、净利润、项目实际成本四项指标；活跃风险数量在中/高风险的基础上囊括了所有等级的风险。此外，研发团队度量模型还需要在使用过程中进一步丰富，即针对异常指标提供更深入的拆解分析体系，以帮助团队寻找指标劣化的原因，从而制定改进措施。

表 13-3　研发团队度量模型

维度	目标	信号	指标	说明
项目质量	新版本运行正常、稳定		每个迭代的研发缺陷数量	
			每个迭代的研发缺陷密度	
			每个迭代的一次测试通过率	
			每个迭代的代码质量问题密度	静态代码扫描发现的每千行代码的致命、严重 bug、坏味道和漏洞数量
			每个迭代的质量卡点通过率	
			每个迭代的活跃缺陷数量	使用活跃缺陷数趋势图展示
项目进度	项目能在截止日期内完成	项目各里程碑都能及时完成	软件规模完成率	使用燃尽图展示
			里程碑及时完成率	
			关键特性完成率	
			每个迭代的未完成软件规模	使用累积流图展示
			每个迭代的任务及时完成率	
			每个迭代的软件规模完成率	使用燃尽图展示
		项目风险得到了妥善处置	活跃风险数量	使用燃尽图展示

续表

维度	目标	信号	指标	说明
项目范围	项目范围不发生太大变化，以免项目资源无法支撑	项目开展过程中未发生大规模的范围变更	项目范围变更率	
			补丁版本数	
			补丁版本规模占比	
项目成本	项目成本控制在预算范围内	软件开发生产率没有明显下降	**每个迭代的缺陷修复工作量占比**	
			软件开发生产率	

注：加粗指标是与中层管理人员模型相比，新增的指标。

3. 开展度量活动

公司内部建立了研发数据仓库，将与软件研发活动相关的数据都汇聚到当中，并提供了敏捷 BI 平台，支持分析人员快速构建和发布可视化度量看板。因此，项目经理张三准备使用 BI 平台实现上述度量体系。为了确保体系内指标与公司定义的指标保持一致，避免后续引起歧义，张三认真研读了公司对指标的定义，并根据以往项目的表现，设定了各个指标的基线值和变动阈值，对于超出阈值的指标，根据超出限额，使用黄色或红色进行警示。

度量体系中涉及的指标除财务指标外，均能由数据仓库自动生成；财务指标则由张三通过补录系统，在后期进行补录，以生成相应的指标值。由于三套度量体系的使用人群不同，张三对相应的看板设置了不同的权限控制。研发团队使用的度量模型，相较管理层使用的模型而言，更加注重过程改进功能，而非评价功能，为了避免团队落入"指标陷阱"，导致度量模型失去指导改进的作用，张三在团队看板上线后，在团队内部着重开展了宣贯工作：①明确将看板作为日常站会和迭代回顾会的重要信息来源；②承诺看板内指标仅用于指导改进，而非考核与评价成员；③看板聚焦异常指标，需要分析异常原因并制定改进措施；④整个看板会根据项目进展情况随时调整度量方案，尤其是项目中发生的突出问题，会推出专项主题看板，用于分析和改进活动。

参考文献

［1］（美国）项目管理协会（PMI）．项目管理知识体系指南（PMBOK 指南）（第七版）［M］．电子工业出版社，2022.

［2］邹欣．现代软件工程构建之法［M］．人民邮电出版社，2017.

［3］Eberhard Wolff. 持续交付实战［M］．电子工业出版社，2020.

［4］谭志彬，柳纯录．信息系统项目管理师教程（第三版）［M］．清华大学出版社，2017.

［5］乔梁．持续交付 2.0：业务引领的 DevOps 精要［M］．人民邮电出版社，2019.

［6］Alistair Croll, Benjamin Yoskovitz. 精益数据分析［M］．人民邮电出版社，2014.

［7］何桢．六西格玛管理［M］．中国人民大学出版社，2014.

［8］中国质量协会．全面质量管理（第四版）［M］．中国科学技术出版社，2018.

［9］任甲林，周伟．以道御术——CMMI 2.0 实践指南［M］．人民邮电出版社，2020.

［10］刘劲松，胡必刚．华为能，你也能：IPD 重构产品研发［M］．北京大学出版社，2019.

［11］Tony Buzan. 思维导图宝典［M］．化学工业出版社，2014.

［12］James P. Womack, Daniel T. Jones. 精益思想［M］．机械工业出版社，2011.

［13］Mary Poppendieck, Tom Poppendieck. 精益软件开发管理之道［M］．机械工业出版，2011.

［14］Eric Ries. 精益创业 2.0［M］．中信出版社，2020.

［15］张在旺．有效竞品分析：好产品必备的竞品分析方法论［M］．机械工业出版社，2022.

［16］Mik Kersten．价值流动：数字化场景下软件研发效能与业务敏捷的关键［M］．清华大学出版社，2022.

［17］何勉．精益产品开发：原则、方法与实施［M］．清华大学出版社，2017.

［18］Gene Kim，Kevin Behr，George Spafford．凤凰项目［M］．人民邮电出版社，2015.

［19］Harold Kerzner．项目绩效管理：项目考核与监控指标的设计和量化（第 3 版）［M］．电子工业出版社，2020.

［20］Mary Poppendieck，Tom Poppendieck．敏捷软件开发工具：精益开发方法［M］．清华大学出版社，2004.

［21］Peter M. Senge．第五项修炼：学习型组织的艺术与实务［M］．上海三联书店，2003.

［22］Barry Boehm，Victor R. Basili．Software Defect Reduction Top 10 List［J］．Computer，2001，34（1）．

［23］青铜器软件系统有限公司．研发绩效管理手册（第 2 版）［M］．电子工业出版社，2018.

［24］张松．精益软件度量：实践者的观察与思考［M］．人民邮电出版社，2013.

［25］David J. Anderson．看板方法：科技企业渐进变革成功之道［M］．InfoQ，2013.

［26］王立杰，许舟平，姚冬．敏捷无敌之 DevOps 时代［M］．清华大学出版社，2019.

［27］Eliyahu M. Tolerate，Jeff Cox．目标：简单而有效的常识管理［M］．电子工业出版社，2006.

［28］Project Management Institute．敏捷实践指南［M］．电子工业出版社，2018.

［29］Robert C. Martin．敏捷整洁之道：回归本源［M］．人民邮电出版

社，2020.

［30］Jim Highsmith. 敏捷项目管理［M］. 清华大学出版社，2010.

［31］Kent J. McDonald. 超越需求：敏捷思维模式下的分析［M］. 人民邮电出版社，2017.

［32］桑大勇，王瑛，吴丽华. 敏捷软件开发与实践［M］. 西安电子科技大学出版社，2010.

［33］Mike Cohn. 用户故事与敏捷方法［M］. 清华大学出版社，2010.

［34］Donald G. Reinertsen. Managing the Design Factory：A Product Developer's Toolkit［M］. Free Press，1997.

［35］Tom Demarco. 最后期限［M］. 清华大学出版社，2002.

［36］葛俊. 高效研发：硅谷研发效能方法与实践［M］. 机械工业出版社，2022.

［37］Jeff Patton. 用户故事地图［M］. 清华大学出版社，2016.

［38］Gojko Adzic. 影响地图［M］. 北京图灵文化，2014.

［39］Gene Kim，Jez Humble，Patrick Debois，等. DevOps 实践指南［M］. 人民邮电出版社，2018.

［40］C. Argyris，D. A. Schon. Organizational Learning：Theory，Method and Practice［M］. Addison-Wesley Publishing Company，1996.

［41］Jennifer Davis，Ryn Daniels. Effective DevOps［M］. 中国电力出版社，2018.

［42］王宇，张乐，侯皓星. 云原生敏捷运维：从入门到精通［M］. 机械工业出版社，2020.

［43］汤滨. 大数据定义智能运维［M］. 机械工业出版社，2020.

［44］Betsy Beyer，Chris Jones，Jennifer Petoff，等. SRE Google 运维解密［M］. 电子工业出版社，2016.

［45］彭东，朱伟，刘俊. 智能运维：从 0 搭建大规模分布式 AIOps 系统［M］. 电子工业出版社，2018.

［46］用友平台与数据智能团队. 一本书讲透数据治理战略、方法、工具与实践［M］. 机械工业出版社，2021.

［47］Darrell Huff. 统计数字会撒谎［M］. 中国城市出版社，2009.

［48］吴骏龙，茹炳晟. 软件研发效能提升之美［M］. 电子工业出版社，2021.

［49］Titus Winters，Tom Manshreck，Hyrum Wright. Software Engineering at Google：Lessons Learned from Programming over Time［M］. O'Reilly Media，Inc，2020.

［50］Jonathan Alexander. 程序员度量：改善软件团队的分析学［M］. 机械工业出版社，2013.

［51］Gerald M. Weinberg. 质量·软件·管理：系统思维（第1卷）［M］. 清华大学出版社，2004.

［52］Joseph M. Bradley，Cheryl Jones，Geoff Draper，et al. Practical Software and Systems Measurement（PSM）Digital Engineering Measurement Framework［EB/OL］. 2022.

［53］Martin Klubeck. Metrics：How to Improve Key Business Results［M］. Apress L. P.，2011.

［54］John McGarry，D. Card，C. Jones，et al. Practical Software Measurement：Objective Information for Decision Makers［M］. Addison-Wesley，2002.

［55］David Graeber. 毫无意义的工作［M］. 中信出版社，2022.

［56］Jerry Z. Muller. 指标陷阱［M］. 东方出版中心，2020.

［57］Martin Fowler. Cannot Measure Productivity［EB/OL］. 2003. https：//martinfowler. com/bliki/CannotMeasureProductivity. html.

［58］张旸旸. 软件成本度量标准实施指南：理论、方法与实践［M］. 电子工业出版社，2020.

［59］全国信息技术标准化技术委员会. 软件工程软件开发成本度量规范（GB/T 36964—2018）［S］. 2018.

［60］Mike Cohn. 敏捷估计与规划［M］. 清华大学出版社，2007.

［61］中国软件行业协会系统与软件过程改进分会. 软件研发成本度量规范（SJ/T 11463—2013）［S］. 2013.

［62］张旸旸，周平. 软件成本度量标准实施指南［M］. 清华大学出版

社，2017.

［63］曹济，温丽．软件项目功能点度量方法与应用［M］．清华大学出版社，2012.

［64］Organization for Standardization International. Software Engineering—NESMA Functional Size Measurement Method—Definitions and Counting Guidelines for the Application of Function Point Analysis（ISO/IEC 24570：2018（E））［S］．2018.

［65］中国电子技术标准化研究院，北京软件造价评估技术创新联盟，北京软件和信息服务交易所．2022 年中国软件行业基准数据（CSBMK—202210）［S］．2022.

［66］董越．软件交付通识［M］．电子工业出版社，2021.

［67］Botchway Ivy Belinda, Akinwonmi Akintoba Emmanuel, Nunoo Solomon, et al. Evaluating Software Quality Attributes Using Analytic Hierarchy Process（AHP）［J］．International Journal of Advanced Computer Science and Applications，2021，12（3）：165-173.

［68］宗丽．软件质量管理模型的比较分析［J］．湖北第二师范学院学报，2011，28（02）：76-78.

［69］李晓红，唐晓君，王海文．软件质量保证及测试基础［M］．清华大学出版社，2015.

［70］R. Geoff Dromey. A Model for Software Product Quality［J］．IEEE Transactions on Software Engineering. 1995，21（2）：146-162.

［71］Robert C. Martin. 代码整洁之道［M］．人民邮电出版社，2016.

［72］G. Ann Campbell. Cognitive Complexity：A New Way of Measuring Understandability［R］．2021.

［73］Robert C. Martin. 敏捷整洁之道：回归本源［M］．人民邮电出版社，2020.

［74］Martin Fowler. Test Coverage［EB/OL］．2012. https：//martinfowler. com/bliki/TestCoverage. html.

［75］Mike Cohn. Succeeding with Agile［M］．Pearson Education Inc.，2010.

［76］PMCAFF 产品社区．体验度量理论 2021 版［EB/OL］．2021. https：//blog. csdn. net/pmcaff2008/article/details/121240407？ops _ request _ misc = &request_id = &biz_id = 102&utm_term = %E7%94%A8%E6%88%B7%E4%BD%93% E9%AA%8C%E7%B1%BB%E6%8C%87%E6%A0%87&utm_medium = distribute. pc_ search_result. none-task-blog-2～all～sobaiduweb～default-9-121240407. 142^v71^pc_ new_rank，201^v4^add_ask&spm = 1018. 2226. 3001. 4187.

［77］Tom Tullis，Bill Albert. 用户体验度量［M］. 机械工业出版社，2009.

［78］Robert C. Martin. 敏捷软件开发：原则模式与实践［M］. 清华大学出版社，2003.

［79］Zoran Horvat. How to Measure Module Coupling and Instability Using NDepend［EB/OL］. 2015. https：//www. codinghelmet. com/articles/how－to－measure-module-coupling-and-instability-using-ndepend.

［80］Dominica Degrandis，Tonianne DeMaria. Making Work Visible：Exposing Time Theft to Optimize Work & Flow［M］. IT Revolution Press，2017.

［81］Frederick P. Brooks. 人月神话（40周年中文纪念版）［M］. 清华大学出版社，2015.

［82］G. A. Miller. The Magical Number Seven，Plus or Minus Two：Some Limits on Our Capacity for Processing Information［J］. Psychological Review，1956，63：81-97.

［83］原毅军，柏丹. 智力资本的价值评估与战略管理［M］. 大连理工大学出版社，2009.

［84］朱荣，张亚婷，葛玲. 知识产权价值评估研究综述［J］. 中国资产评估，2022（01）：63-72.

［85］Sean Ellis，Morgan Brown. 增长黑客：如何低成本实现爆发式增长［M］. 中信出版集团，2018.

［86］王镁. 谈经济增加值（EVA）指标在项目经济评价中的应用［J］. 中国勘察设计，2011（09）：61-63.

［87］王喜刚，赵丽萍，欧阳令南. 在项目评估中应用经济增加值指标［J］. 哈尔滨工业大学学报，2003（09）：1144-1146.

［88］桑绮. 经济增加值指标在项目评价中的应用［J］. 现代经济信息，

2010（05）：165-166.

［89］任晶磊．GQM 从入门到精通［EB/OL］．2022．https：//meri．co/55bb4126.

［90］Yongkui Li, Qing Yang, Beverly Pasian, et al. Project Management Maturity in Construction Consulting Services：Case of Expo in China［J］．Frontiers of Engineering Management. 2020, 7（03）：384-395.

［91］DAMA 国际．DAMA 数据管理知识体系指南［M］．机械工业出版社，2020.

［92］Laura Sebastian-Coleman. 穿越数据的迷宫：数据管理执行指南［M］．机械工业出版社，2020.

［93］DAMA 国际，数据管理协会．DAMA 数据管理知识体系指南［M］．机械工业出版社，2020.

［94］赵兴峰．企业经营数据分析——思路、方法、应用与工具［M］．电子工业出版社，2016.

［95］Bruce Frey. 有趣的统计：75 招学会数据分析［M］．人民邮电出版社，2014.

［96］Miguel A. Hernán, James M. Robins. Causal Inference：What If［M］．Chapman & Hall/CRC. , 2020.

［97］Ethan M. Rasiel, Paul N. Friga. 麦肯锡意识［M］．华夏出版社，2002.

［98］Barbara Minto. 金字塔原理：思考、表达和解决问题的逻辑［M］．南海出版社，2010.

［99］Gene Zelazny. 用图表说话：麦肯锡商务沟通完全工具箱［M］．清华大学出版社，2008.

［100］Jonathan Schwabish. 更好的数据可视化指南［M］．电子工业出版社，2022.

［101］Julie Steele, Noah Iliinsky. 数据可视化之美［M］．机械工业出版社，2011.

［102］程旺．企业数据治理与 SAP MDG 实现［M］．机械工业出版

社，2020.

［103］吴骏龙，茹炳晟．软件研发效能提升之美［M］．电子工业出版社，2021.

［104］茹炳晟，张乐，刘真，等．软件研发效能提升实践［M］．电子工业出版社，2022.

［105］茹炳晟，张乐，等．软件研发效能权威指南［M］．电子工业出版社，2022.

［106］Mike Rother．丰田套路：转变我们对领导力与管理的认知［M］．机械工业出版社，2011.

［107］中关村智联软件服务业质量创新联盟．软件研发效能度量规范（T/IQA15—2022）［S］．2022.